U0382182

国家社会科学基金一般项目"灾变危机管理社会协同问题研究"（08BSH011）结项成果

灾变危机管理中的社会协同

——以巨灾为例的战略构想

谢俊贵◎著

中国社会科学出版社

图书在版编目(CIP)数据

灾变危机管理中的社会协同：以巨灾为例的战略构想/谢俊贵著.
—北京：中国社会科学出版社，2016.11
ISBN 978 – 7 – 5161 – 9074 – 6

Ⅰ.①灾⋯　Ⅱ.①谢⋯　Ⅲ.①灾害管理—危机管理—研究
Ⅳ.①X4

中国版本图书馆 CIP 数据核字(2016)第 241735 号

出 版 人	赵剑英
责任编辑	熊　瑞
责任校对	周　昊
责任印制	戴　宽

出　　版	中国社会科学出版社
社　　址	北京鼓楼西大街甲 158 号
邮　　编	100720
网　　址	http://www.csspw.cn
发 行 部	010 – 84083685
门 市 部	010 – 84029450
经　　销	新华书店及其他书店

印刷装订	三河市君旺印务有限公司
版　　次	2016 年 11 月第 1 版
印　　次	2016 年 11 月第 1 次印刷

开　　本	710 × 1000　1/16
印　　张	20
插　　页	2
字　　数	263 千字
定　　价	72.00 元

目　　录

第一章　绪论

大凡研究著述和学术成果都有必要写个绪论，用以说明研究缘起、研究问题、研究内容、研究视角、研究方法等。这是学术界的一种良好学术习惯，也是一种虽显呆板却很正规的行文方式。笔者非常重视绪论的撰写，因为它能帮助自己条分缕析地搞清有关研究课题的某些基本问题，同时也能帮助读者提纲挈领地了解研究成果形成的来龙去脉。这肯定是一件确保双赢的好事。基于这样的想法，笔者打算从研究课题的选取、研究问题的确立、课题研究的构想三个方面，像撰写课题研究成果正文一样认真地撰写这篇绪论，目的是让笔者自己、笔者的研究团队和笔者的研究成果的读者都能够对灾变危机管理社会协同问题的探究从此问途，得门而入，从而有利于实现对灾变危机管理社会协同问题的协同研究。

第一节　研究课题的选取

灾害、灾难，这些骇人听闻的灾变现象，自古以来一直都在折磨着人类，一直都在影响着社会。一次重特大灾害（包括灾难、灾变），即"巨灾"的发生，往往会使亲历者顿时惊恐万状，事后不堪回首，即使非亲历者也会非常震惊，深表同情。然而，恩格斯辩证地指出："没有哪一次巨大的历史灾难不是以历史的进步为补偿的。"① 我国古时候大禹治水的故事②就说明灾害是可以为人们深入认识和加以治理的。只要人类能够客观面对灾害、灾难，认真反思灾害、灾难发生的根源与机理，积极防范各种显在的和潜在的灾变危机，努力改进抗灾救灾的体制与机制，在切实减小灾变危机破坏性作用的同时，充分重视灾变危机建设性功能的发挥，灾害、灾难给历史进步的补偿作用便将如期而至，并在现实社会中彰显出来，服务于人类社会的良性运行与和谐发展。本着这样一个基本理念，笔者基于对近年来发生的"巨灾"，即恩格斯所说的"巨大的历史灾难"中巨大的自然灾害的考察，开始了灾变危机管理的社会协同问题研究。

一 选题背景

2008 年 1 月，在"南方冰雪灾害"发生之际，笔者在中国南方的广州准备申报国家社会科学基金项目。当时，笔者初步论证的申报选题为"社会管理的社会协同问题研究"。正在这个时候，地处南方的广州渐显寒风刺骨。笔者顿觉情况不妙，便通过电视、网络不断收视和搜索有关天气消息，其结果令笔者震惊不已：一场严重的冰雪灾害在我国南方酝酿而成，多省交通中断，电网崩溃，给南方有关各省的人民群众造成了严重的生命和财产损失。更由于这一灾害发生在临近春节的"春运"时期，南方各省市的车站或机场准备回家过年的民工和其他出行旅客大量滞留，人人心急如焚，个个郁闷不乐。了解到此情此景后，笔者深

---

① ［德］马克思、恩格斯：《马克思恩格斯全集》（第 39 卷上），人民出版社 1974 年版，第 149 页。

② 2012 年 7 月 24—27 日，笔者第三次去四川，对四川省的都江堰市和汶川县进行考察。在大禹的家乡汶川县，笔者看到了关于大禹治水的雕塑和相关介绍材料；在都江堰市，笔者再次领略了李春等先人的治水杰作。这让笔者确信，古代甚至上古的人们就懂得灾害可以为人们认识和治理，而且他们很早就在对灾害加以实实在在地治理。同时，笔者更看到当代人在"汶川 8.0 级地震"后取得的灾害治理的巨大成就。

深关注抗灾救灾的进展和情形，每天都注意交通部、铁道部和南方各省的相关信息。

　　在深切的关注中笔者发现一个重要的问题，这就是面对这么一场重特大灾害，虽然大家都在抗灾救灾，但来自各系统、各部门、各地区的声音却有所不同，甚至还夹杂着某些明显相互矛盾的通告和意见，使抗灾救灾行动变得被动。基于这一发现，我断然决定变通当年国家社会科学基金项目申报指南中的题目，将选题定为"灾变危机管理的社会协同问题研究"。时所未料，2008年5月12日，四川又发生了里氏8.0级特大地震。基于这一项目的重要性和现实意义，2008年6月，该项目获得全国哲学社会科学规划办公室的批准。当然，选择本课题作为国家社会科学基金项目开展研究，其背景并非如此简单，深究起来，还有着更为广泛深刻的客观事实背景、管理实践背景和学术研究背景。

　　1. 灾害频发客观事实的刺激

　　20世纪中后期以来，由于世界人口的迅速增加，科学技术的迅速进步，经济活动的迅速升温，全球资源被掠夺性地开发利用，二氧化碳排放量迅速增多，全球温室效应迅速形成，气候迅速变暖，某些极端性气候在各地频频出现，造成了不少地区大量的水灾、旱灾、冰灾和雪灾等。加上近些年地球正处于内部活动的活跃期，地震灾害、火山爆发、地质灾害等也在世界各地此伏彼起。于是，有人惊呼，21世纪是一个灾难深重的世纪。甚至有人预见，2012年12月21日将是世界的末日。虽然这种极端化预见并没有什么科学依据，甚至可能是无稽之谈，但世界范围内的灾害频发却是客观存在的社会事实。

　　从国际上看，进入21世纪以来，世界各地多种重特大灾害（或称巨灾）频频发生。光在2007年，就有多起重特大灾害在世界各地发生。例如，2007年5月底，印度尼西亚爪哇岛的泥火山喷发。灾难从5月开始一直到10月，泥浆以每天约17万立方英尺的速度流出，完全淹没了附近的村庄和工厂，导致1万多人流离失所。这次泥火山喷发不仅有其自然原因，也有其人为原因。据英国广播公司（BBC）报道，由74位著名地质学家在南非举行的会议得出结论，印度尼西亚鲁西的泥火山喷发系由钻探石油和天然气这一人为因素导致。①

　　2007年11月15日晚，代号为"锡德"的强热带风暴在孟加拉国南部和西部地区登陆，最高时速达240公里，引发暴雨并掀起高达5米的巨浪。这是该国130多年来遭受的最严重的风暴袭击。② 据孟加拉国救灾部门19日报告，孟加拉国64个县中有20多个县遭风暴袭击，共有84万多户家庭约275万人受灾，有97万座房屋、数千所学校以及20多万公顷庄稼遭到不同程度损毁，3100多人丧生，15000人受伤，数千人失踪，24万多头牲畜在风暴中死亡。这次强热带风暴给本来就不发达的孟加拉国经济与社会造成了严重的打击。

　　2007年8月16日7时40分，在秘鲁近海发生7.8级地震，造成至少550人死亡，1600多人受伤，余震300多次。在某些受灾地区，80%的房屋遭到破坏。这次地震发生后，截至8月18日，该地区又发生了大小近500次的余震。据外电报道，强烈地震造成的死亡人数达540人，1.66万个家庭失去住房，8万人受灾。③ 据悉，在受灾严重的南部皮斯科、钦查等地，社会秩序混乱现象迅速出现。一些灾民争抢食品、药物，甚至劫掠运送救灾物资的卡车。另据秘鲁司法部长玛丽亚·萨瓦拉17日透露，在15日晚地震灾害发生时，关押在秘鲁伊卡省钦查市坦博德莫拉监狱的大约700名囚犯趁乱逃跑。尽管警方及时抓获了逃跑的75名囚犯，且有50名囚犯自动返回了监狱，但逍遥法外者更多。

---

① 孝文：《科学家揭开印尼泥火山喷发原因》（2008-11-5），http：//tech. sina. com. cn/d/2008-11-05/09382557560. shtml。

② 国际社会关注"锡德"灾区（2007-11-19），http：//news. sohu. com/20071119/n253328171. shtml。

③ 秘鲁强震已引发1600多次余震（2007-8-24），http：//international. dbw. cn/system/2007/08/24/050947788. shtml。

2007 年夏天希腊南部发生了一系列山火事件。最具破坏性的一次发生在 8 月 23 日，大火迅速蔓延，至 9 月上旬才被扑灭。大火主要影响了伯罗奔尼撒西部和南部，以及艾维亚南部。仅在当年 8 月，大火就导致 67 人死亡。而整个夏天的大火总共导致 84 人丧生，其中有一些是消防员。据报道，当时希腊接连发生森林大火 170 场，火灾面积占国土一半以上，烧掉近 100 万英亩森林，损失约为 12 亿欧元，相当于希腊国内生产总值的 0.6%。希腊出动 9000 多名消防人员和大量消防车辆投入救火，所有空中灭火设备也都投入其中。

上面所讲到的只是 2007 年发生在国际上的几次重特大灾害。事实上，2007 年以后，世界各地的重特大灾害仍频频发生，有的大得简直令人难以置信。最难以置信的灾害莫过于日本发生的 9.0 级地震。之所以这样说，一是因为过去根本就没听说过 9.0 级地震，尤其没听说过在人类居住区发生这种高级别的地震；二是地震导致了海啸发生，形成了更大的次生危机；三是本来造福人类的核电厂在海啸的作用下出现了更为难以应对的灾害，形成了危害人类持续时间更长的次生危机。这次地震及其由此造成的连锁次生灾害，已使得日本政府茫然无措，并经由放射性和全球化的作用，影响到了世界多国。

以上这些在世界各地发生的重特大灾害，再加上在此之前在世界范围内发生的诸多重特大灾害，给世界各国的社会公众、政府官员和专家学者都带来了强烈的刺激。许多社会公众明显怀疑现代化的功能，专家学者大谈风险社会理论①，政府官员开始反思灾害应急体制。面对近年来频频发生的各种重特大灾害、灾难和灾变，一时间，在 20 世纪 80 年代以来开始受到各界关注的灾变危机管理理论与灾变危机管理实践的基础上，灾变危机管理体

---

①　首位系统研究社会风险和风险社会的人是德国社会学家贝克。［德］乌尔里希·贝克：《风险社会》，何博闻译，译林出版社 2004 年版；［德］贝克、［英］吉登斯、［英］拉什：《自反性现代化》，赵文书译，商务印书馆 2001 年版。

制的改革进一步受到各国政府的重视，灾变危机管理理论的创新
更成为各国学者的追求目标。

　　除了国外重特大灾害的刺激外，我国的重特大灾害因其更显
频繁并且在空间距离与心理距离上更具接近性，对人们的刺激更
为强烈。原国务委员李贵鲜明确指出："我国是世界上灾害发生
频率最高、灾害种类最多、灾害破坏最严重的国家之一。"① 单就
地震来讲，"关于中国地震经常有'一个 1/3，三个 1/2'的说
法，就是，中国地震占全球大陆地震的 1/3，Ⅶ度以上烈度区覆
盖我国 1/2 的国土；20 世纪我国地震死亡人数占全球地震死亡人
数的 1/2；20 世纪后半叶以来我国地震死亡人数占同期我国所有
自然灾害死亡人数的 1/2"②。

　　我国历史上的各种重特大灾害可谓不计其数。20 世纪的两次
特大地震死亡人数总计达 44 万人（1920 年的海原大地震死亡人
数为 20 万人，1976 年的唐山大地震死亡人数为 24 万人）。远的
不说，光是近十几年发生的几次重特大灾害就足以让人不禁寒
栗。1998 年夏季，中国南方罕见地多雨，持续不断的大雨以逼人
的气势铺天盖地，压向长江，使长江无须臾喘息之机地经历了自
1954 年以来最大的洪水。洪水一泻千里，在全流域泛滥。③ 这次
特大洪灾，惊动了长江流域的居民，惊动了各地的政府官员，惊
动了中央高层领导。

　　2008 年年初，中国南方又遭受了一场特大冰雪灾害。从 1 月
10 日起，一场持续近 1 个月的低温、雨雪冰冻天气袭击了中国南
方多个省区市，其范围之广、危害之重为历史罕见，属五十年一
遇，部分地区为百年一遇。造成了南方各地交通中断、"春运"

---

① 李贵鲜：《防灾减灾文集·序》，中国灾害防御协会：《防灾减灾文集》，新华出版社
　　2009 年版，序第 1 页。
② 宋瑞祥：《论减轻地震灾害的国家战略》，中国灾害防御协会：《防灾减灾文集》，新
　　华出版社 2009 年版，第 1—12 页。
③ 1998 年中国长江洪水（2002 - 1 - 8），http：//www.people.com.cn/GB/huanbao/57/
　　20020108/643415.html。

受阻、受困者有的长达十几天，电网崩溃、供水设施遭受重创，群众日常生活受到严重影响。截至 2 月 12 日，灾害波及 21 个省、区、市和兵团，因灾死亡 107 人，失踪 8 人，紧急转移安置 151.2 万人，累计救助铁路公路滞留人员 192.7 万人；农作物受灾面积 1.77 亿亩，绝收 2530 万亩；森林受损面积近 2.6 亿亩；倒塌房屋 35.4 万间；因灾直接经济损失 1111 亿元。①

图 1 - 1　南方冰雪灾害中的高速公路②

更为不幸的是，在 2008 年发生于南方各省的"南方冰雪灾害"的影响尚未全面消除之时，汶川又发生了 8.0 级特大地震。这次地震发生时间是 2008 年 5 月 12 日 14 时 28 分 04 秒，震中位置是四川省的汶川、北川，波及全国多个省份。一时间大地颤抖，山河移位，生离死别，满目疮痍。这是新中国成立以来破坏性最强、波及范围最广的一次特大地震。此次地震重创约 50 万平方公

① 2008 年中国南方冰雪灾害案例（2009 - 10 - 26），http：//www. qdsn. gov. cn/n16/n1175/n1535/n3724907/n3984401/4608682. html。有必要说明的是，我国对 2008 年的南方冰雪灾害仍然缺乏深入的研究，主要原因在于，接踵而来的"汶川 8.0 级地震"盖住了"南方冰雪灾害"研究的重要性。

② 张辉：《2008 年我国南方出现罕见雨雪冰冻灾害》，http：//www. weather. com. cn/zt/kpzt/1233643_ 2. shtml，2010 - 12 - 31。

里的中华大地。据民政部的报告,截至当年6月8日12时,地震共造成69136人遇难,374061人受伤,17686人失踪。① 人员伤亡数量之多可谓甚矣。

图1-2 南方冰雪灾害时的广州火车站广场②

图1-3 汶川8.0级地震中的映秀镇③

---

① 中国新闻网:《四川汶川地震已造成69136人遇难17686人失踪》(2008-6-8),ht-tp:// news. sina. com. cn/c/2008-06-08/211715705896. shtml。
② 王晓云:《化解冰雪春运》(组图),《广州日报》2012年12月1日。
③ 新华社记者陈凯:《组图:空中看地震后的汶川县映秀镇》(3)(2008-5-15),ht-tp://pic. people. com. cn/GB/31655/7241612. html。

　　屋漏遭夜雨，逆舟遇狂风。无独有偶，有关汶川特大地震的灾后重建仍在艰辛推进，人们仍对汶川特大地震心存余悸之时，青海玉树地震又发生了。2010 年 4 月 14 日 7 时 49 分，在青海省玉树藏族自治州玉树县（北纬 33.1，东经 96.7）发生了 7.1 级地震。截至 4 月 20 日 15 时，青海玉树震区共发生余震 1278 次，3.0 级以上余震 12 次。本次地震的伤亡人数也很多，截至 5 月 30 日，已造成 2698 人遇难，其中确认身份的 2687 人，遇难学生 199 人。① 由于玉树灾区的房屋结构类型以土木、砖木为主，抗震能力比较差，损害也比较严重。

图 1 - 4　汶川 8.0 级地震中的北川中学②

　　2010 年，也是我国多灾多难的一年，除了青海玉树 7.1 级地震外，在我国的西北地区又发生了舟曲泥石流灾害。8 月 8 日凌晨，甘肃省舟曲县因强降雨引发滑坡泥石流，泥石流很快冲进县城，堵

---

① 吕雪莉：《玉树地震已造成 2698 人遇难》（2010 - 5 - 31），http：//news. xinhuanet. com/society/2010 - 05/31/c_ 12163647. htm。在阅读此文献时，我们注意，对"玉树地震"和"舟曲泥石流"等灾变危机的研究实际上由于"汶川 8.0 级地震"的无比广泛和深入的影响而难以受到学术界特别的重视。
② 栾晓娜、王炬亮：《北川老师博客更新：我还在，孩子们也在》（2008 - 8 - 19），ht-tp：//education. news. cn/2008 - 08/19/content_ 8205053. htm。

塞嘉陵江上游支流白龙江形成堰塞湖，造成重大人员伤亡，电力、交通、通讯中断。本次泥石流灾害的一个重要特点是"惨"，也就是说，当泥石流突然到来之时，不少人根本没作任何反应，就已被埋进泥潭，人们甚至无法找到他们。截至当日 21 时，舟曲特大山洪泥石流灾害造成 127 人遇难，88 人受伤，失踪人员初步统计达 1294 人。①

上述所举，都是近年发生在我国的重特大灾害（巨灾）。在我国，近年来人们每每谈论的自然灾害，也就是指的这几起重特大灾害。至于全国各地经常发生的其他各种大灾、中灾、小灾，在近年间的中国人面前，在某种意义上简直变成了不值计较甚至不值一提的事情。这里的原因很简单，见过了"南方冰雪灾害"，见过了"汶川特大地震"，见过了"玉树特大地震"，还有什么重特大灾害没见过呢？还有哪些大灾、中灾、小灾值得人们大惊小怪和时常谈论呢？还有哪些大灾、中灾、小灾能够吸引中国人的眼球和牵动中国人的神经呢？

说出上述话语并非人们不惧怕灾害，也非灾害不会对人们造成损害，而是近年来中国的灾害已表现为一种深沉的灾难，它给人们过度的伤害，给人们太大的打击，给整个社会生产和经济生活带来了太大的影响，给社会的良性运行带来了重大的阻碍。面对这种频繁的灾难，人们的精神简直要麻木了，心理简直要崩溃了。面对这种深沉的灾难，灾民迫切需要救助，灾区迫切需要救援。社会应该参与拯救，社会应该给予支助。政府必须担当责任，政府必须靠前指挥，需要救灾民于灾难深沉之中，需要帮灾民度过各种难关、恢复社会秩序。

作为一位以研究社会问题为主业的学者，这种来自重特大灾害的刺激深深地刺痛了笔者，也明确地提醒了笔者。必须以积极的姿态参与到灾害应急管理中去，要为灾害应急管理作出自己的

---

① 宋常青：《甘肃舟曲泥石流已造成 127 人遇难 1294 人失踪》（2010 - 8 - 8），http：//news. 163. com/10/0808/22/6DJL9EJC000146BC. html。

一份贡献。哪怕仅仅是以学者的身份给政府和人们在学术上给予一点提示，也是笔者对这种灾害肆虐、生灵涂炭、社会秩序毁坏、社会问题频生的灾变危机状态的一种回应。基于这样一种朴素而真切的想法，笔者断然选择了灾变危机管理社会协同问题研究的课题作为笔者一段时间中的主要研究课题，并且一直思考不止，至今已花费了四年多的课余时光。

2. 灾害应对实践领域的呼声

上古时代，人类对灾害在很大程度上是无能为力的。正因为如此，"大禹治水"成为一种人类应对灾害实践的长久社会记忆，为万世所传颂。[①] 灾害应对也成为一个亘古以来永恒的话题。在当今灾害频发的世界中，灾害应对更成为人类社会的一个重要课题。尤其在当今城市化、工业化的社会中，由于人类进一步集聚化地流动和居住，城市人口越来越多，集聚密度越来越大。如果灾害发生在城市，它给社会带来的损失将更加严重。这样，灾害应对问题更加受人重视。然而，在灾害应对实践上，大量的事实表明，现存的问题还是不少。

在国际舞台上，灾害应对也不是一个轻松的话题。尤其是第三世界国家，面对灾害基本上无能力应对。目前，全世界总人口的 10% 和城市人口的 13% 居住在海拔 10 米以下地区。非洲有12% 的城市人口居住在这些地区。其中，尼日利亚奥克里卡、塞拉利昂首都弗里敦、冈比亚巴瑟斯特以及坦桑尼亚坦噶等城市的贫民区所受威胁尤重。受全球气候变化影响，非洲一些城市正面临海平面上升和海洋风暴加剧的威胁。而许多非洲国家由于经济和基础设施条件有限，难以采取有效措施加以应对，沿海地区数以百万计居民的生活难以得到保障。[②]

---

① 在对汶川灾区的调研中，我们看到了"大禹治水"的塑像。该塑像即"社会记忆"的一种重要形式。

② 赵卓昀：《综述：全球变暖加剧非洲沿海地区灾害》（2005‒5‒25），http：//news.sohu. com/20050525/n264156134. shtml。

亚洲一些落后国家的灾害应对也处在一个问题多多的状态之中。据亚洲开发银行的说法，受人口密度大等因素影响，亚太地区在气候变化和极端天气面前"尤为脆弱"。另据总部位于比利时布鲁塞尔的灾后流行病研究中心估计，2010年全球共有2.07亿人受自然灾害波及，其中89%在亚洲。然而，亚洲国家大多落后，各国政府和国际社会并没有采取足够应对措施。亚行官员敦促"各国政策制定者立即行动"，理由是达成协议和筹集资金需要花费不少时间。他说，2010年发生在亚太地区的一些自然灾害致使数以百万计民众流离失所。①

整个拉丁美洲和加勒比地区三分之二的人生活在距海200公里之内，受到的自然灾害威胁较大。据国际组织统计，1900—1998年，拉美和加勒比地区发生的大规模自然灾害达到1243起，共造成43万人死亡。20世纪90年代，拉美地区平均每年发生的自然灾害超过40起，经济损失高达242亿美元，成为仅次于亚洲的自然灾害多发区。② 2010年海地地震达到7.0级，智利地震达到8.8级。面对这些灾害，虽然体现出智利人的英雄气概，但也反映出海地那种西半球最贫穷国家应对灾害的太多无奈，至今海地也未能从灾难中恢复过来。

相对来说，欧洲过去一直是世界上自然灾害发生较少的地区之一，而且欧洲大多数国家经济都很发达，技术设施也很先进。但由于体制上的某些原因，面对灾害，一些欧洲国家同样也有手足无措之感，甚至有的时候反应极慢，应急处理能力不强，受到许多媒体和公众的诟病。据报道，2010年11月，寒潮和强降雪侵袭欧洲多国，16日后，大雪袭击英国、德国、法国、西班牙、荷兰、丹麦等国，英格兰西北部最大积雪厚度达37.5厘米；欧洲多座机场取消

---

① 林昊：《亚行警告：气候变化可能引发亚洲移民潮》（2011-2-27），http://news.cntv.cn/world/20110227/101600.shtml。
② 林华：《墨西哥等拉美国家如何开展防灾教育》（2008-9-23），http://www.cass.net.cn/file/20080923199157.html。

或延迟部分航班，"欧洲之星"火车晚点；多国政府应对天气灾害能力备受指责。①

即使是在最发达国家，如像美国这样的经济、技术和社会都被认为是最先进的国家，面对灾害，虽然有做得好的案例，如"9·11事件"的危机处理，应该是颇为成功的一个案例，但美国也出现过像奥尔良水灾救灾这样的蹩脚例子。日本因属灾害多发国家，在地震灾害抗灾救灾方面被认为很有一套，但是，面对2011年发生的"9.0级地震＋海啸＋核泄漏"，即使是日本自卫队，也并非能迅速、积极地加入到抗灾救灾之中。另外，在国与国之间，面对日本的这次核灾难，一些国家选择的是离开现场，各国之间的协同也出现了严重问题。

在国内平台上，共和国的灾害应对大致经历了两个不同时期。一是在计划经济时期。那时，灾害应对是国家的事、政府的事。政府掌握着国家的全部资源，包括几乎所有的人力资源、技术资源、经济资源、组织资源和政治资源。国家实行的灾害应对体制是一种举国体制、一种政治动员。面对灾害，政府只要一声令下，各种资源都可以及时集结于政府旗下，全力应对所出现的灾害。虽然当时国家并不强盛、并不富裕，但有了这种举国体制，有了这种政治动员，有了由这种政治动员促成的人海战术，再大的灾害也会得到基本的控制。

二是在当前的市场经济条件下，地方的或部门的利益已经导致了协同抗灾、救灾机制的急剧弱化。"各人自扫门前雪，不管他人瓦上霜"由一种并非优良的传统文化变成了一种被认为体现"明确责任"的现代制度。全民动员、同舟共济、齐心协力、互助合作只是作为这种"责任制"制度的文化补充，不再是一种社会运行主导机制，而只是一种社会运行的填充剂。各种大小灾害

---

① 法新：《欧洲多国政府应对灾害天气能力备受指责》（2010 - 12 - 26），http：//news. sina. com. cn/w/2010 - 12 - 26/034021707053. shtml。

被区分不同层级与范围的属地管理，小灾镇管、中灾县管、大灾省管、重灾国管。这种责任制的灾害应急行动强化了救灾的规制行动，但却忽视了志愿行动。

具体来讲，上述层级与属地的划分虽然有效增强了不同地区或系统应对灾害的责任，但也带来了一些新的问题。比如，局外的灾害往往被人淡漠，对于局外的救灾应急往往只被人们看作一种"支援"行动，而非一种社会责任，普通职工捐助疲劳渐显。① 更有趣的是，救灾捐款变成了一种文化搭台、演员唱戏的情感诉求。有的企业更将其捐款行为单纯视作塑造企业形象、扩大企业影响的形象广告。更有甚者，满口答应的捐款数目变成空话，捐款赖账已不是新鲜玩法，而后也没有什么机制可以让受捐者去追讨这些企业或个人的捐款。

综合上述灾害应对实践的国内外情况可以发现一个问题，即在市场经济条件下，由于市场引起的利益分散化这一客观规律制约，计划经济时期的举国抗灾救灾体制已不再适应我国现实国情的需要。然而，近30年来的灾害应对实践也表明，市场经济条件下的灾害应对体制，包括与各地区、各系统自身利益直接挂钩的责任体制，也不完全适应我国的现实国情和文化背景。于是，寻求一条更为有效的应对灾变危机之路，便成为我国政界和学界一种努力的方向。"灾变危机管理的社会协同问题研究"，也正是在这一背景之下提出来的。

3. 灾害管理理论创新的要求

人类社会遭遇的灾害繁多，不仅有自然灾害，而且有社会灾害。面对这些灾害，人类并非完全无能为力。在人类社会发展的长河中，基于人们对灾害认识的不断深化和对各种灾害的应对实践，人类不断地对灾害管理进行深入的探索，至今形成了一套灾害管理理论。这套灾害管理理论并非一套凝固的理论，它随着人类社会各

---

① 谢俊贵：《救灾捐助中的情感疲劳与社会调适》，《广东社会科学》2012年第2期。

种灾害管理活动的不断开展而适时更新内容，同时也随着人类社会发展过程的推进和社会发展水平的提高而不断得以创新，从而确保人类社会的灾害管理适应人类社会发展的要求，取得抗灾救灾、防灾减灾的佳绩。

站在中国角度，据文献记载，还是在上古时代，大禹治水即表明了人类防灾减灾伟大实践的开始。历代皇宫的修建，环皇宫开渠挖河，除了交通运输的功能，还有防火减灾的功能，充分体现出古人灾害管理的强烈意识。笔者在年少时看过的电影《战洪图》，表明了政治动员体制下的人民群众战胜自然灾害的强大力量。时至今日，我国灾害管理不仅在科学技术方面取得了很大的进步，而且在组织体系方面得到了很大的发展。仔细分析世界及我国灾害管理的发展历程，我们就可以从不同角度将人类灾害管理理论的发展分为不同的发展阶段。

根据灾害管理的主要视点划分，我国灾害管理理论大约经历了两大发展阶段：一是技术管理阶段。在这一阶段，人类的灾害管理主要着眼于工程技术的发展和利用。拦河修坝、筑堤护坡、建造水库、疏通河道等便是所谓的工程，而发明救生衣、制造消防车等则属于所谓的技术。二是组织管理阶段。在这一阶段，人们发现，灾害危害的减缓程度与灾害管理的组织程度密切相关。这时，人类除了进一步地大力开发利用有关工程技术外，其灾害管理的主要着眼点逐步转向到了面向整个社会系统"加强组织管理、完善制度设计"方面。①

根据灾害管理的对象特点划分，我国灾害管理理论也经历了两个重要发展阶段。一是单一灾害管理阶段。单一灾害管理理论产生于结构相对简单的社会之中，如农业社会中，那时的旱灾、水灾、风灾、雹灾、雪灾、冰灾甚至包括震灾，往往是以单灾形式出现，而且不容易造成复杂的次生灾害。二是复杂灾害管理阶

① 童星、张海波：《基于中国问题的灾害管理分析框架》，《中国社会科学》2010 年第 1 期。

段。复杂灾害管理理论产生于结构相对复杂的社会之中，如工业社会、城市社会和信息社会中，这时的灾害一旦出现，往往不是以单灾形式出现。即使最初的形式是单灾，最终也会因为与人造自然的结合变成相对复杂的灾害。

根据灾害管理的社会背景划分，我国灾害管理理论同样经历了两个发展阶段。一是封闭系统管理阶段。这一阶段对应于我国30多年的计划经济时代。当时的灾害管理主要是一种自上而下的封闭的组织管理。灾害管理的主体是代表国家的各级政府和代表政府的各种单位。政府包揽着灾害管理的一切，包括技术开发、资源调配、社会动员等，均由政府统一组织进行。二是开放系统管理阶段。这一阶段对应于我国改革开放发展市场经济的时代。这一时期，对灾害管理体制制度、方式方法等的探索已开始注意到开放的市场经济要求。

目前，无论在西方还是在中国，只将灾害作为一种自然现象的认识已经明显过时。今天的灾害定义决不能把灾害只看作一种自然现象，它是一种自然与社会在时空上严重错位或无序组合的特有社会现象。基于这一新的认识，今天的灾害管理理论必须在以往理论的基础上有所创新。从社会学功能理论的角度来看，社会系统的变化，包括其经济因素、技术因素、组织因素、文化因素的发展变化，都将引致灾害本身的变化，都会需要灾害管理适应其发展变化。而要使灾害管理适应当今社会系统的发展变化，就要加强灾害管理理论的创新。

党的"十七大"以来，为适应我国当代社会发展变化的需要，我国各级党政部门特别强调社会管理的创新。这其中当然包括灾害管理的创新。灾害管理的创新，不仅包括灾害管理科学技术的创新，也包括灾害情境中社会管理的创新。从认识论的角度来看，这些灾害管理的创新都离不开灾害管理理论的创新。灾害管理理论的创新是当代社会中灾害管理实践创新的重要基础。正是由于当代社会发展变化带来的灾害管理理论创新的要求，笔者选取了"灾变危机管理的社会协同问题研究"这一课题进行研究，以积极加入灾害管理理论创新行列。

二 研究意义

灾变危机即因灾变而引起的社会危机，它是社会危机的一种特殊类型。灾变危机管理的社会协同问题研究，旨在探讨如何通过社会协同体制的建立，提升灾变危机管理的能力与水平，有效化解灾变危机的问题。当代社会是一个灾害多发的社会，中国社会是一个农业社会、工业社会、信息社会重叠的"三合一"社会[①]，也是一个城市社会渐成主要社会类型的社会，还是一个市场经济已成主导经济类型的社会。在这种复杂社会中，开展本课题研究具有特别重要的意义。

1. 为我国灾变危机管理提供科学理论支持

加强和创新社会管理是党中央近年来提出并一再强调的一项重要任务。灾变危机管理研究是当代社会管理研究的一个重要领域，灾变危机管理的社会协同问题更是当前迫切需要研究的一个前沿课题。然而，由于某些原因，我国不仅灾变危机管理的社会协同问题研究非常鲜见，就是灾变危机管理方面的研究也还非常薄弱，尤其是从社会管理的角度对灾变危机管理进行研究者更不见多，理论成果和实践案例都比较稀缺。这对于我国灾变危机管理乃至整个社会管理的科学运作都产生了很大的制约作用。通过本课题研究，可以在借鉴国内外灾变危机管理相关研究成果，总结我国灾变危机管理经验教训的基础上，创新灾变危机管理的科学运作思路，拓展灾变危机管理的社会协同视野，创立灾变危机管理的社会协同理论，为我国灾变危机管理的社会协同提供科学基础和理论支持。

---

① 谢俊贵：《当代信息主义思潮及其对中国现代化的启示》，《文史博览》（理论版）2006 年第 2 期。

2. 构建我国灾变危机管理的社会协同体制

灾变危机管理的社会协同问题研究实际上是一种针对灾变危机管理的社会管理体制研究。我国已有的灾变危机管理体制是一种建立在对自然灾害进行制度化应对基础上的国家管理体制，代表国家行使职权的政府部门及其所属的某些事业单位才是真正的灾变危机管理的主体。在灾害来临时，政府部门行使灾变危机管理的一切权利，像信息发布、应急救援、社会救助、物资管理等，都是由政府部门包揽，权利和责任高度集中。然而，这种高度集中的国家管理体制不仅难以适应有着 960 万平方公里国土、13 亿人口的国度灾变危机管理的要求，而且更难解决当今经济市场化取向下灾变危机管理的诸多问题。通过本课题研究，可以根据我国的基本国情和形势变化，构建一种灾变危机管理的社会协同体制，实现灾变危机管理的协同运行，从而提高我国灾变危机管理的效益。

3. 提高我国灾变危机因应能力和管理水平

灾变危机管理体制的建构，离不开对当前所处的社会类型与社会情形的考察。当代社会是一个灾害多发的社会，也是一个急剧转型的社会，由灾害引发社会危机的可能性日益增大。而在当代这样一个工业化、城市化、市场化高速推进的社会中，人口的快速流动、资源的加速集聚、单位体制的迅速解体、市场经济的快速形成，明显增加了灾变危机发生的概率和灾变危机应对的困难。如果体制不顺，协调不力，措施不当，不仅不能有效应对传统意义上的灾害本身，而且可能衍生出各种情节更为严重和影响更为广泛的社会问题（如地区的、国家的甚至国际的社会失序和社会冲突）。因此，通过本课题研究，科学建构灾变危机管理的社会协同体制，切实加强灾变危机的社会协同管理，可以大大提高我国灾变危机的因应能力和管理水平，确保我国社会安全稳定与良性运行。

4. 改善我国灾变危机管理的社会协同状况

灾变危机管理的社会协同状况讲的是一个国家或地区在灾变

危机管理中表现出的各种社会参与主体协同合作的总体情况，它是反映一个国家整体驾驭各种灾变危机的能力和水平的重要标志，也是体现一个国家社会和谐状态的指标。客观地说，当前我国灾变危机管理的社会协同水平不高，政府部门和社会系统在因应灾变危机时长期存在条块分割、各自为政、步调不一的缺陷；社会组织发育程度较低，社会参与程度不高，社会协同能力不强，因应灾变危机的作用极其有限。有政协委员在谈到 2008 年"南方冰雪灾害"的抗灾救灾情况时，一针见血地指出了国家有关部门担当责任不够、社会协同不力等方面存在的严重缺陷①；还有的学者批评了"铁路警察，各管一段"的思维方式在南方冰雪灾害抗灾救灾中沟通协调不力的现象。② 通过本课题研究，可以建构一整套科学、完备的灾变危机管理社会协同机制，从而改善我国灾变危机管理的社会协同状况。

第二节　研究问题的确立

研究问题（Research Question or Research Problem）是社会学研究中的一个重要概念，它是指研究者通过研究所要回答的具体问题。研究问题与研究主题具有密切的联系。通常来讲，研究主题一经确定，就要根据研究主题来明确研究问题。明确研究问题是选取和论证研究课题最为关键的步骤，其目的是要使研究问题得以明确化。在本项研究中，笔者将灾变危机管理的社会协同作为研究主题，那么，接下来的事情就是要确立本项研究的研究问题，并将研究问题明确化，即对所要研究的问题进行某种界定、给以明确的陈述，以达到将头脑中形成的比较含糊的想法变成清

① 李气虹：《广州政协副主席郭锡龄：应对雪灾不力铁道部官员该撤职》（2008 - 2 - 18），http://www.zaobao.com/special/china/cnpol/pages1/cnpol080219c.shtml。
② 段华明：《现代城市灾害社会学》，人民出版社 2010 年版，第 227 页。

晰明确的提问，将最初比较笼统的、宽泛的研究主题变成特定问题的过程。为此，笔者先来进行这项最初的工作。

一 研究问题与目标的设定

1. 本项目研究问题的提出

研究问题的提出通常来源于两大方面：一是来源于现实需要；二是来源于理论分析。现实需要主要是通过对现实的观察了解到的。对于本项目来说，这种观察了解虽然包括平时的日常观察，即对历次重特大灾变危机管理的观察，但集中的观察则是2008年1月对"南方冰雪灾害"应急管理的观察。在本次灾变危机管理中，笔者发现我国的灾变危机管理，虽然在常规灾害的应对方面能力和水平都不断提高，但面对一些更为复杂、特殊的重特大灾害，如"南方冰雪灾害"，不仅技术上落后，而且在社会协同方面更出现很多纰漏，甚至闹出了各地区、各部门、各系统各自为政、自行其是的局面，严重影响了本次灾变危机管理的功效。出于对这一现实问题的了解，笔者提出了社会协同的问题。

理论分析主要是就相关的理论问题做出分析，从而提出相关的研究问题。灾变危机管理社会协同问题的提出，事实上也是理论分析的结果。这种理论分析来源于对"经济体制—社会体制—管理体制三者相互影响的关系"这一基本理论问题的思考。我们知道，我国的经济体制在1979年后逐步发生深刻变化，市场经济体制逐步取代了计划经济体制，适应经济体制变化的要求，我国的社会体制也出现重大变化，单位制体制逐步解体，作为社会管理重要内容的灾害管理在现实中的协调工作发生困难，从而要求灾害应急管理体制适应新的情况，采取社会协同体制来解决各类灾害应急管理主体的目标一致、步调一致问题。正是在这种理论分析的导引下，我们明确提出了灾变危机的社会协同问题。

综合上述两方面的讨论，经过对研究问题的具体化处理，笔者认为，本课题的研究问题：在灾害多发但因市场经济造成的单位制解体而带来了灾变危机管理协调难度增加的背景下，如何通过社会协同体制机制的建立来提高我国灾变危机管理的能力、水平和效益，以确保灾变危机状况下社会安全稳定与良性运行的问题。这一研究问题的确立不仅回应了当前我国灾变危机管理的现实需要，而且体现了我国整体社会环境变化和社会管理体制创新的新要求。确立这一研究问题，将现实需要和理论分析紧密结合起来，有效地保证了所提出的研究问题的重要性、合理性和现实性，有效地保证了本课题的研究问题既是理论研究之迫切需要，又是社会实践的急切呼声，成为一个受人关注的现实问题。

2. 本项目研究目标的设定

本研究以我国市场经济条件下政企分离、政社分开、单位制解体等制度变迁为研究背景和参照系，以提升我国灾变危机管理的能力、水平和效益为理想目标，从社会协同的视角，探讨灾变危机管理的社会协同问题，建构灾变危机管理的新型体制机制，以适应我国社会体制变革情况下灾变危机管理的新的要求。基于逻辑的分析，本课题的具体研究目标初步设定为三个：

（1）现状分析目标

本研究的基本目标之一是要对我国灾变危机管理的社会协同状态进行具体的分析。对我国灾变危机管理的社会协同状态进行具体分析是本课题的研究起点。不把握我国灾变危机管理的社会协同状态，就发现不了我国灾变危机管理的社会协同问题，不发现我国灾变危机管理的社会协同问题，也就无法提出我国灾变危机管理社会协同的基本思路、因应对策和具体措施。

现状分析始于现象描述。对社会现象或社会事实进行描述是现状分析的重要环节。在社会研究中，"系统周密的描述是正确认识与解释社会现象的前提，只有客观真实地描述现状才能说明现象间的因果关系"①，也只有客观真实地描述现状才能发现一些新的现象，揭示一些新的问题。具体进行灾变危机管理及其社会协同状态的描述，是本课题研究作为一项社会研究的要求。

现状分析重在状态评估。到底目前我国的灾变危机管理的基本状态如何？到底目前我国灾变危机管理的社会协同状态如何？对这样两个问题的回答便构成了现状分析或状态评估的两个基本要点。当然，需要具体回答的问题还有很多，例如，在回答了状态如何后，还必须深入地回答好的方面是什么？尤其是不好的方面有哪些？问题到底出在哪里？问题的症结何在？等等。

（2）理论建构目标

尽管本课题是一项较为典型的应用社会学研究课题，但本研究也要建立一种理论。之所以要建立一种理论，是因为在社会研究过程中，"经验的观察所得到的资料需要用理论来解释。""理论向人们提供了认识和理解世界的一般框架，同时它也指导着人们去探索具体的事件。"② 德国社会学家彼得·阿特斯兰德说过："没有理论，经验性社会研究工具的使用就是经验主义。"③

本研究所要建构的理论是一种解决市场经济条件下灾变危机管理协调难度增大问题的社会协同理论，相对于本课题研究的目的而言，社会协同理论是建立在经验观察基础上的一种应用理论，而相对于社会协同学来讲，社会协同理论则是一种基础理论。这就需要我们对社会协同理论进行转化，使之从基础理论转化为应用理论，从而服务于灾变危机管理社会协同问题的解决。

关于灾变危机社会协同理论的建构，本研究着重探讨以下三个问题：第一，灾变危机管理中社会协同何以必要；第二，灾变危机管理中社会协同何以可能；第三，灾变危机管理中社会协同

① 袁方：《社会调查原理与方法》，高等教育出版社1990年版，第49页。
② 风笑天：《社会研究方法》，高等教育出版社2006年版，第15页。
③ ［德］彼得·阿特斯兰德：《经验性社会研究方法》，李路路、林克雷译，中央文献出版社1995年版，第300页。

何以实现。为了构建这一理论，本研究还有必要引入或建构相应的支撑性理论，这些支撑性理论主要有：政府责任与政府放权理论、规制行动与志愿行动理论、社会动员与公众参与理论。

（3）管理创新目标

非常明显，本课题不仅是一项理论性研究，也是一项应用性研究。作为理论性研究，毫无疑义必须建构一套灾变危机管理的理论。这套理论，按照课题要求，就是灾变危机管理的社会协同理论。作为应用性研究，理所当然必须对灾变危机管理的"管理创新"进行探索，以实现对灾变危机管理的创新，为政府机构、社会组织、广大公众等作出灾变危机管理的科学决策提供参考。

本课题所要探讨的管理创新问题很多，但主要研究目标是两个：一是灾变危机管理体制创新，二是灾变危机管理机制创新。这里的灾变危机管理体制创新，就是要根据我国经济市场化转型所引起的社会组织化转型来创新我国灾变危机管理体制。具体就是要将计划经济、单位体制之下的"政府独揽"体制转变为"党委领导，政府负责，社会协同，公众参与"① 的协同合作体制。

机制创新是管理创新的归宿。机制创新不能悬在空中。在我国现实情况下，要进行机制创新，首先必须进行体制创新。这一方面是由我国市场经济体制促成的社会管理体制变革的现实所决定的，另一方面也是由机制创新必须以体制创新为基础和依据的管理创新原则所决定的。机制创新的内容很多，本研究所要探索的灾变危机管理的新的机制应当是一套完备的社会协同机制。

二　研究问题相关研究综述

1. 国外相关研究状况

灾变危机管理社会协同问题的相关研究更多地来自于国外。

---

① 党的"十七大"报告中提出了建立"党委领导，政府负责，社会协同，公众参与"的社会管理格局，党的"十八大"报告中再次强调完善这一社会管理格局。请见《党的十七大报告》和《党的十八大报告》。

客观地说，国外不仅在灾变危机管理社会协同方面做了具体工作，而且形成了与之相关的系统理论。认真了解国外灾变危机管理社会协同问题相关研究的状况，不仅是做好本课题研究的重要一环，也是我们从事各种灾变危机管理的学习过程和知识储备。国外在这方面的相关研究主要涉及三个方面：一是灾变危机基本理论研究，二是灾变危机管理理论研究，三是灾变危机协同管理研究。

（1）灾变危机基本理论研究

人们对灾变危机的经验认识很早就有，但对灾变危机的理论认识却显得较迟。国外对灾变危机基本理论的探索大约出现于 20 世纪 30 年代。从目前可获取的相关文献来看，最早关心灾变危机的学者多是一些技术或技术管理类的专家学者，他们大多从技术科学的角度来研究灾变危机的致因和生成问题。当然，他们也发现并明确指出，灾变危机乃是多因所致的结果，于是他们开始从发生学的角度建立灾变危机的多因所致理论。有关灾变危机的生成和致因问题，国外有两种比较典型的理论解释：一是骨牌效应理论（Domino Theory）。美国安全工程师海因里希（W. H. Heinrich）1936 年便认为，灾变事件、安全事件和人员意外伤害等事故，乃一连串互为因果的事件所致，其过程类似于所谓"骨牌效应"，第一张骨牌倒下会推倒第二张，第二张骨牌倒下会推倒第三张，继之可能形成次生性危机和连续性危机。[①] 二是能量释放理论（Energy Release Theory）。美国学者吉布森（Gibson）1961 年提出了"能量意外释放论"，这一理论由美国运输部安全局局长哈登（W. Haddon）于 1966 年进行了扩展。哈登认为，所有灾变事件的发生均可视为一种"能量失控"现象，无论自然灾害还是社会危机，都是由其相关因素积累到一定程度使张力达到极限

[①] 　毛小苓等：《面向社区的全过程风险管理模型的理论和应用》，《自然灾害学报》2006 年第 1 期。

时，所有能量瞬间爆发并全数释放出来的结果。①② 这种能量的瞬间爆发会对人类社会造成极大的危害。

（2）灾变危机管理理论研究

在国外，较早的灾变危机管理理论研究比较关注灾变危机管理的着眼点或着手点，因所关注的着眼点或着手点不同，国外的灾变危机管理理论又可分为两种：一是灾变事件本位论，认为灾变乃自然性事件，灾变事件的因应处理是灾变危机管理的核心，处理好灾变事件本身，社会危机就能有效消除，社会问题就能迎刃而解。二是社会危机中心观，认为灾变是社会性事件，灾变之危机主要不在于灾变本身，而是因灾而起的社会突变，即灾变对社会秩序、社会心理、社会生活的严重影响，灾变危机管理关键是社会秩序和社会生活管理。为此，前者便从技术角度设计了灾变危机的管理程序，后者则从社会角度提出了灾变危机的各种社会因应策略。③ 后来，罗伯特·希斯等学者从综合管理的角度建立了危机管理理论，希斯认为："从最广泛意义上说，危机管理包含对危机事前、事中、事后所有方面的管理。传统危机管理着重强调对危机反应的管理，而不重视危机的前因后果。大多数危机管理的计划和思想——不管叫偶然事故、紧急事故和灾难事故管理，还是事态复原或事态继续管理——都是危机反应管理，指向的是救火、治愈创伤、挽救伤员和损害物"。正是这样，"有效的危机管理需要做到如下方面：转移或缩减危机的来源、范围和影响；提高危机初始管理的地位；改进对危机冲击的反应管理；完善修复管理，以能迅速有效地减轻危机造成的损害"④

---

① 韩志丽：《事故对社会经济影响及对策分析》，沈阳航天工业学院 2008 年版，第 7 页。
② 许正权等：《事故成因理论的四次跨越及其意义》，《矿山安全与环保》2008 年第 1 期。
③ Farazmand, A., *Handbook of Crisis and Emergency Management*, London：CRC Press, 2001.
④ ［美］罗伯特·希斯：《危机管理》，王成等译，中信出版社 2004 年版，第 12 页。

（3）灾变危机协同管理研究

有关社会协同的研究源出于德国功勋科学家哈肯（H. Haken）创立的协同学，它研究在一定条件下子系统间通过非线性作用产生协同现象和相干效应，使系统形成一种自组织结构，从而放大系统的功能。① 在这门学问的创立中哈肯就明确指出，协同学是处理复杂系统的一种策略，因而其推广价值很高，从创立之日起就被应用于讨论从物理学到社会学中发生的有序和无序、有序和有序转变的各种案例。协同学向社会领域的推广重在两个方面：一是发展了社会协同学，学术界开始了社会管理中社会协同体制与社会协同机制的探索与建构；二是在"全球性灾害"研究中采用了"社会协同"的概念和方法。② 20 世纪 90 年代以来，西方学者提出了"国家在社会中""国家与社会协同"等理论，超越和挑战了"国家—社会"二分法对政府与 NGO 关系单方面的片面强调，国家与社会协同发展、相互赋权（empowerment）的理论思潮层出不穷③，并应用到灾变危机管理之中。2004 年 3 月，美国国土安全部出台了一个全国突发事件管理体系，以使各级各部门政府都能高效有序、协同一致地加入到突发事件的应急管理中。④ 国际灾难恢复组织（DRII）主席约翰·科普内哈维（John B. Copenhaver）说："我们发现……应急管理出现的失误主要源于整个指挥和控制结构出现问题，也就是没有明晰的架构。通过建立灾难指挥系统，不同的机构和部门可以协同合作。"⑤

2. 国内相关研究成果

灾变危机管理社会协同问题相关研究在国内逐步得到重视。

---

① Haken, Hermann. Synergetics: An Introduction, California: Springer, 1977: 1.
② 曾健、张一方：《社会协同学》，科学出版社 2000 年版，第 239 页。
③ 林闽钢、战建华：《灾害救助中的 NGO 参与及其管理——以四川汶川地震和台湾 9·21 大地震为例》，《中国行政管理》2010 年第 3 期。
④ 郑琦：《美国政府的救灾体制》，《学习时报》2011 年 5 月 9 日。
⑤ 冯ן 凡：《解剖美国灾害应急管理体制》，《第一财经日报》2008 年 7 月 7 日（1）（2008 - 7 - 7），http://finance. sina. com. cn/roll/20080707/02402314705. shtml。

1976 年唐山大地震以来，国内学者积极推进灾变危机研究，初步建立了灾害社会学体系。[①] 2003 年"非典"危机以来，尤其是 2008 年"南方冰雪灾害"和"汶川 8.0 级地震"之后，灾变危机管理方面的研究更趋火热，更受重视。经对"中国知识资源总库"相关论文的内容分析，国内相关研究成果主要在三大方面。

（1）灾变危机社会理论研究

与国外相比，国内系统的灾变危机管理研究起步较晚，人们对灾变危机的社会属性认识不够深入，切实加强灾变危机社会理论研究，打牢灾变危机管理的社会理论基础势在必行。为此，在 20 世纪 90 年代末以来，我国学界加强了灾变危机社会理论的研究。从中国知识资源总库收录的相关论文来看，我国灾变危机社会理论的研究，主要集中在灾变危机的社会属性及社会影响方面，大致反映出我国灾变危机社会理论研究的初创特征。在这些研究论文中，比较重要的有：《灾害——社会经济系统动态演变规律研究》（《西北大学学报·哲学社会科学版》2000 年第 3 期）；《自然灾害的社会易损性及其影响研究》（《灾害学》2010 年第 1 期）；《自然灾害的社会经济因素影响分析》（《中国人口·资源与环境》2010 年第 11 期）；《基于中国问题的灾害管理分析框架》（《中国社会科学》2010 年第 1 期）等。除相关的研究论文外，我国学者还撰写出版了有关灾变危机社会理论的有关著作，影响较大的有：王子平的《灾害社会学》（湖南人民出版社 1998 年版）；段华明的《城市灾害社会学》（人民出版社 2010 年版）等。

（2）灾变危机因应策略研究

灾变危机因应策略研究是对灾变事件的应急管理策略进行探讨的一个领域。该类研究具有很强的应用性，颇受各界尤其是政界的重视，在很大程度上有力地促成了我国《突发事件应对法》

---

① 　王子平：《灾害社会学》，湖南人民出版社 1998 年版，第 1—38 页。

的颁布。1998年，湖南人民出版社就出版了刘波的《灾害管理学》一书，书中开始探讨灾变危机的管理策略问题。而后，由于各种灾害接二连三的出现和灾害影响程度的升级，我国关于灾变危机因应对策研究更是走红学界，产生了大量的研究成果。影响较大的论文有：《建立灾害应急管理科学决策体系》（《中国减灾》2004年第6期）；《我国城市灾害风险应对现状及对策研究》（《中国安全科学学报》2009年第11期）；《地震灾区农村灾民安置中的问题及对策探究——以绵阳市安县农村为例》（《河海大学学报·哲学社会科学版》2010年第3期）等。影响较大的著作有：张乃平的《自然灾害应急管理》（中国经济出版社2009年版）；中国科协学会学术部的《重大灾害链的演变过程、预测方法及对策研究》（科学技术出版社2009年版）等。

（3）灾变危机协同管理研究

在我国，与灾变危机协同管理研究相关的研究是从协同学视野出发研究公共危机的协同治理问题。主要研究成果有：张立荣、冷向明的《协同学语境下的公共危机管理模式创新探讨》（《中国行政管理》2007年第10期），该文提出了建立公共危机协同治理模式的初步建议；还有张立荣、何水的《公共危机协同治理——理论分析与中国关怀》（《理论与改革》2008年第2期），该文认为，公共危机协同治理是治理公共危机的理想模式。当然，笔者及其团队则较早地对灾变危机管理进行了社会协同学的探索。在2008年年初"南方冰雪灾害"发生时，笔者较敏锐地提出了灾变危机管理的社会协同问题，并带领团队坚持数年研究，发表了一批本课题的成果，其中包括：《灾变危机管理的社会协同问题》（《防灾科技学院学报》2008年第2期），《灾变危机管的社会协同制度研究》（《中共成都市委党校学报》2010年第3期）；《复杂灾害社会协同管理基本问题探析》（《黑龙江社会科学》2010年第5期）；《灾害救助中的志愿行动规范——基于网上记实的思考》（《湖南师范大学社会科学学报》2011年第6期）等。

三　研究问题学术价值判断

1. 考察重点实现可行转变

无论中外，以往对于灾害的研究，人们颇为关心的是灾害本身及其造成的各种直接的、显在的损失，重点研究各种灾害的应急管理和各种直接的、显在的灾害损失的挽救与弥补。而本课题所考察的并不刻意重于自然形成的灾害或灾变本身，真正给予特别重视的是灾变危机，也就是因灾变而引发的社会危机。这里的社会危机包括社会生活的危机、社会关系的危机、社会秩序的危机、社会发展的危机等。主要探索的是因灾而起的社会结构的变异、社会秩序的混乱和社会发展的停滞，以及在灾变危机状态下如何通过各种救灾主体之间的社会协同，达到灾变危机管理能力的增强与提升，以及灾变危机状态的减缓与消除。

这一考察重点上的转化主要是受到一位国外学者影响的结果。纵览现有灾害研究中文文献可以发现，真正把灾害作为一种危机来进行研究的学者不多，在现有的灾害研究中文文献中，较早把灾害或灾变与危机区分开来讨论的文章是波尼的《从灾变到危机》一文①，该文虽然是采用混沌理论来揭示灾变走向危机之过程的成果，并没有本文所讲的灾变危机的具体含义，但它却给我们以启发，即对于灾害或者灾变，重要的不在于自然形成的灾害或灾变本身，而在于灾害引起的各种社会危机，也就是它给人类社会带来的各种严重社会影响，它对人类社会造成的各种破坏作用。本研究重点考察的就是这样一种社会危机。

2. 研究视角具有重要创新

有关灾变危机管理的研究成果在国内外已有很多，我国近年发表的成果数量更呈飞涨之势，但综合考察灾变危机管理研究的相关文献可以看出一些问题，即学者们的研究注意力要么集中于

---

① 波尼:《从灾变到危机》,《国外社会科学》1990 年第 8 期。

灾变危机的基础理论和一般因应实务，可行性相对较差①，要么关注于一般公共危机管理的协同治理，而对灾变危机管理的社会协同关注不多，缺乏颇有理论深度的专门研究。为此，从学术理论深化的角度来看，切实加强灾变危机管理的社会协同问题研究，无疑是极有必要的事情。从近期社会的呼声来讲更是如此，2008 年南方"冰雪灾害"中显露出的某些问题，进一步引起了人们对灾变危机管理社会协同问题的普遍关注。

本研究有别于一般灾变危机管理研究的，也就在研究的视角方面。在此之前，有关灾变危机管理的研究，虽然有学者的注意力已经开始落到灾变危机管理的体制机制上，但他们的研究往往在旧有的社会管理体制框架中来回穿梭，寻求解决灾变危机管理体制机制的路子，或者采取一种反思批判的视角来对旧有的体制进行批判，他们浅尝辄止，只破不立，甚至既不破也不立。这是当前灾变危机管理研究中体现出的一个突出特点。本研究则不同，在项目设计与研究的过程中，笔者积极采用了社会协同的视角，深入开展灾变危机管理的社会协同体制研究，以试图建立一种适应当今社会的灾变危机管理的社会协同体制。

3. 学术意识得到明显增强

众所周知，我国过去对灾变危机管理的研究，多重于对灾害应急管理的技术性和规则性研究，以及对灾害造成的损失与抗灾救灾的投入的评估性和咨询性研究。即使是社会学的灾害研究，往往也只是进行灾害对社会造成的影响的描述性研究以及如何消除这种不良社会影响的对策性研究，即使触及一些与社会关系、社会管理体制等有关的学术问题，所关注的也只是灾害应急管理过程中政府与灾民的鱼水关系问题和民众与民众的帮衬关系问题，以及如何在原有体制下尽力建立专门的抗灾救灾管理机构的

① 张立荣、冷向明：《协同学语境下的公共危机管理模式创新探讨》，《中国行政管理》2007 年第 10 期。

问题，很难真正触及灾变危机管理中的一些深层次社会关系与社会管理体制问题，学术意识明显不强。

提升学术层次是本研究作为一项国家社会科学基金项目的基本要求。面向社会实际，从社会实际中提炼出崭新的而且明确的学术问题，并对这种学术问题进行深入探索，是本研究的一个突出特点。具体来讲，本研究作为一项社会学研究，就是按照中央关于加强和创新社会管理的要求，通过提炼灾变危机管理中的社会管理体制创新问题进行研究，不仅把灾变危机作为一种社会危机来加以对待，而且把灾变危机管理作为一种社会管理来加以看待，深入探索灾变危机管理的社会协同体制创新问题和社会协同机制的强化问题，以此来实现对原有灾变危机管理体制的创新性突破和原有灾变危机管理机制的科学化建构。

第三节　课题研究的构想

作为一项研究课题，在明确了研究主题与研究问题后，并非就完全做好了研究过程中的所有准备工作。社会学研究的经验表明，对于一项选题比较新颖、问题较为复杂、涉及范围较广、创新难度较大的研究课题，研究者还有必要对如何开展本课题研究提出必要的和可行的构想。这些构想涉及多方面的内容，如确立课题研究的目标、确定课题研究的内容、明确课题研究的思路、借用必要的理论工具、选用可行的研究方法等，都是进行课题研究构想所要考虑的问题。由于其中有的问题已在前一节加以具体论述，因此，在本节中，笔者着重介绍本课题研究的理论基础、研究思路和研究方法三个方面的基本构想。

一　课题研究的理论基础

灾变危机管理的社会协同问题研究是一个崭新的社会管理研

究课题，没有完全成型的、针对性很强的理论可以套用，这是一个基本的学术发展事实。但是，这并不等于没有任何理论可以作为基础。客观地讲，在本课题的研究中，实际上有很多的理论可以作为课题研究的理论基础，这些理论涉及灾害管理理论、社会危机理论、社会组织理论、社会团结理论、社会协同理论等。在此，笔者拟对这些可以作为本课题研究理论基础的主要理论进行必要的介绍。

1. 灾害管理理论

灾害管理理论是一种关于有效管理社会中各种灾害的理论。灾害管理理论产生于人们对灾害的可控性和应对性的认识得以不断提高的基础之上。具体来讲，当人们还处于在灾害面前无可奈何、束手无策的认识状态下，灾害管理理论根本没有产生的可能。只有人们深刻地认识到灾害作为一种自然的或社会的现象，具有一定的可控性和应对性的时候，灾害管理理论才有可能开始形成。在现代社会中，由于人们对灾害现象的认识不断提高，灾害管理理论也越来越得到深化。至今，在国内国外学术研究领域，不仅形成了灾害管理理论，而且逐步建立起了灾害管理学科，灾害管理理论的学科化发展趋势已非常明显。

国外灾害管理理论的内容非常丰富，他们特别注重灾害管理的过程特性，同时特别强调灾害管理过程中各阶段的依次推进。他们一般将灾害管理划分为四个阶段或四个方面，即备灾（preparedness）、救灾（response）、复原（recovery）、减灾（mitigation）。① 备灾是指采取灾前措施以准备应对灾害的发生。救灾是指灾害发生后采取措施以最大可能地减少人员伤亡和财产损失。复原是指通过灾后重建以恢复灾区生活的正常状态。减灾是指采取各种有效措施减少未来灾后的发生或灾害造成的破坏性影响。②

① Fred C. , Disaster Response, Facts on Files, Inc. , 2008: 59 - 78.
② 唐晓强：《公益组织与灾害治理》，商务印书馆 2011 年版，第 25—26 页。

有关减灾的问题，国外灾害管理理论更是给予特别的关注，从国际减灾十年委员会的设立就足见其重视程度。

从管理内容的角度来讲，灾害管理活动可分为三类：一是灾害预防管理。也就是说，灾害是可以通过预防加以控制的，即使是来得最快的灾害，仍然具有一定的可预防性，如水旱灾害、泥石流灾害、事故灾害乃至地震灾害都是如此，人们应通过相应的预警防灾备灾措施防止有关灾害的发生，将灾害及其社会危害尽量消灭于未萌。二是灾害应急管理。在灾害到来之时，人们可以采取应急管理的方式，阻隔灾害的社会危害，抢救人民的生命财产，减少灾害造成的损失。三是灾害后续管理。后续管理主要是开展灾后重建。灾后重建包括各种基础设施重建、生活条件重建、社会组织重建和社会文化重建等多方面内容。

2. 社会危机理论

社会危机理论是在近些年以来越来越受到人们关注的一种社会理论。社会危机作为一个社会学术语，并非一个很新的术语。但学术界关于社会危机的解释却很多，而且界义不一。主要解释有以下两种：第一，社会危机是一种社会事件。社会危机是指对一个社会系统的基本秩序和正常运作产生严重威胁，并且在时间压力和不确定性极高的情况下，必须对其作出关键决策和应急处理的事件。第二，社会危机是一种社会状态。社会危机是由社会秩序混乱、价值体系解体以及社会控制失效等因素所形成的社会动荡状态。它是社会基本矛盾，即生产力和生产关系、经济基础和上层建筑的矛盾发展到十分尖锐程度的结果。

社会危机理论认为，当代社会危机通常可以简单地分为灾变社会危机与纯粹社会危机。灾变社会危机又可粗略地分为自然型灾变社会危机与事故型灾变社会危机。[1] 纯粹社会危机也可大致分为国内社会危机与国际社会危机。这两类社会危机一旦失控都

---

① 马小军：《当代社会危机的类型分析与变量分析》，《理论前沿》2003 年第 2 期。

有可能引发或演变为社会总危机。有学者通过对大量社会危机案例作变量分析，归纳出一些影响社会危机的关键性变量因素。但客观地讲，无论一个国家还是一个地区中社会危机的发生，有时是单一变量起作用的结果，但通常是多种变量交互作用、综合发生影响的结果。有效控制社会危机的各种变量以及它们之间的交互作用和综合影响，是社会危机管理的关键内容。

社会危机从涉及范围上来讲是一种波及广泛的危机，它通常发生在快速的社会变迁和社会转型的社会历史时期。当代中国正处于快速的社会变迁与社会转型时期，这种社会变迁与社会转型是分阶段推进的。通常来讲，在新旧管理体制交替的转轨阶段上，发生社会危机的可能性变大。社会危机是由自然界的灾变或社会中的动荡引发的。社会危机具有威胁性、紧迫性、双重性和阶段性特点。转型社会中的政府必须高度重视各种社会危机，对社会危机加强管理。政府对社会危机的有效管理既能体现政府的责任性，又能增强政府的合法性。政府在对社会危机进行管理时，有必要对社会危机管理的模式和程序开展创新。

3. 风险社会理论

20 世纪后半期，"风险"概念逐渐为社会学家所关注，许多著名社会学家，如贝克、吉登斯、卢曼等，都对当今社会存在的风险产生了浓厚兴趣，他们创立了社会风险和风险社会概念，并对其进行了系统深入的研究。德国社会学家乌尔里希·贝克是最早探讨社会风险的社会学家之一，他将"社会风险"作为理解现代性社会的一种视角，并首次提出了"风险社会"的概念。1986年，贝克出版了《风险社会》一书，认为我们正"生活在文明的火山上"[1]，这种社会具有两个特征：一是具有不断扩散的人为不确定性逻辑；二是导致了现有社会结构、社会制度以及社会关系向着更加复杂、偶然和分类状态转变。

---

[1] Ulrich Beck, Risk Society: Towards a New Modernity, SAGE Publications, 1992: 17.

　　随着风险社会研究热的到来和风险社会理论探索的不断深入，以及在灾变危机研究中的具体应用，一种与灾害社会风险演化机理和后果分析相关的理论——风险放大理论在美国得以建立。1988 年6 月，美国克拉克大学决策研究院的学者提出了一种社会风险的分析框架——风险的社会放大（social amplification of risk），代表人物是罗杰·卡斯帕森（R. Kasperson），卡斯帕森认为，灾难事件与心理、社会、制度和文化交互作用的方式，会加强或消减对风险的感知并塑造风险行为，这些行为也会反过来造成新的社会或经济后果，这些后果远远超过了对人类健康或环境的直接伤害，导致更严重的间接影响。

　　尽管风险社会理论只是一种理论，但它在对社会风险的应对实践研究方面也形成了一些重要的见解，主要包括制度主义见解、文化主义见解和生态主义见解。① 其中制度主义见解是基础，其他两种见解是对制度主义见解的补充和完善。制度主义见解的代表人物贝克和吉登斯等人认为，在风险社会理论中把制度性和规范性的东西突出出来并给予恰当的定位是必要的。他们的理想是能够在制度失范的风险社会中建立起一套有序的制度和规范，从而既增加对风险的预警机制又强化对社会风险的有效控制。为此，贝克曾大声疾呼："为了说明世界风险'社会'，有必要行动

---

① 除制度主义外，文化主义和生态主义也有必要加以简要介绍。文化主义的代表人物是道格拉斯和威尔德韦斯，他们立足于主观主义立场，从"风险文化"出发来寻求应对风险之策。他们认为，实实在在的风险本身并不重要，关键的在于是谁在认知并强化了风险意识与观念。风险意识只是由相对中心来说漫游于社会边缘的社团群落引入的，这些社团群落的特定文化观念促进了风险意识的形成与发展。风险文化的意义就在于提醒人们关注生态威胁和科技发展带来的副作用所酿成的风险。因此，他们不像贝克等人那样强调通过建立制度来控制风险，而主张通过环境保护运动、绿色运动等社会运动去防范和化解风险。生态主义的代表人物是卡顿和邓拉普。他们于 1991 年提出了环境生态学的见解。他们主张人类不应当仅把自己当作为仅受到文化和社会的影响，而忽略自然环境对人类社会的潜在影响，而且应当反思社会学理论研究中的"人类中心主义"倾向，以及这种倾向有可能带来的不利的社会后果，全面研究自然灾害的价值和态度、观念和社会模式、体制和研究范畴，以及社会心理、法制和政府责任，灾害后果和重建等问题。

起来，促进形成应对全球风险的'国际制度'。"①

4. 社会团结理论

社会团结理论也称为社会关联理论，是由法国著名社会学家埃米尔·迪尔凯姆提出的一种社会理论。迪尔凯姆提出社会团结理论，主要是针对19世纪欧洲步入工业社会后由于剧烈社会变迁所引发的激烈社会冲突而提出的一种化解社会冲突的构想。在迪尔凯姆看来，欧洲工业社会的危机，是由于从传统社会向工业社会急剧转型过程中利益和价值的分化造成的，这时，传统的利益协调方式和价值体系解体，社会矛盾不断加深，带来了社会的冲突和失范。解决这一问题的根本出路在于，在新的社会组织的基础上进行社会重组，以防止社会排斥与社会分裂，形成社会团结的有机形式，充分发挥社会有机体的功能整合作用。

迪尔凯姆所讲的社会团结，实质上是一种社会生存与发展的机制。克劳有言，社会组织一个最根本的基础，并不是经济学意义上的纯粹的效率原则，不是功利主义意义上的有用原则，而是将个体凝聚起来的黏合原则。② 正是在这个意义上，迪尔凯姆认为，构成社会团结的最根本的因素，一是集体实在："社会成员平均具有的信仰和感情的总和，构成了他们明确的生活体系，我们称之为集体意识和共同意识"；二是法律和制度实在："法律表现为社会团结的主要形式。"③ 几乎在同一时期，德国社会学家滕尼斯也强调社会团结的意义，不过，他更强调社区的作用，认为只有通过重建社区团结，才是现代社会的真正出路。

根据李培林、苏国勋等学者的理解，迪尔凯姆所构建的社会

---

① 李惠斌：《全球化与公民社会》，广西师范大学出版社2003年版，第300页。

② Crow, G., Social Solidarities: Theories, Identities and Social Change, Buckingham: Open University Press, 2002: 18 – 25.

③ ［法］涂尔干：《社会分工论》，渠东译，生活·读书·新知三联书店2000年版，第31、42页（在中国学术界，对法文"EmileDurkheim"这个人名的翻译显得十分混乱。本书的作者涂尔干是一个中式人名译法。其实涂尔干就是杜尔克姆、杜尔凯姆、迪尔凯姆，即法国社会学大师埃米尔·迪尔凯姆）。

团结理论，大体上是围绕着以下三个主要的方面来展开的：一是形成社会团结的价值结构。一个国家或总体社会的政治目标和爱国情感、现行意识形态，以至传统的伦理道德价值等共同意识，这些都是构筑价值认同的重要因素。价值上的认同对于社会团结来讲很有可能是首位的。二是由法（即规则）、规范等形成的制度安排。这里的法既包括强制性的法律，也包括各种惯例、习惯或者是习惯法，所有这些，都为社会创造了一个规范环境，成为社会团结的要素。三是社会关系的联结方式。在不同的社会条件下，社会关系通过不同的纽带联结起来。①

5. 社会协同理论

社会协同理论导源于德国学者哈肯的协同学。协同学作为一门研究在一定条件下子系统间通过非线性作用产生协同现象和相干效应，使系统形成一种自组织结构，从而放大系统的功能的学问，其目的是建立一种用统一的观点去处理复杂系统的概念与方法。其中心议题是，探索存在于支配一般系统的宏观尺度上的结构、功能的组织形成过程的某些普遍原理。协同学认为，这些由性质完全不同的大量子系统所构成的种种复杂系统，通过合作，按照一些普适规律产生空间、时间或功能结构。这是一种相变的统一性，结构形成过程及其规律的统一性。它深刻地揭示了系统从无序向有序转化的结构和过程的一般法则。

社会协同理论是由哈肯等人将协同学原理向社会领域进行推广的一种应用理论。哈肯等人应用协同学的有关理论、概念和方法，对某些社会问题进行了定量描述，这些社会问题包括社会舆论、人口变化、就业和失业、商业模型等，从而创立了定量社会学。通过研究这些问题，他们认为，社会系统是一个复杂系统，社会系统中的各子系统之间不是简单的线性关系，而是相互影响、相互制约的非线性关系。社会成员通过他们的共同活动，产

---

① 李培林、苏国勋：《和谐社会构建与西方社会学社会建设理论》，《社会》2005年第6期。

生政治、经济、社会、文化、宗教等不同的社会"场"。社会系统成员的态度和社会构形是了解社会系统内在动力的主要依据。社会系统的良性运行与协调发展有赖于社会协同。

在现代社会中，由于社会分工的进一步彻底化，合作、互补、和谐等已成为当代社会发展的迫切需要，冲突与合作交织在一起共同推动着社会的发展，社会协同"越来越被看作是社会灵魂的一种觉醒"①。当然，社会协同是一种存在差异、甚至对立的协同。它是为了整个社会系统的生存、发展的求同存异。社会协同的过程与自然协同的过程不同，它是经过协商、平衡，从彼此或大多数对象的利益出发，合理地进行协调，达到协作、协力、和谐、一致的协同。社会协同是一种多样性的协同，它不是也不可能是理想化的完全类似激光的完全一致的协同。因为在社会领域，要求得完全的一致，不符合社会复杂性的事实。②

二 课题研究的基本思路

本课题按照灾变危机管理为何需要社会协同、何以能够社会协同、如何实现社会协同的基本思路逐步深入地展开研究。通过本课题的有关研究，试图较好地回答以下四个具体研究问题：（1）社会协同对灾变危机管理的实际价值何在？（2）我国灾变危机管理为何需要社会协同？（3）我国灾变危机管理何以能够社会协同？（4）我国灾变危机管理如何实现社会协同。

本课题的关键研究路径可以表述为：灾变危机是一种影响面广且危害极大的社会危机；灾变危机管理是政府和社会的共同责任；灾变危机管理必须实行社会协同管理；社会协同管理关键是要建立社会协同体制；社会协同体制必须以社会协同制度为保障；社会协同制度必须落实于社会协同运行；经由社会协同运行

---

① ［法］F. 佩鲁：《新发展观》，张宁等译，华夏出版社1987年版，第112页。
② 曾健、张一方：《社会协同学》，科学出版社2000年版，第18—53页。

从而形成巨大的社会协同功能。（见图 1 - 5）

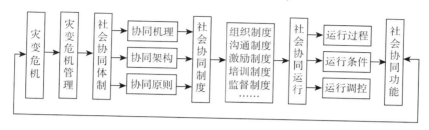

图 1 - 5　本课题研究思路示意

三　课题研究的主要方法

　　本课题总的研究方法是以辩证唯物主义与历史唯物主义为指导，根据实证主义与人文主义相结合的社会学方法论原则，基于对近年发生的南方冰雪灾害、汶川 8.0 级地震、青海玉树地震等巨灾中灾变危机管理状况的考评，着眼灾变危机管理社会协同体制机制的建构，从观察、描述、解释到规范的路径，借由文献研究、案例分析、理论推导、对策研究等方法，就我国灾变危机管理中的社会协同问题进行一项系统、深入的战略思考。所用方法涉及研究资料搜集方法和研究问题分析方法两类。具体方法除文献分析法用于始终之外，还有：

　　1. 实地研究法

　　实地研究（field research）又称为田野研究、田野工作（field work）。它是指研究者深入到某种研究对象的社会生活背景之中，以参与式观察和非标准访谈的方式搜集有关现象的研究资料，并通过对这些研究资料进行深入细致的分析来具体理解和解释这种现象的一种社会调查研究方式。实地研究历来就是社会学、人类学领域一种重要的社会调查研究方式。无论从社会调查研究方式还是从社会调查研究对象的特殊性来看，抑或从社会调查研究活动对实地研究的应用情况来看，实地研究在社会调查研究中都具有十分重要的地位和作用。因为，要对社会

现象，如社会行为、社会活动甚至社会问题等进行研究，只有
到"实地"——特定的社会空间进行才能真正达到目的。也就
是说，只有在实地研究中，才能更好地获得对社会现象的深入
了解和认识。

本研究课题是针对 2008 年年初"南方冰雪灾害"中的灾变
危机管理而提出的。根据原初设计，本研究主要在湘、粤、贵等
地开展实地调研，以发现"南方冰雪灾害"中灾变危机管理存在
的问题，了解公众对本次抗灾救灾中社会协同状况的看法。2008
年 1 月至 5 月，笔者主要对广东、湖南进行了实地研究，其中包
括对广州火车站、机场等的观察和对长株潭等地居民的访问。但
到当年 5 月 12 日，汶川发生了 8.0 级地震，作为时隔数月出现的
另一个震惊中外的特大地震灾害，笔者感到在本课题研究中对此
绝对不能漠视，而对本课题原定的实地研究方案进行了适当调
整，将汶川地震灾区也作为实地研究的一个重要场合。于是，在
汶川地震的抗灾救灾中，课题组根据广州市社会工作协会统一部
署，派人进入汶川地震灾区，进行了本地与外地社工组织协作的
实地研究。① 后来，为了对汶川地震灾区的恢复重建工作有一个
较清晰的了解，在项目完成之前，笔者于 2012 年 7 月 24 日赶到
四川，花了四天时间对都江堰市、汶川县进行了灾区恢复重建考
察，以克服灾害研究中重应急管理轻恢复效果的不足。

  2. 网络记实法
  网络记实法是借由社会事实的网上记录以搜集研究资料的一

----

① 在本课题研究中，该项研究是由麦国娟等同学前往汶川地震灾区实地进行的。尤其应
  提到的是麦国娟同学。2008 年年初，作为大学四年级的麦国娟同学选择我担任她毕业
  论文的指导教师，并希望参与我正在申报中的国家社科基金项目"灾变危机管理的社
  会协同问题研究"。汶川 8.0 级大地震发生后，广州市社会工作协会招募"广州社工"
  开赴汶川地震灾区救灾，麦国娟同学报了名并被录取。在临行前，笔者嘱咐麦国娟同
  学进行社工组织社会协同情况的实地调查，并希望她能通过观察和访问，收集有关抗
  灾救灾的资料。她接受了这一任务，并在回校后写出了《巨灾状况下外援社工与本土
  社工协同策略研究——基于社工界介入汶川救灾与灾害恢复重建的考察》的毕业论
  文。该论文获得了当年毕业论文的优秀等级。

种资料搜集方法。① 网络记实法虽在本质上仍是一种文献信息法，但与传统文献信息法有所不同，最显著的区别在于，网络记实资料更多的是一种新闻信息或博客（微博）信息，属于第一手资料的范畴。利用网络记实法开展研究有多种好处：首先，网络空间是一种较为典型的公共空间，众多人群都可以通过网络发布相应的记实信息，有利于人们通过网络查询和获取某些传统媒体疏于报道的信息；其次，网络信息大多数是一种公共信息，采用这些公共信息开展研究，知识产权风险有所降低，有利于人们对相关研究资料的充分利用；最后，网络资料是一种搜集方便的资料，通过网络搜索，可将相关网上信息"一网打尽"，以避免在研究过程中因基础信息不足而造成的对研究活动的限制。

　　本研究通过互联网在网上收集国内外灾变危机管理的各种记实信息，这些记实信息包括回溯性文献信息、即时性新闻信息、自播性博客信息，以及各种评论性、研究性信息等。涉及的内容则包括灾害基本情形信息、灾害应急管理信息、抗灾救灾案例信息、灾害舆情民意信息、灾害社会救助信息、灾管社会协同信息、灾管社会参与信息、灾管社会效果信息等。笔者查询网络记实信息，主要利用了百度、谷歌、新浪、搜狐、网易163等搜索引擎，中国知识资源总库、民政部网站、四川省民政局等近年灾害多发地区的网站。借由网络记实法搜集研究资料，不仅获得了大量的与近年我国发生的几起重特大自然灾害相关的灾害信息，更为重要的是从中挖掘出一些与灾变危机管理社会协同相关的重要信息，同时还较好地了解和把握了与本课题相关的灾害研究动态。当然，通过网络记实法搜集这些方面的信息，主要目的是对灾变危机管理相关情况进行社会协同学的事实分析和案例分析，

──────────

① "网络记实法"是笔者根据灾变危机状态下的难以进入现场收集资料而提出的一种方便的资料搜集方法。这种资料搜集方法可以使我们即使不在灾害现场也能搜集到有关的资料。参见谢俊贵、叶宏《灾害救助的志愿行动规范——基于网上记实的思考》，《湖南师范大学社会科学学报》2011年第6期。

发现并总结国内外灾变危机管理社会协同的经验与教训，同时吸收专家学者在灾害研究方面的有关观点。

3. 系统分析法

系统分析法是运用整体性、完备性、集中化、终极化、等级结构、逻辑同构等概念，寻求适用于一切综合系统或子系统的模式、原则和规律的各种科学方法的总称。系统分析法有广义和狭义之分。狭义的系统分析法是指以系统理论为指导，以社会调查资料为依据，对社会现象所构成系统的结构、功能所作的定性分析。广义的系统分析法则是一门综合性的方法科学，它已经发展成为一种包括一般系统论、信息论、控制论、集合论、图论、网络理论、对策论、判定论、协同论、功能模拟等方法在内的理论与方法体系。在实际工作中，借由系统分析法，人们可以把一个复杂研究对象看成为一项系统工程，通过系统目标分析、系统要素分析、系统功能分析、系统环境分析、系统资源分析和系统管理分析，准确诊断实际存在的问题，深刻揭示问题起因，有效提出解决方案。

在本课题研究中，由于课题的性质与任务所涉及的就是一个社会管理体制、社会管理机制、社会管理模式、社会管理运行的科学话题，因而系统分析法确实有着十分重要的作用。具体包括：第一，运用系统分析法，可以使我们注重灾变危机管理的整体性，克服研究过程中只见"树木"不见"森林"，或者只见"森林"不见"树木"的认识偏向；第二，运用系统分析法，可以使我们注重灾变危机管理各方面的联系，把孤立的灾变危机管理主体变成一个有机的灾变危机管理主体系统、把分立的灾变危机管理客体变成一个有机的灾变危机管理客体系统、把分散的灾变危机管理媒体变成一个有机的灾变危机管理媒体系统；第三，运用系统分析法，可以使我们注意到灾变危机管理活动的开放性和动态性，在对灾变危机管理活动同外部环境因素（包括自然因素和社会因素）的关系作考察时，具有开放意识、动态意识和调适意识；第四，运用系统分析法，还可以使我们对灾变危机管理及其社会协同这样的复杂问题的研究进行适当简化，以期提高我们的研究效率和研究效益，从而保证克难攻坚更好地落到实处。

4. 理论建构法

理论建构法是指将有关理论纳入现实系统进行理论创新，或对现实问题进行深入分析发展科学理论的研究方法。这类研究涉及理论与实际结合的双向过程，具体包括从理论到实际和从实际到理论两个方面的研究。在从理论到实际的研究过程中，主要是运用有关理论对现实问题进行科学分析，进行理论的深化或提出创新的思路。在从实际到理论的研究过程中，则主要是借由"扎根方法"，从大量的经验事实中抽象出新的概念和新的理论。不同社会领域都有不同的科学理论和科学范式。这些科学理论和科学范式都能在一定范围内指导实际问题的分析和解决。而对于实际问题来讲，则又可以根据不同的研究目的，从中分析、发现和建构某种科学理论。但值得注意的是，理论常常是灰色的，实践之树常青。每一个理论都不是最完美的，它们只是对现实世界的部分客观反映。

本课题作为一项国家社会科学基金项目，理论研究必不可少。本课题高度重视理论建构法的运用，同样采用了双向结合，即"从实践中来"与"到实践中去"相结合的研究方式。对于学术界已有的一些理论，本研究采取的方式是取而用之，借而鉴之，推陈出新。例如，对于社会功能理论、社会团结理论和社会协同理论等这样一些学术理论，将作为最重要的理论拿来对我国的灾变危机管理及其社会协同的实际问题进行分析，并由此建构相对完整的灾变危机管理社会协同理论。同时，本研究也将运用"扎根方法"，通过对我国灾变危机管理中客观存在的现实问题及其丰富的经验资料的分析，发展或建构某些具体的科学理论，如社会协同分阶理论、社会参与秩序理论、志愿行动规范理论等。更为我们重视的是，本研究还将运用理论思维的方法，深挖人们在灾变危机状态下为何需要和何以能够社会协同的深层社会原因，从而具体揭示灾变危机状态下人们之间的影响相关、利益相关、情感相关、环境相关、文化相关等的社会协同机理，开展灾变危机管理的社会协同机制探讨，使本项研究真正达到更高的理论水平。

四　课题研究的内容布局

系统研究灾变危机管理社会协同问题在我国是第一次。本课题研究的重点并不在于一般的"灾变危机管理"，而在于灾变危机管理中的"社会协同问题"。研究灾变危机管理中的"社会协同问题"，事实上也就是研究灾变危机管理的体制创新和机制创新问题，即灾变危机管理社会协同的体制创新和科学运行问题。基于这一考虑，本课题研究的内容便可以分成以下七章。

第一章绪论。重点阐述了本课题的研究背景与研究设计，确立了本课题的研究问题与研究目标，介绍了本课题的理论基础、研究思路与研究方法。20世纪中后期以来，人类社会灾害频发的客观事实、灾害应对实践领域的强烈呼声和灾害管理理论创新的社会要求是本课题研究的重要背景。本课题的研究问题是：在灾害多发但因市场经济造成的单位制解体而带来了灾变危机管理协调难度增加的情况下，我国如何通过社会协同机制的建立来提高我国灾变危机管理的能力、水平和效益，以确保灾变危机状况下我国社会的安全稳定与良性运行的问题。研究目标包括现状分析目标、理论建构目标和管理创新目标。本课题的基础理论有灾害管理理论、社会危机理论、社会团结理论、社会协同理论。研究方法包括：实地研究法、网络记实法、系统分析法和理论建构法。

第二章灾变危机管理社会协同界说。主要内容包括：灾变危机的含义与特征，灾变危机管理的含义与结构，社会协同管理的含义、目标、功能和体制等。灾变危机是一种因灾变而引起的社会危机。灾变危机具有致因外生、短时突发、表现多样、危害综合四大特征。灾变危机管理是指针对由灾变引起的社会危机的管理。灾变危机管理主体包括作为国家代表的政府组织、实行独立经营的企业组织、民间发起成立的社会组织和作为社会公众的公民个人等。灾变危机管理过去强调的是管人员、管安置、管财物、管秩序，现在还必须强调管组织协调、管信息通畅、管形象维护、管灾民身心健康、管灾民社会关系的建立。在当前情况下，灾变危机的社会协同管理显得更加重要。所谓社会协同管理就是运用协同合作的理论与方法对社会系统及其社会问题与社会事务进行管理。

第三章灾变危机管理社会协同必要。主要内容包括：中外灾变危机管理体制的形成及各自的特色，我国灾变危机管理的体制缺陷，灾变危机管理社会协同的必要性。灾变危机管理体制作为一种社会设置，在世界不同国家以及一国之内的不同社会历史时期都有所不同。通过梳理美国、英国、加拿大、日本和印度的情况和我国灾变危机管理体制的形成轨迹可知，我国现行灾变危机管理体制具有四个特征，即中国特色特征、政府总揽特征、行政动员特征和统一组织特征。我国现行灾变危机管理体制存在一些缺陷，主要的是：缺乏综合的决策管理机构，缺乏有效的功能整合机制，缺乏完备的灾管法律体系，缺乏明确的社会参与渠道，缺乏社会的保障支撑系统，缺乏良好的人才成长环境。改革我国灾变危机管理的现行体制势在必行，建立我国灾变危机管理的社会协同体制很有必要。

第四章灾变危机管理社会协同机理。具体讨论灾变危机管理社会协同的三大机理：社会关联的社会动力机理，社会参与的社会行动机理，社会自组的社会组织机理。在灾变危机管理社会协同中，社会关联机理是指灾变危机管理社会协同是在灾变危机状态下由于特定的社会关联生发出来的。没有特定的社会关联，就不可能形成社会协同，甚至没有必要奢谈社会协同。灾变危机管理社会协同的社会参与机理，实际上就是指灾变危机管理社会协同是在灾变危机状态下由于广泛的社会参与生发出来的。没有广泛的社会参与，就没有真正的社会协同。尤其需要强调的是，在灾变危机管理中，社会协同也是一种社会组织现象，是社会组织的一种高阶方式。在社会协同中，作为社会组织基本类型之一的社会自组织（亦称社会自组）起着关键作用，因而被认为是社会协同的重要生发机理。

第五章灾变危机管理社会协同架构。具体内容包括：社会协同主体的多元架构、社会协同功能的互补架构、社会协同结构的网络架构。我国灾变危机管理社会协同主体的基本架构是"党委领导、政府负责、社会协同、公众参与"。具体从近年来的灾害应急管理情况看，参与我国灾变危机管理社会协同的主体是多元的，主要有党委、政府、驻地部队、事业单位、信息机构、企业组织、社会组织、社会公众等。我国灾变危机管理社会协同功能是当然也应该是一个互补构架，党政部门具有主导性协同功能，企业组织具有支助性协同功能，信息机构具有通联性协同功能，社会组织具有联动性协同功能。灾变危机管理社会协同结构则呈现出一种明显的网络架构，包括社会协同组织的网络架构、社会协同动员的网络架构、社会协同通信的网络架构、社会协同关系的网络架构。

第六章灾变危机管理社会协同运行。具体内容包括：灾变危机管理社会协同运行过程，灾变危机管理社会协同运行条件，灾变危机管理社会协同运行制度。灾变危机管理社会协同运行非常重视运作过程的分步特性，按照严格的科学时序逻辑安排推进的过程和运作的步骤，具体步骤包括：社会协同目标的确立、平台的构建、规范的制定、能力的提升、运行的启动、行动的落实和运行的反馈。灾变危机管理社会协同运行必须具备一定的条件，主要是：具有功能齐全的组织资源，具有协同意识的专业团队，具有互联互通的信息网络，具有应紧应急的运输系统，具有广泛认同的协同文化。灾变危机管理社会协同需要一定的制度作为保证，这主要包括：社会协同组织制度、社会协同沟通制度、社会协同激励制度、社会协同培训制度、社会协同保障制度、社会协同监督制度。

第七章结语。对本课题的研究成果进行简要的终程梳理，展示本课题研究的主要结论，说明本课题研究过程中取得的经验和教训，以及本课题研究中存在的某些不足，并提出值得今后进一步深化研究和推广应用的问题，具体涉及基本理论层面、管理模型层面和实际操作层面。同时，结合我国灾变危机管理社会协同运作的实际需要，课题组还将立足于为我国灾变危机社会协同管理提供多方面智力服务的角度，具体讨论本研究成果的转化问题，初步提出本研究成果的专题化、政策化、实务化、案例化和教材化五种基本的转化思路。

第二章 灾变危机管理社会协同界说

    通过课题查新和对现有相关文献的分析可知，在我国，灾变危机管理的社会协同问题是一个崭新的社会管理研究课题。这一问题的具体提出最早是在 2008 年我国南方发生百年不遇的冰雪灾害时期。2008 年 1 月，笔者选择了这一问题申报国家社会科学基金项目。当时的情形是，一方面，国家社会科学基金指南（社会学部分）编列了一个叫作"社会管理的社会协同问题研究"的课题。笔者在论证这一课题的时候，一方面觉得这一课题过大，思考着能缩小一点；另一方面，正如绪论中所言，当时恰遇"南方冰雪灾害"，而且救灾的情况也正好反映出了某些"社会协同问题"，故而申报了"灾变危机管理的社会协同问题研究"这一课题，并开始了有关研究工作。2008 年 4 月 27 日至 28 日，由中国灾害防御协会、防灾科技学院和长沙理工大学共同主办的"中国南方冰雪灾害学术研讨会"在湖南师范大学举行①，笔者在会上宣讲了"灾变危机管理的社会协同问题"的论文。由于论文篇幅所限，当时并未对灾变危机管理的社会协同及其相关概念进行详细界说。为此，这里很有必要优先完善这方面的内容。

---

① 中国灾害防御协会：《"中国南方冰雪灾害学术研讨会"在湖南师范大学召开》（2008 - 5 - 4），http：//www.zaihai.cn/html/200854125634 - 1.html。

第一节　灾变危机内涵与主要特征

在本课题的研究中，笔者没有采用"灾害"作为本研究的核心概念，而采用了"灾变危机"作为本研究的核心概念，这不是没有原因的。其基本的原因是，"灾害"一词容易被人理解为只是作为一种自然现象的"灾"，而容易被人忽视它作为一种社会现象的"害"。与"灾害"相比，"灾变危机"更能体现"害"的性质，并能更好地表现出灾害的相关性、动态性、扩散性和社会性。不过，"灾变危机"这一概念明显地来源于"灾害"概念，但又与"灾害"的含义有着一定的不同。要对灾变危机的内涵进行深入的理解，很有必要先对"灾害"这一概念进行适当的了解，而后才好对灾变危机的含义进行界定、对灾变危机的特征进行解说、对灾变危机的危害进行分析，从而深度理解"灾变危机"的内涵。

一　灾害概念的解读

"灾害"一词，在我国可谓见诸大量的正式的或非正式的文献，且为人们耳熟能详、例举多证的一个概念。从词源学的角度来讲，"灾害"是一个复合词，它来源于汉语中的"灾"字。"灾"字的繁体字是"災"，由"水"、"火"二字组成，从"水"、从"火"。这一方面说明人们司空见惯的灾害是由水或火引起的，或者说"中国古人对灾害的认识最初是从对水灾、火灾等具体灾害开始的"①。另一方面，由于"水"在上，"火"在下，有水将火浇灭之意；同时，还有着"水火不相容"之意。当然，中国古

---

① 唐晓强：《公益组织与灾害治理》，商务印书馆2011年版，第18页。

人并非只把水灾、火灾视为灾害。事实上，在中国古代农业社会中，人们通常是将直接导致农作物不熟和生命财产受到严重威胁的异常自然现象都叫作灾害。为此，我国目前通行的《现代汉语词典》对"灾害"的解释是："灾害是旱、涝、虫、雹、战争等所造成的祸害。"①

"灾害"在英文文献中有着多个不同的词汇，主要的有："risk"，"hazard"，"disaster"。尽管有的英文文献的作者为了显示其文献的雅致和可读，喜欢将这些词汇交替使用，但据唐晓强的考证，这三个单词的含义虽然高度相关，然亦存在风险程度上的细微差异。"risk"一词在汉语中通常翻译为"风险"，侧重于指危险或灾害发生的概率、可能性，指的是危险或灾害事件尚未发生但有可能发生的状态。"hazard"一词在汉语中一般翻译成"危险"、"灾异"或"灾变"，侧重于指风险因素已经出现且对环境造成了一定影响，但对人还没有构成伤害的状态。"disaster"一词在汉语中一般翻译为"灾害"，指"风险"因素已经出现并已衍化为"危险"，且对人类构成实质性伤害的状态，侧重于危险因素对人造成的影响。如果没有对人构成实质性的伤害则不能说是"灾害"②。

上述英文词汇含义的细微差别实际上给人们提供了一个认识灾害的分析思路，这就是"灾"与"灾害"相区别的思路。有的学者主张将汉语中的"灾"和"害"区分开来，认为"灾是灾，害是害"，"灾"是自然性现象，"害"是社会性现象。"灾"未必就会致"害"。远者来讲，天文学家认为，天体中每天都有"灾"的发生，但因其祸不及人类，所以并不构成"灾害"或"灾难"。近者来讲，即使地震也并非都是"灾难"。"只有当地震发生在人类的居住和活动的范围内，并造成人类的生命与财产的

---

① 中国社会科学院语言研究所词典编辑室：《现代汉语词典》，商务印书馆1997年版，第1565页。
② 唐晓强：《公益组织与灾害治理》，商务印书馆2011年版，第18页。

损失时，才是'灾难'"。2011 年 11 月 14 日，我国新疆发生了震级高过"汶川大地震"的 8.1 级东昆仑地震，但"由于这场地震是发生在荒无人烟的青藏高原，没有造成任何人员财物损失，因此不被大众所知。人们没有把它算作一场灾难，而只是一次比较罕见的自然现象"①。

国内外关于"灾害"概念的界定，可谓众说纷纭，莫衷一是。尤其因为在对待灾害的两种基本属性（自然性和社会性）认识上存在不同，从而形成了对灾害概念不同的界定。有的学者比较注重灾害的自然性特征，把灾害看成是一种自然现象，如日本学者金子史郎就是持这种意见，他对灾害的界定是：它是一种自然现象，与人类关系密切，常会给人类生存带来危害或损害人类生活环境。这样的自然现象就称为灾害。② 美国学者威廉·佩塔克（William Petak）和阿瑟·A. 阿特基森（Arthur A. Atkisson）也特别重视灾害的自然性特征，认为自然灾害是自然界中发生的、能造成生命伤亡与财产损失的事件。③ 有学者认为，"上述观点看到了自然灾害中自然因素自然力的主导与优势地位，但把社会看成完全被动的因素，并永远处于受动的地位，认为自然因素就意味着自然力对社会的单向性的破坏作用。"当然，"也有另一种思路认为，自然灾害是人类劳动和实践活动作用于自然系统而引起的"④。

真正开始关注灾害社会性特征的学者是美国学者查尔斯·E. 弗雷兹（Charles E. Fritz），它对灾害的定义被学术界视为经典定义，影响和主导了后来许多学者对于灾害现象的理论思考与研究范式。他认为，"灾害是一个具有时间、空间特征的事件，对社

---

① 李义夫：《四川地震与中国的生态文明》，《马克思主义与现实》2009 年第 2 期；刘晶晶：《地震与中国人如影随形》，《中国国家地理》2008 年第 6 期。

② ［日］金子史郎：《世界大灾害》，庞来源、李士元译，山东科技出版社1981 年版，第2 页。

③ ［美］William J. Petak、Arthur A. Atkisson：《自然灾害风险评价与减灾政策》，向立云等译，地震出版社1993 年版，第18 页。

④ 张建伟：《自然灾害救助管理研究》，中国商业出版社2011 年版，第3—4 页。

会或其他社会系统造成威胁和实质损失，从而造成社会失序、社会成员基本生存支持系统的功能中断"①。查尔斯的灾害定义反映出现实社会中各种灾害表现出的三大特征：一是灾害具有时间特征，它发生于特定的时间，具有一定的时间规律。例如，很多灾害都在特定的时间中发生。如风灾、水灾、旱灾、雪灾、冰灾甚至火灾等多发生在特定的季节，即使是地震，据地震专家说，也是发生在地震活跃期。二是灾害具有空间特征，它发生于特定的地方空间，具体来说，灾害是发生在特定地方空间的事件。三是社会性特征，也即对社会系统造成威胁和实质损失，引发社会失序和社会成员的基本生存问题。

　　如果说查尔斯对灾害的定义是一个经典性的定义的话，那么，美国学者大卫·亚历山大（David Alexander）对灾害含义的理解可说更朝灾害的社会性方面向前推进了一步。大卫认为，灾害不能仅仅被视为是事件，而是一种"动态社会结果"。灾害是自然环境与社会环境相互作用的结果，灾害发生原因具有社会性质（social in nature），人类活动可以被视为造成灾害的重要原因。② 事实上，灾害与社会不可分离。首先，没有社会就没有灾害。正如前述，地震发生于荒无人烟的地方，地震只是地震，它只是一种自然现象，而不是灾害，甚至有的时候，一些类似的自然现象还会成为一种景观，为人们观赏。其次，灾害具有社会的原因。也就是说，很多的灾害是社会造成的。例如，破坏生态环境可能造成水旱灾害、冰雪灾害；拦河修坝可能造成地震灾害。另外，为了获得大自然的好处，把城市修在江河湖海的旁边，也就免不了招致许多的灾害。灾害确实是自然环境与社会环境相互作用的结果，人类社会必须为此担责。

　　关于灾害是自然环境与社会环境相互作用的结果的论断，并非

---

① 陶鹏：《什么是灾害？——国外灾害社会科学研究思想刘鹏评析》，《中国社会科学报》2011 年 7 月 16 日。

② 同上。

查尔斯和大卫的新创，事实上，恩格斯早就对此作出过精辟论述。他郑重地告诫人们："我们不要过分陶醉于我们人类对自然界的胜利。对于每一次这样的胜利，自然界都对我们进行报复。每一次胜利，起初确实取得了我们预期的结果，但是往后和再往后却发生完全不同的、出乎意料的影响，常常把最初的结果又消除了。""因此我们每走一步都要记住：我们统治自然界，决不像征服者统治异族人那样，决不是像站在自然界之外的人似的，——相反地，我们连同我们的肉、血和头脑都是属于自然界和存在于自然界之中的；我们对自然界的全部统治力量，就在于我们比其他一切生物强，能够认识和正确运用自然规律。"① 实践证明，恩格斯的话乃是真理。世间之事，有其利必有其弊，有所得必有所失。砍伐树木，移山填海，围湖造田，表象上确实取得了战天斗地的胜利，实际上自然灾害会随之而来，如旱灾、洪灾、风沙、泥石流、冰雪灾害等。2008 年我国南方的特大"冰雪灾害"，不少专家就认为它与人类对自然的征服性行动有着密切关系。②

联合国国际减灾战略对灾害的定义也是从自然环境与社会环境相互作用的角度来下的定义。该战略认为，灾害是指对社区、社会的功能的破坏，造成人类、物质、经济、环境构成破坏/损坏的事故，而事故破坏的规模程度超出了社区本身的承受能力。③该定义最突出的特点就是形成了一个关于灾害的分析框架。这个分析框架可以这样定量地提炼，即：灾害 = 自然现象的破坏力 – 社区本身的承受力。也就是说，如果自然现象的破坏力超出了社区本身的承受力，那么，社区的灾害就真正地发生了；如果自然现象的破坏力未超出社区本身的承受力，那么，社区的灾害就没

---

① ［德］马克思、恩格斯：《马克思恩格斯选集》（第四卷），人民出版社 1995 年版，第 283—284 页。
② 2008 年 2 月 23 日在北京召开的"中国南方特大冻雨雪灾害成因多学科研讨会"上，专家就持此种说法。
③ 王秀娟：《国内外自然灾害管理体制比较研究》，兰州大学硕士学位论文，2008 年。

有真正地发生。该定义可以给我们以特别的启示，即人类可以通过减灾行动来减少灾害，这种减灾行动实际上就是提高社区本身的承受能力。例如，在一个农村社区中，干旱现象是很容易出现的，但该社区积极兴修水利，提高了社区的承受能力，尔后，天再旱的时候也难以酿成旱灾了。

在国内，有关灾害定义很多。宋乃平认为，从狭义上讲，灾害经常被理解为给人们造成生命、财产损失的一种自然事件，而且多属突发过程；从广义角度讲，一切对人类繁衍生息的生态环境、物质和精神文明建设与发展，尤其是生命财产等，造成或带来较大（甚至灭绝性的）危害的自然的和社会的事件均可称为灾害。① 王鹏飞提出灾害是由于"自然因"和（或）"社会因"使险情露头，并发展强化到"灾危临界点"以上，而导致大范围群体和社会财富出现不可挽回的破坏和损失。该定义指出了灾害成因，强调了灾害的破坏性，反映了灾害形成的整个过程。② 此外，史培军把灾害作为一个系统进行定义：灾害（D）是地球表层孕灾环境 [E]、致灾因子 [H] 与承灾体（S）综合作用的产物，即 $D = E \cap H \cap S$。式中，H 是灾害产生的充分条件，S 是放大或缩小灾害的必要条件，E 是影响 H 和 S 的背景条件。任何一个特定地区的灾害，都是 H、E 和 S 综合作用的结果。③

从以上对灾害的多种界定可以看出，汉语"灾害"是一个含义很贴切的词汇。灾害确实可以依汉语构词法分为两层含义：一是"灾"，二是"害"。"灾"是一种自然现象，"害"是一种社会现象，是因"灾"引发的社会现象。灾害既具有自然属性，也具有社会属性。所以，正如王子平所说，灾害是指由自然的或社会的原因造成的妨碍人的生存和社会发展的社会性事件。更具体地讲，灾害是一个社会学视域中的事件，其实体性内容是社会物

---

① 宋乃平：《灾害和灾害学体系及其研究方法》，《自然杂志》1992 年第 2 期。
② 参见卢敬华、杨羽《灾害学导论》，四川科学技术出版社 1993 年版，第 8 页。
③ 史培军：《三论灾害研究的理论与实践》，《自然灾害学报》2002 年第 3 期。

质财富的损失与人员的伤亡，这表明了它的基本属性；其发生是
由自然的和社会的双重原因所引起，也就是说，它由自然界和社
会生活内部关系及其相互作用而引起，这揭示了它所以发生的根
本原因；而它发生和存在的影响或后果，则在于它直接地妨碍和
影响了人的生存及社会的发展。① 至此，我们可以给灾害下一个
简单的定义，即：灾害是自然力与社会力相互作用的过程中，对
人类生存构成严重伤害的事件。

　　当然，对于灾害还有一个细分的问题。在国内学术界，有关
灾害的系统分类较早的是马宗晋的灾害分类。他认为，从灾害的
成因上划分，灾害可以分为自然灾害、人为自然灾害、人类及社
会灾害；从灾害发生的地理位置来划分，灾害可以分为陆地灾
害、海洋灾害；根据灾害波及范围来划分，灾害可以分为全球性
灾害、区域性灾害、局域性灾害；根据灾害发生地的地貌类型来
划分，灾害可以分为山地灾害、平原灾害、滨海灾害；根据灾害
持续时间长短来划分，灾害可以分为突发性灾害、缓变性灾害、
偶然性灾害；根据灾害出现时间的先后或主次来划分，灾害可以
分为原生灾害、次生灾害、衍生灾害等。② 当然，灾害还可以进
一步地细分，如我国于2006年1月8日发布并开始实施的《国家
突发公共事件总体应急预案》中，具体将自然灾害分为水旱灾
害、气象灾害、地震灾害、地质灾害、海洋灾害、生物灾害和森
林草原火灾等一些主要类型。

二　灾变危机的定义

　　"灾变危机"是笔者在进行本项目设计的时候新提出的一个
概念。坦率地说，当时在提出这个新概念的时候，心情是很有些
忐忑不安的。这种忐忑不安来自于三个方面的问题：一是有否必

---

①　王子平：《灾害社会学》，湖南人民出版社1998年版，第18页。
②　马宗晋：《灾害学导论》，湖南人民出版社1998年版，第96页。

要提出灾变危机这个新的概念；二是它属于何种学科取向的概念；三是它与灾害概念的含义存在哪些方面的区别。在进行项目研究成果集成的时候，笔者定然不会忘记的是，不仅有必要对这一概念下定义，而且有必要通过对这一概念的深入讨论，具体回答上述三个问题，这样才能以理服人，真正达到提出新的概念而不至于引起人们不解和反感的目的。

1. 灾变危机的基本含义

地球史上曾有过多次将生命毁于一旦的自然灾变。① 这种说法虽可能耸人听闻，但灾变会引发社会危机，却是常有的事情。灾变危机简称灾危，就其字面来讲，可以看作是因灾变而引发的社会危机，或者因灾害而引发的社会危机。灾变现象作为一种在自然界中普遍存在的现象，它首先是一种超乎常规的自然现象。在其远离"社会圈"或与社会相互隔离时，它本身并不会对社会产生任何直接的影响，不会直接造成某种社会危机。这时，社会上的普通民众也不会去关注它，甚至根本就不知道它，更不会采取抗灾救灾的行动去应对它。而当它进入"社会圈"，或与社会中的任何一个社区结合在一起的时候，由于其强大能量的突发性释放，它就会转变成一种超乎常规的社会现象，即在很大程度上造成各种社会危机的出现。我们把这种由灾变现象引起的社会危机称为灾变危机。

讲到灾变危机，我们不妨简单地讨论一下"危机"和"社会危机"。危机来自英文"Crisis"，又译为危象、风险，是近年来被广泛使用的一个流行概念。人们在很多场合都可能使用这个概念，夫妻间感情不和可以描述为感情危机；企业形象受损可以描述为形象危机；粮食减产供不应求可以说成是粮食危机。那么，危机表达的是什么意思呢？通常来讲，所谓危机，就是人、事、

_____

① 粟周熊：《科学家排出"危机"榜 六大因素威胁地球安全》，《北京科技报》2004 年 12 月 1 日。

物等因某种非常性因素引起的表现出某种险情的非常状态。这里的非常也即失常或反常，指的是事物运动中急剧的逆向变化。非常状态则是指事物运动中急剧的逆向变化所造成的不良后果。危机是事物运动的一种严重失常状态，它的形成，往往一反常态，使事物现有状态与原有状态之间的差度迅速转变为一个负值，使事物实有状态与应有状态之间的差距猛然超出其允许范围，这就是所谓的危机。

　　在公共管理学科中，危机是由包括灾变事件在内的各种失常事态引起的。从概念上来讲，人类社会的失常事态很多，风险、灾害、灾难、突发事件、紧急状态等都是严重的失常事态。因而在管理过程中往往不易把握。于是有的学者便致力于寻求一个能够概括所有或者绝大多数严重失常事态的概念。国内学者大多数喜欢采用"突发事件""突发公共事件"或"公共危机事件"等来概括各种严重失常事态，目前公共管理学科的许多教科书或学术论著大多采用这样一些术语。政府部门也往往采用"突发事件"的术语制订政策文件和建构组织机构。国外学者赫尔斯（Health）则不是这样认为，他觉得，由于风险、灾害、灾难、突发事件、紧急状态等概念之间相互重叠和转化，这些严重失常事态可以用广义的"危机"来概括。他指出，"广义的危机定义实际上把它们全部包括进来了"①。

　　在公共管理学科中，还有一个"公共危机"的概念。沈一兵认为："公共突发事件如果处理不及时，很容易引发公共危机。"②关于"公共危机"，虽然不少学者提到这个概念，但对此进行严格界定的人并不多。有人从公共管理的角度加以理解，认为公共危机就是一种产生了影响社会正常运作的，对公众的生命、财产以及环境等造成威胁、损害，超出了政府和社会常态的管理能

---

① 参见沈一兵《系统论视野下城市突发公共事件的生成、演化与控制》，科学出版社2011年版，第40页。
② 同上书，第72页。

力，需要政府和社会采取特殊措施加以应对的紧急事件和紧急状态。沈一兵则认为："公共危机是由公共突发事件发展而来，并对一个社会的基本价值、行为准则、社会秩序产生严重的威胁的事件"。"公共危机极大地影响了公共利益，常伴有次生、衍生灾害，导致众多人的生理和心理的伤害，而公共危机的处理往往也需要公众的高度参与。"① 由此可见，公共危机当是社会性的危机，具有社会性。

至于社会危机（Social Crisis），则明显是从社会学的角度提出的一个概念，它是指社会在发展过程中因非常性因素而引起的表现出具有某种险情的非常态社会状况。20 世纪 80 年代以来，由于我们的社会遭遇的非常性因素越来越多，社会危机的出现在所难免，因而不少社会学家对社会危机的研究表现出很高的热衷度。德国社会学家乌尔里希·贝克出版了《风险社会》一书，他告诫人们：我们正"生活在文明的火山上"②。英国社会学家安东尼·吉登斯出版了《现代性的后果》和《失控的世界》等重要著作，并采用了"社会风险"一词来描述当代社会危机，他指出：风险"这个显然非常简单的概念却能说明我们生活其中的这个世界的一些最基本的特征"③。"我们生活于其中的世界是一个可怕而危险的世界。"④ 从这些说法可知，当代社会乃是一个危机丛生的社会。

社会危机是一个含义十分广泛的概念，不仅包括微观社会内部的各种社会危机，而且包括中观社会内部和宏观社会内部的各种社会危机。同时还包括社会外部因素引致的各种社会危机。灾变危机则是一种主要地由自然性因素引致的社会危机，或者可以

① 沈一兵：《系统论视野下城市突发公共事件的生成、演化与控制》，科学出版社 2011 年版，第 73 页。
② Ulrich Beck, Risk Society: Towards a New Modernity, SAGE Publications, 1992: 17.
③ ［英］安东尼·吉登斯：《失控的世界》，周红云译，江西人民出版社 2001 年版，第 17 页。
④ ［英］安东尼·吉登斯：《现代性的后果》，田禾译，译林出版社 2001 年版，第 2 页。

说，灾变危机就是一种因灾变而引起的社会危机。由于灾变现象类型繁多和危机现象表现不一，灾变危机内部也包含各种各样的具体社会危机。从灾变因子的角度来看，灾变危机大致包括震灾危机、洪灾危机、风灾危机、雪灾危机、冰灾危机等。从社会危机的角度来讲，灾变危机则可以细分为社会生存危机、社会发展危机、社会秩序危机、社会关系危机、社会信任危机、社会心理危机、社会情感危机、社会认同危机、社会文化危机、社会道德危机、社会经济危机、社会生态危机、社会管理危机、社会形象危机，等等。

从灾害社会学的学理上讲，灾变危机就是由自然力量的非常态释放传导至社会后所造成的一系列反常态社会现象。对灾变危机进行分析，一般事先假设原来的社会处于一种社会常态，如人们能安居乐业、心情舒畅，社会则秩序井然，和谐发展。然而，由于灾变的发生，巨大的自然力量爆发式地侵入社区，给社区及其居民以沉重的打击，从而恶化了人们的生存状态、心理状态和联系状态，以及社区的经济状态、社会状态和文化状态等。这样，现在的灾区社会就变成了一种反常态社会。这就是灾变危机的来临。也有另外一种情况，即在某些社区中，原来的社会状态本来就不是一种良好的社会状态，或本身就是一种危机状态。一旦灾变发生，这种并非良好的社会状态就会变得雪上加霜，更加恶化。例如，缅甸 2008 年的风灾危机，就明显地属于这样一种情况的灾变危机。①

2. 提出灾变危机的必要

科学就是科学。在科学研究中，创设一个新的概念，总是建立在具有一定必要性的基础之上。孔德创设"社会秩序"这一概念，一方面是体现社会学对社会静力研究的需要，另一方面则是对他所处时代改善社会状况要求的一种回应。迪尔凯姆创设"社

---

① 唐晓强：《公益组织与灾害治理》，商务印书馆 2011 年版，第 169 页。

会团结"这一概念，一方面是体现社会学对社会有机体深入认识的需要，另一方面也是对他所看到的因社会分工所造成的松散型社会急需加强社会团结的一种指导。贝克创立"风险社会"的概念，一方面是体现社会学对当代社会的关切，另一方面也是为了指导人们抵御社会风险。本研究提出灾变危机这个新的概念，当然不能例外。否则，创设新的概念就会毫无意义，甚至可以被人当成笑柄。那么，提出灾变危机这个新的概念，其必要性何在呢？

首先，从学科取向角度讲，提出灾变危机这一新的概念具有必要性。本课题研究作为一项社会学学科取向的研究，必须发挥社会学想象力①，其概念、观点、理论、对策等都应体现社会学的基本特色，具有社会学的学术意蕴。我们知道，灾变也好，灾害也好，这些概念都是偏重于自然科学的概念。尽管在前面的讨论中笔者已介绍或挖掘出这些概念一定的社会含义，但在多数情况下，这些概念仍是自然科学中的概念，具体来讲，更多的是一些用以描述"灾"的概念。即使在社会科学中人们强调了"灾害"一词"害"的含义，但"害"所体现的往往是由"灾"造成的"灾情"，如洪水冲垮了多长的堤坝，淹没了多少亩稻田，造成了多少人无家可归，造成了多大规模的人员伤亡等。这种"害"只是"灾"所造成的直接的害和对实体的害，而对社会学意义上的"社会"的"害"，并没有真正体现出来。为了体现出"灾"对社会学意义上的"社会"的"害"，就有必要创设一个新的概念，"灾变危机"的概念就是在这种情况下提出来的。

---

① "社会学想象力"是美国著名社会学家米尔斯（C. W. Mills）提出的一个社会学概念。这一概念的基本意思是：社会学想象力是一种特有的心智素质，它思考人们实际上需要的是什么以及人们感到自己所需要的是什么，它能帮助人们运用所了解的情况发展理性，以清醒地总结世界上正在进行和将要发生的事情。构成社会学想象力的关键要素在于，能从局外者的角度来观察自己的社会，而不是只用个人的经验与文化的褊狭观念来看待。见 C. 赖特·米尔斯《社会学想象力》，陈强、张永强译，生活·读书·新知三联书店 2005 年版。

其次，从社会关切深度讲，提出灾变危机这一新的概念具有必要性。社会关切是指社会主体对客观存在的社会现象的一种关切。社会关切有程度之分，用马斯洛的需求层次理论来分析，层次较低的社会关切是对人的生理和安全需求的关切，层次居中的社会关切是对人的爱与归属和尊重需求的关切，层次较高的关切则是对人的发展需求的关切。将这些层次不同的社会关切移植到对灾民的关切上，同样也可分为一些程度不同的关切。过去，我们在灾害管理中集中关注于灾民的生理和安全需求。这当然是极为重要的和非常必要的。没有这种社会关切，灾民就缺乏基本生存的保证。但是，社会学研究表明，对灾民的关切，包括对灾区的关切，不能仅仅停留在这种关切水平上。灾害对灾民造成的损害不只是对灾民基本生存系统的破坏，还有着对灾民或灾区社会存续系统的破坏。这种对灾民或灾区社会存续系统的破坏带来的就是一种因灾变而引发的社会危机。这种社会危机的社会影响是广泛的、深刻的、持久的。因此，创设"灾变危机"这样一个新的概念，实际上是提升灾害状况下的社会关切程度的迫切需要。

3. 灾变危机的概念比较

灾变危机的概念比较即将灾变危机与其他相关概念进行比较，这种比较，其目的之一是更为深入地认识灾变危机的含义，使灾变危机这个概念更能以明晰的含义出现在世人面前，以使人们看到这个概念后不至于与其他的概念相混淆；其目的之二是更能明确地体现灾变危机的特征，使灾变危机的特征昭然若揭，从而使人们更能具体把握显在的灾变危机和敏锐发现潜存的灾变危机。在此，根据本研究的需要，拟将灾变危机与灾害、社会危机等进行比较。

先让我们来看看灾变危机与灾害的异同。简单地说，灾变危机是因灾变而引起的社会危机；灾害则是因灾变而引致的多种祸害。在日常生活中，或者在人们并不过分深究这两个词语的深层含义的情况下，这两个词语的意思似乎差不太多，没有多大的区别。然而，作为科学研究中的概念，这两个概念则有着明显的区别，这里的区别大致在于：第一，灾害作为因灾变引起的各种祸害，主要是指灾变对人们的生命财产造成的可以实测的实际损失，而灾变危机作为因灾变引起的社会危机，不仅包括灾变对人们的生命财产造成的"物质性状"的损失，而且包括灾变对受灾地区及其灾民造成的"社会性状"的破坏。第二，灾害作为因灾变引起的各种祸害，主要是指因灾变而造成的那些直接的、显见的后果，而灾变危机作为因灾变引起的社会危机，不仅包括因灾变而造成的那些直接的、显见的后果，而且包括因灾变而引起的那些间接的、潜在的危象。从两个概念的涉及面来说，灾变危机概念的含义比灾害概念的含义要显得更为广泛一些。

再让我们来看看灾变危机与社会危机的区别。灾变危机与社会危机两个概念的异同分析相对容易。一般来讲，灾变危机是一种社会危机，它属于社会危机的范畴；社会危机的内容范围比灾变危机更广，包括各种灾变危机。当然，灾变危机是一种在特定时空中产生的社会危机，它与一般社会危机有着相同的特性，也有着不同的特性。一是主导起因有所不同。灾变危机在一般情况下是由自然现象与自然原因引起的，而社会危机在一般情况下是由各种社会现象与社会原因引起的。二是发展过程有所不同。灾变危机在通常情况下来得非常迅速，尤其是因地震、飓风、山洪暴发等引起的灾变危机，可能在极短的时间里就体现出各种危象，而社会危机在许多情况下则是在社会变化过程中缓缓积聚和渐渐发展起来的，例如，社会危机中的社会认同危机、社会情感危机、社会生态危机等，都不是一时三刻就冒出来的。三是预防策略有所不同。灾变危机一般致因在外，乃防不胜防，而社会危机一般致因在内，相对来讲可以采用更主动的预防策略。

三　灾变危机的特征

从古今中外的历次重大灾变给人类社会造成的巨大损失和导致的巨大危机来看，毫无疑义，灾变危机乃是一种社会危机。作为一种社会危机，它超出了灾变本身的自然性界限，具有着社会危机的一般特征。但是，灾变危机毕竟不是一般的社会危机，而是社会危机中的一种特殊类型。之所以说它是社会危机的一种特殊类型，乃是因为它是由灾变所引起的社会危机，而非其他的经济、政治、文化、技术等因素所引起的社会危机。灾变危机作为灾变所引起的社会危机，当然会有着自己的某些显著特征。这些显著特征主要体现在四个方面：

1. 致因外生特征

致因就是导致事物变化的因素。导致事物变化的因素很多，通常分为内部因素和外部因素两种。社会危机的致因可以来自社会外部，也可以生发于社会内部，但根本致因还在于社会的内部。"外因是变化的条件，内因是变化的依据，外因通过内因而起作用。"[①] 吴忠民表示，导致社会危机的因素主要包括诱因变量和本因变量两个方面，"诱因变量"主要是指来自社会经济常态运行当中的风险因素；"本因变量"则主要是指来自社会本体特别是社会结构层面上的风险因素。在二者之中，社会危机的"本因变量"的分量相对来说更为重要。[②]

但是，灾变危机与一般社会危机有着明显的不同，也就是说，其致因来自于社会外部的特征体现得更为明显，表现得更为关键。具体来讲，灾变危机的主要致因乃来自社会的自然环境中。没有自然环境中各种灾变的发生，也就没有灾变危机的出现。例如，没有地震灾害，就不会有震灾导致的社会危机；没有

---

① 毛泽东：《毛泽东选集》第一卷，人民出版社1991年版，第302页。
② 吴忠民：《应重视对社会危机的研究》，《北京日报》2008年10月18日。

洪水灾害，就不会有洪灾带来的社会危机；没有冰雪灾害，就不会有冰灾或雪灾引发的社会危机。灾变危机的致因外生特征讲的就是导致灾变危机的主要原因在于社会外部，在于社会的自然环境中各种灾变的发生这样一个特征。

当然，灾变危机的致因外生特征并不断然否定现实社会中一些灾变危机也存在社会内部的致因。例如，对自然环境的人为破坏也会引发某些重大灾变的发生，但这种内部致因，不是直接致因，只是间接致因或强化因素。举例来说，在 2011 年发生在日本的 9 级地震中，引发灾变危机的因素确有其社会内部的原因，这在国际社会都有评论，但直接致因还当是地震本身。这次地震的强度太大，超出了平常人的经验范围和认知高度，甚至超出了平常人的想象范围。我国汶川地震中"学校倒塌"虽然有明显的工程质量问题，但地震仍是祸首。

2. 短时突发特征

短时突发特征意味着灾变危机是在短时间内爆发出来的。尽管也有缓变性灾害一说①，然而如果真是"缓变"的话，其"危害"就难以形成。实际上，几乎所有的灾变现象都是在短时间内出现的，尤其是地震地陷、海啸飓风、火山喷发、山洪暴发、重大火灾、泥石流等，其出现的时间极短，如汶川 8.0 级地震是在"迅雷不及掩耳"的情况下爆发的，有时甚至是在人们没有来得及反应，灾变已一闪而过，留下的只有"危害"。由于灾变本身的突发性作用，灾变危机与一般社会危机比较，表现出一个明显的时间特征，这就是短时突发特征。

灾变危机的短时突发特征并不否定灾变本身也存在一个能量聚集的过程。哈登（Haddon）在分析复杂灾害的产生过程和原因后认为，灾变乃是由其相关因素积累到一定程度并使张力达到极限时，所有能量瞬间爆发并全数释放出来的结果。按照科学界的

---

① 马宗晋：《灾害学导论》，湖南人民出版社 1998 年版，第 96 页。

说法，地震就是地球局部的能量聚集到一定程度并使张力达到极限时爆发的。洪灾、冰灾、雪灾等，其能量聚集的过程更为明显。但是，这种能量聚集一旦达到极限值时，所有能量就会瞬间爆发出来，形成灾变。所谓缓变性灾害，其实是能量聚集的过程较长，且这一过程能被人们感知的灾害。

灾变危机的短时突发特征是建立灾害应急体制、进行灾害应急管理的基本依据，但灾变危机除了短时突发特征外还有时延特征。须知，重大灾变在短时间内爆发之后，其对人们生命财产、社会运行、文化存续等的危害并不会很快地停缓下来，它可能在灾区持续一段很长的时间，成为持续危机，甚至在社会空间中广泛地蔓延开来，形成各种次生危机。所以，灾害应急管理只是就灾变危机的短时突发特征而进行的灾变危机管理，而不是灾变危机管理的全部内容。真正的灾变危机管理应该包括监测管理、应急管理和善后管理的全部过程。

3. 表现多样特征

灾变危机作为由灾变引起的社会危机，乃是一种社会突变现象。这种社会突变现象客观上会使受灾地区迅速发生社会形变，产生社会断裂，激化社会矛盾、出现社会冲突、酿成社会失序、带来社会不安。就像"骨牌效应"理论所揭示的那样，除了灾民的生命财产深受其害而形成灾民的生存危机外，还会形成诸多的次生危机和连续危机，如社会发展危机、社会保障危机、社会秩序危机、社会关系危机、社会信用危机、社会形象危机等。这就表明，灾变危机乃是一种多重社会危机的综合体，其表现形式具有明显的多样性或多样化特征。

灾变危机的表现多样特征也可以透过其发生形式加以理解。一般来讲，灾变危机按其发生形式可以分为原发式、次生式、连续式和交替式灾变危机四种类型。原发式灾变危机是指由灾变现象直接造成的灾变危机；次生式灾变危机是指由原发式灾变危机诱发的另一类型的灾变危机，如洪灾冲垮水库堤坝，结果又带来了旱灾的出现；连续式灾变危机是指同性质的灾变危机在相隔一段时间之后又重复出现的灾变危机；交替式灾变危机是指两种及其以上的灾变危机交替出现的灾变危机状况，这种灾变危机往往使人有"按下葫芦浮起瓢"之感。

灾变危机的表现多样特征在现实社会中有着足够的例子加以说明。这些例子甚至显得颇为奇特。例如，在 2007 年秘鲁发生7.8 级地震时，一些灾民争抢食品、药物，甚至劫掠运送救灾物资的卡车，被关押在秘鲁南部伊卡省钦查市的坦博德莫拉监狱的大约 700 名囚犯则趁乱逃跑，警察除了救灾和维持灾区的秩序，还得去追捕逃犯，整体上形成了一幅灾变状态下的社会乱象。我国古代文献中记述的灾变危机状态下人们流离失所、走死逃难，坏人趁火打劫、乘人之危，社会管理乏力、动荡不安等，同样可以说明灾变危机表现的多样性。

4. 危害综合特征

危害综合特征是灾变危机区别于一般社会危机的一个重要特征。在社会系统中，任何进入"社会圈"的重大灾变现象的发生都可能引发特定区域社会结构的变异和社会运行的偏差，从而导致社会无序和社会恐慌，甚至造成社会矛盾与社会冲突。具体来讲，它可能造成人类生存的极端困难，造成人口流动的严重无序，造成社会秩序的极度紊乱，造成社会心理的明显不安，造成社会经济的迅速衰退，造成社会关系的严重断裂，造成社会自信的显著不足，造成社会道德的急剧下滑等。一言以蔽之曰，灾变危机的危害是一种综合性的危害。

灾变危机的危害综合特征所体现的实质上是对灾区社会、经济、文化发展以及灾民社会生活的全面的、多角度的严重破坏和影响。这种严重破坏和影响生发于灾变危机的动态扩散性和交互叠加性。所谓动态扩散性，就是灾变危机的严重影响会随着灾变释放出的能量对灾区社会、经济、文化、民生等产生破坏性打击，甚至产生一种"骨牌效应"，形成诸多的次生性危机和长期的连续性危机。所谓交互叠加性，则是灾变危机对社会、经济、文化、民生等的影响还会形成共振，产生更大的有着负面作用的能量，造成影响更大的多重危害。

　　由于灾变危机具有危害综合特征，一般灾民往往难以承受，有人甚至生不如死。据有关资料显示，美国2005年卡特里娜飓风后的一段时间里，哥伦比亚大学国家防灾研究中心对路易斯安那州仍居住在联邦应急管理局（FEMA）提供的住所内的居民进行的一项调查发现，临床上可诊断为精神疾病的人普遍存在。68%的女性护理人员和44%的儿童还在忍受抑郁、焦虑、失眠等心理健康问题，更可怕的是，由于家破人亡，谋生不易，不少人选择自杀来解脱困境。据有关方面的说法，在我国汶川地震灾区，其实也存在着一些类似的现象。

第二节　灾变危机管理及相关术语

　　灾变危机管理是本课题研究的一个重要核心概念，对这一重要核心概念进行必要的理解和界定，无论从学理要求还是从学术惯例来讲都是一件十分必要的事情。况且在本课题研究中，我们没有采用"灾害管理"或"灾害应急管理"等流行术语作为核心概念，而是创设了"灾变危机管理"这样一个术语作为核心概念，说明本课题所特别关注的并非灾害或灾变现象本身，而是高度重视因灾变而引起的社会危机。为此，在对本课题进行深入研究和拓展研究之前，更有必要对灾变危机管理这一重要核心概念进行必要的理解和适当的界定。

一　灾变危机管理含义

　　灾变危机管理是指针对由灾变而引起的社会危机的管理。在我们的社会中，灾变或者灾害是经常发生的现象。尤其是自工业社会以来，由于人类在征服和改造自然时，对自然生态环境也造成了严重的破坏，因而进入人类"社会圈"①的灾变和灾害日益增多。在自然力的作用和反作用下，人类社会的灾变现象可谓"危机四伏"，四处爆发，对人类社会造成严重的影响和破坏作用。为了减少人类社会灾变危机的发生之量，减轻人类社会中生灵的受灾之痛，各国政府和社会组织都在努力开展和强化对灾变事件的管理，这些管理从时间变化来讲包括预防管理、应急管理、后续管理，在内容上来讲则包括多重管理内容。

　　灾变危机管理在本质上属于灾害管理的范畴。W. 尼克·卡特在《灾害管理手册》中认为，灾害管理是试图通过对灾害事件进行系统的观测和分析，改善有关灾害防御、减轻、准备、预警、响应和恢复政策的一门应用科学，其主要目的是利用科学的方法和合理的手段来调度或整合社会资源以降低人类面临的灾害风险并减少生命、财产和经济的损失。② 众所周知，无论是灾害还是灾变，都必然地会给人类社会带来某些社会风险和社会危机，而这些社会风险和社会危机也就必然地成为灾害管理所需管理的范畴，甚至成为灾害管理更加重要的管理内容，因而从这个角度上说，灾变危机管理属于灾害管理的范畴。

　　灾变危机管理在形式上属于危机管理的范畴。赫尔曼（Herman）认为，危机是指一种情境状态，在这种形势中，其决策主体的根本目标受到威胁，且作出决策的反应时间很有限，其发生也出乎决策主体的意料之外。③ 正因为这样，进行危机管理就成为任何社会主体都不容忽视的事情和都必须开展的工作。所谓危机管理，是指一定的社会组织系统针对其所处的危机情境，所作

①　"社会圈"的概念是相对于自然界的概念提出来的一个社会整体概念，它讲的就是"人类社会"。在一般的情况下，"社会圈"大致相当于"地球村"。更具体一点说，即有人类居住的地方。

②　汤爱平：《灾害管理：我们还缺什么》，《新青年·权衡》（2006 - 2 - 23），http：//finance. sina. com. cn/review/20060223/15252367503. shtml。

③　百度百科：《危机管理》（2011 - 11 - 9），http：//baike. baidu. com/view/95227. htm。

出的以快速反应为特征的组织策略和应对行动。灾变危机是所有危机中风险性、威胁性、破坏性最大的社会危机或者公共危机，针对这种危机进行管理，是任何政府机构、企业单位、社会组织甚至每一个社区都必须加以重视的危机管理实务。

灾变危机管理在理念上属于社会管理的范畴。社会管理是指政府和社会组织为促进社会系统的协调运转，对社会系统的组成部分、社会生活的不同领域、社会运行的不同环节和社会发展的各个阶段进行组织、协调、监督和控制的全部过程和所有活动。灾变危机明显地是一种社会危机，它对灾区的社会生产、社会生活、社会秩序、社会关系、社会心理、社会运行等都将造成破坏性的作用，因而在灾变危机情况下，必须切实加强社会管理。可见，灾变危机管理不仅属于社会管理的范畴，而且属于一种综合性社会管理活动。① 在这种社会管理中，民政部门、公安部门以及其他相关的政府组织和社会组织都有责任加入其中。

二　灾变危机管理主体

灾变危机管理的主体问题一直是学术界关心的一个重要话题。近年来，我国学界和政界一直都在讨论灾变危机管理的主体问题。一些学者认为，我国过去的灾变危机管理主体是单一的政府主体，单一的政府主体有其好处，它表明了政府对灾变危机管理敢负全责的决心，能够运用政府的权力系统调兵遣将，解决灾变危机状态下的大问题。然而，也有学者觉得，单一的政府主体不利于调动社会的积极性，容易导致灾变危机管理的低水平和低效益。按照当今社会发展的基本要求和社会管理的创新需要，今后的灾变危机管理应该从单一的政府主体转向多元化主体。日本是灾害大国，日本学者在灾变危机管理主体问题上也有类似的讨

① "社会管理"在今天也多叫"社会治理"，或者说"社会治理"是一种先进的社会管理。两者虽然存在某些差别，但本质基本相同。由于拙作选题之故，在此仍使用"社会管理"一词，特此说明。

论。日本以往的灾变危机管理大致也是政府主体。据说日本已出版"市民主体的危机管理"的专著，表明了日本学术界对灾变危机管理主体的新看法。

在一个国家中，到底灾变危机管理主体怎样确定为好呢？我们先从理论上加以讨论。所谓灾变危机管理主体，就是灾变危机管理的主导者、实施者，它是法律上认可的一切有权参与灾变危机管理的组织和个人的综合。这些组织和个人，从责任分类的角度上讲，可以分为四类，即作为国家代表的政府组织、实行独立经营的企业组织、民间发起成立的社会组织和作为社会公众的公民个人。这种灾变危机管理主体架构是在某些西方国家实行的灾变危机管理主体架构。在这种主体架构中，政府组织是当仁不让的管理主体，这反映了灾变危机管理政府负责的原则；企业组织是参与式的主体，它主要体现企业的社会责任；社会组织是指专业化的社会服务机构，它是以社会团体出现的一类组织机构，在灾变危机管理中承担着重要的社会责任；公民个人也是灾变危机管理的重要角色。

正如前述，目前我国最明晰、最典型的灾变危机管理主体是政府组织。这表明，在我国现有灾变危机管理体制框架内，灾变危机管理的主体构成是非常单一的，即政府组织是灾变危机管理的唯一主体，其他的企业组织、社会组织、社会公众，都不过是这一体制框架中的一些组成部分而已。这种情况发生于我国计划经济时期，当时，国家与社会的关系模糊，国家和社会的职能重合，以此为基础而形成的"政社合一"体制，使政府充当了国家和社会全部事务的掌管者，即使当时也有一些社会组织存在，但这些社会组织也都是政府主管下的社会组织，有的还被称为"二政府"。典型的情况是，当时的社会组织都必须挂靠在政府主管的相关部门和相关单位，并由这些部门和单位作为主管单位方能成立，这就明显地反映出当时的政府负责体制实际上是一种政府包揽的体制。

　　在党的十七大报告中提出建立"党委领导、政府负责、社会协同、公众参与"① 的社会管理格局后，我国原有的政府负责体制才开始有所调整。按照十七大报告的要求，在灾变危机管理中，除了党委领导下的政府负责之外，社会组织在灾变危机管理中的协同功能必须受到重视，社会组织也须从过去的政府负责体制框架中适当分离开来。正因为这样，在我国的某些地方已经作出规定，今后有些类别的社会组织，如社会服务组织的成立登记已经不受主管单位条件之限，或者已将过去的主管单位变更成指导单位，这种指导单位也不需要社会组织自己去找，社会组织登记部门直接就成为社会服务组织的指导单位。像广州、深圳等地区，社会服务机构的成立登记就已实行这一政策。它使社会组织的独立性得以增强，并开始成为社会管理以及灾变危机管理的协同性主体。

　　灾变危机是一种综合性的社会危机，它涉及社会的方方面面，影响受灾地区甚至非受灾地区许许多多的社会成员。灾变危机管理的主体显然不应该是单一的，这是近几年来学术界的一般看法。事实上，任何单一的组织系统都无法真正解决灾变危机中出现的全部问题，即使是全能型政府，其施政能力实际上也是有限度的，其权力行使实际上也是有边界的。更何况，灾变危机管理需要大量的物资投入，需要大量的人力投入，也需要大量的情感投入，这其中的一些特殊资源，如个人资源、民间资源、国外资源，并不是都在政府组织的掌控之列。在灾变危机管理中，要想有效发挥这样一些特殊资源的作用，很有必要在确立政府主导的灾变危机管理体制框架内，吸纳其他社会力量作为灾变危机管理的主体，从而构成具有完备结构和完整功能的"政社协力"的灾变危机管理主体系统。

---

① 　胡锦涛：《高举中国特色社会主义伟大旗帜为夺取全面建设小康社会新胜利而奋斗——在中国共产党第十七次全国代表大会上的报告》，人民出版社2007年版，第40页。

三　灾变危机管理对象

灾变危机管理的对象也是一个很有必要加以界定的概念。在灾变危机管理中，灾变危机管理到底应该管理什么，不能没有一个明确的说法。按照过去的做法，灾变危机管理一直强调的是管人员、管安置、管财物、管秩序。也就是挽救生命、提供财物支持，做好灾民的安置工作，管理好灾害场景中的社会秩序，防止出现次生危机和连续危机。现在，在社会不断发展的大背景下，国家和社会都有了比过去更好的灾变危机管理的条件，参与灾害救助的各种组织、人员和各种技术、资源都不断增多，因此，灾变危机管理还需要管组织协调、管信息通畅、管形象维护、管灾民的身心健康、管灾民社会关系的重建。

按照历史上承袭下来的习惯做法，也是最为人道、最合情理的做法是，在灾变危机过程中第一位的管理是人员生命管理，也就是挽救灾区居民的生命。在灾变危机管理中，必须贯彻"生命第一"的原则，人员生命是灾变危机管理最根本的对象。无论原因何在、无论有何借口，只要是对人员生命挽救不力的灾变危机管理都只能是蹩脚的管理、失败的管理、受人诟病的管理。2008年5月，缅甸遭受纳尔吉斯强热带风暴突袭，造成10多万人丧生和失踪。其实风暴当天造成的人员伤亡并不太多，而因救助不力和灾后瘟疫造成的伤亡人数更多，为此，缅甸政府受到联合国和其他国家的广泛批评[1]，这不足为怪。

灾变危机管理的重要对象还有对物质技术的管理。灾变危机管理始终都应是以人为本的管理。作为以人为本的管理，在灾变危机管理中，各种物质技术的管理都应是围绕灾民的有效生存来进行的。从安置管理角度讲，灾民的安置主要是灾民居住的安置，这种安置在灾变危机的状态下虽然是临时的，但却是很重要

---

① 唐晓强：《公益组织与灾害治理》，商务印书馆 2011 年版，第 169 页。

的。按照社会管理的原则，任何灾变危机状态下都不能让灾民"无家可归"，而这必须有物质技术等条件的严格保障。为此，对物质、技术的管理也极为重要。没有一定的物质基础，没有一定的技术支持，没有一定的医疗条件，灾民就很难度过灾后的难关，甚至还可能引发其他的次生危机和连续危机。

灾变危机管理的重要对象再有对社会生活的管理。在多数灾变危机状态下，灾区社会生活中出现了社会结构变异、社会生活失序、社会秩序紊乱，甚至不少灾民还产生了失去亲人的痛苦，形成了严重的社会关系断裂，这对灾民来讲都可能产生严重的打击和巨大的影响，许多灾民因此而出现了心理上、精神上和社会关系上的裂变，他们对未来的人生旅途感到迷茫，对未来的发展前景感到失望，这些都是灾变危机管理必须加以重视的问题。灾变危机过程中对社会生活的管理，关键的是要为灾区、灾民提供可能的社会服务，以有效实现对灾民社会生活的调适、对灾民社会服务的提供，对灾民灾后发展的指导。

灾变危机管理的对象还有一个特别重要的方面，这就是对救灾活动本身的管理。它具体牵涉到对救灾活动中人、财、物的组织、指挥与调度，信息的收集、整理与传播，以及各种救灾主体的动员、组织与协调。在政府包揽的灾变危机管理中，救灾活动本身的管理，其必要性也许并不显得非常突出，但是，在当今多元社会主体纷纷加入的情况下，救灾活动本身的管理可说显得十分必要。君不见，在 2008 年汶川地震灾害中，由于组织经验缺乏，救灾活动的乱象仍比较明显。但到玉树地震灾害中，人们吸取了教训，较早地做好了救灾活动的管理工作，从而保证玉树地震灾害中对救灾活动本身的管理提升了水平。

四　灾变危机管理程序

灾变危机管理的程序就是灾变危机管理在时间序列上的一种具有先后次第的工作安排。灾变危机具有短时突发特征和危害综合特征，灾变危机管理必须以及时的反应，努力控制灾变危机的局面和情势，并采取积极的措施，协调多元社会主体的行动，协力挽回灾变危机造成的损失和影响。因此，在灾变危机管理之先，就必须科学地制定一个启动迅速、行之有效的灾变危机管理程序，以避免急切过程中的盲目性和随意性，防止灾变危机管理工作的重复和缺位现象，使灾变危机管理顺利进行。根据有关学者对灾害应急管理过程的论述和人们在灾变危机管理实践中的经验，灾变危机管理的程序大致可以分为四个阶段。

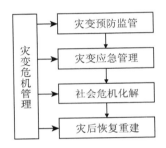

图 2-1   灾变危机管理基本程序

首先是灾变预防监管阶段。灾变预防监管阶段，即灾变及其导致的社会危机尚未到来的阶段。在这一阶段，灾变危机管理并非无事可做，而是有着大量的工作要做。这些工作包括：（1）根据特定地区灾害发生的规律，编制灾变危机管理的预案，并依据预案做好防灾减灾的宣传教育培训工作。（2）借由各种科学技术手段，密切监测灾变现象及其相关因素的变化，尽力预测和预报可能来临的灾害。（3）在可能的预测预报的基础上，做好应对灾变及其引发的社会危机的各种准备。这些准备包括应急管理指挥系统准备；应急工程救援系统准备；信息交流通信系统准备；备灾物资供应系统准备；应急人员队伍建设准备等。

其次是灾变应急管理阶段。灾变应急管理阶段是指在灾变出现并引致危害的情况下，及时开展应急管理的阶段。在这一阶段，为了确保灾区人民群众的生命财产不受损失和少受损失，必须采取各种果断措施，迅速隔离灾变险境，力使灾变造成的损失降到最低程度，为化解灾变带来的各种社会危机和恢复灾区的社会良性运行状态提供保证。具体在灾变应急管理中，灾变险境的隔离应重点做好人员的隔离和财产的隔离工作，对于伤员更要进行无条件的隔离救治。同时，在灾变应急管理阶段，还应该特别重视对灾变现象的跟踪监测工作，及时发现那些连续性灾害和次生性灾害的出现，严格控制灾变现象的蔓延和加剧。

再次是社会危机化解阶段。经过重大灾变的侵入和肆虐，灾区可能发生各种各样的社会危机。尽管一些明显的社会危机，如人员伤亡、财产损失等重度危机已经在上一阶段得到应急控制，但接下来的其他社会危机仍然可能爆发出来，如不法之徒趁火打劫、绝望灾民自杀或精神失常、愤怒灾民群体闹事、灾区出现各种流行疾病等。这时，灾变危机管理将进入下一阶段——社会危机化解阶段。社会危机化解阶段的工作内容多样，包括社会生存危机的化解、社会秩序危机的化解、社会心理危机的化解、社会情感危机的化解、社会道德危机的化解、社会经济危机的化解、社会生态危机的化解、社会形象危机的化解等。

最后是灾后恢复重建阶段。灾后恢复重建阶段是灾变危机管理的后续阶段。这一阶段的工作目标非常明确，就是要通过各种努力，将灾区恢复重建到不低于灾前的经济、社会和文化发展水平。具体来讲，灾后恢复重建工作内容包括：（1）灾区基本设施的重建。灾变的发生破坏了灾区的各种基本设施，如水利设施、电力设施、通信设施以及居民基本生活设施，这是需要尽快恢复重建的内容。（2）灾区社会关系的重建。灾变也破坏了灾区居民之间的社会关系，社会关系断裂成为灾区的一个社会特征，这时就要加强社会关系的重建工作。（3）灾区经济、文化、生态等的重建。这类重建虽有难度，但也必须给予高度重视。

五　灾变危机管理体制

"体制"最早是机械学中的一个术语，原意是指机械系统

（机体）的基本制式。不同基本制式的机械系统有不同的结构和功能区分，自然也就有不同的作功本领与功能输出。后来，"体制"一词进入管理科学范畴，人们将管理系统的基本结构和功能区分也称为体制，故有了管理体制之说。在现代管理学中，"体制"指的是国家机关、企事业单位的机构设置和管理职权划分及其相应关系的制度。在灾变危机管理中，灾变危机管理体制乃是这样一个意思，即灾变危机管理系统的基本结构和功能区分的模式化制度，尤指灾变危机管理系统中管理主体的结构模式和各结构要素的管理职权区分，以及它们的相互依存关系。

在灾变危机管理中，各个国家往往都会根据自身的实际构建不同的灾变危机管理主体结构，并赋予不同的参与主体以不同的职权。在这种情况下，由于各国灾变危机管理主体基本结构及职权划分的不同，事实上就形成了不同的灾变危机管理体制。譬如，如果灾变危机管理是以单一的政府组织作为管理主体的结构模式，那么，这种灾变危机管理体制就叫作政府责任体制；如果灾变危机管理是以政府与社会结合作为管理主体的结构模式，那么，这种灾变危机管理体制就叫作政社协力体制；如果灾变危机管理是以多元社会组织的广泛参与作为管理主体的结构模式，那么，这种灾变危机管理体制就叫作社会协同体制。

灾变危机管理体制也是随着一个国家的政治制度、经济制度的发展变化而变化的。从政治制度来讲，由于灾变危机管理本身也是一种重要的职权，因此，在专制制度下，灾变危机管理的体制必然地是一种专制的管理体制；而在民主制度下，灾变危机管理的体制也定然是一种民主的管理体制。从经济制度来讲，由于灾变危机管理需要经济作为基础，灾变危机管理的体制必然地要受到经济制度的影响，并与当时的经济体制相适应。在计划经济体制下，灾变危机管理的体制基本上是政府责任体制、政府包揽体制、举国抗灾体制等；在市场经济条件下，灾变危机管理的体制便要逐步转向政社协力体制或社会协同体制。

灾变危机管理体制的研究是当今世界高度关注的一个重要课题。这一课题之所以能够得到世界范围的关注，主要原因在于：（1）目前世界各国尤其是一些大国之间在灾变危机管理体制方面存在不小差异；（2）这些国家不同的灾变危机管理体制在功能发挥和管理效益方面也有着很大不同；（3）已有研究表明，各国都可以对其他国家的灾变危机管理体制加以学习和借鉴，以弥补本国灾变危机管理体制存在的缺陷；（4）在此基础上，各国都有必要进行灾变危机管理的体制创新，以适应当今社会发展、社会转型的新情况、新格局和新要求，应对日益恶化的环境问题、生态问题等带来的各种自然灾害及其导致的社会危机。

第三节　社会协同管理及协同体制

正如前面多次提到的那样，灾变危机管理社会协同问题的正式提出，是 2008 年年初以来的事情。2008 年 1 月，我国南方发生了百年不遇的冰雪灾害。这只是一个选题的基本背景。真正关键的动因是，在这次冰雪灾害的抗灾救灾过程中，特别是对正值"春运"节骨眼上的交通问题的解决方面，我国出现了一些欠和谐的声音和欠协调的做法。观察发现，在这次灾害应急管理中，部门利益思想有所抬头，社会协同机制表现微弱，一些部门为了自身利益而置灾情于不顾，甚至与别的地区和部门进行较量，故而放大了是次灾变危机，强化了是次灾害的社会危害。为此，笔者断然提出了灾变危机管理的社会协同问题，或者说灾变危机的社会协同管理问题，以期通过研究强化灾变危机管理的社会协同。

一　社会协同管理基本含义

在汉语中，"协同"是一个出现较早且含义丰富的词语。据有关学者分析和举证，"协同"一词在汉语中的意义大致有四：第一，谐调一致，和合共同。《汉书·律历志上》有："咸得其实，靡不协同。"《后汉书·桓帝纪》也有："内外协同，漏刻之闲，桀逆枭夷。"《后汉书·吕布传》也有："将军宜与协同策划，共存大计。"宋庄季裕《鸡肋编》卷中有："誓书之外，各无所求，必务协同，庶存悠久。"第二，团结统一，合作共事。《三国志·魏志·邓艾传》有："艾性刚急，轻犯雅俗，不能协同朋类，故莫肯理之。"《乐府诗集·燕射歌辞二·北齐元会大飨歌皇夏三》有："我应天历，四海为家。协同内外，混一戎华。"第三，协助会同。《三国志·魏志·吕布传》有："卿父劝吾协同曹公，绝婚公路。"清李渔《比目鱼·奏捷》有："若果然是他，只消协同地方，拿来就是了。"第四，互相配合。范文澜、蔡美彪等《中国通史》第四编第三章第一节有："遇有战事，召集各部落长共同商议，调发兵众，协同作战。"①

　　"协同"作为一个科学的概念，乃出自于德国功勋科学家、著名物理学家赫尔曼·哈肯（H. Haken）20 世纪 70 年代创立的协同学。协同学（Synergetics）也称为协同论，用哈肯的话讲即一门"协同工作之学"或一门协作的科学，主要研究在一定条件下复杂系统内部各子系统间通过非线性作用而产生的协同现象和相干效应，以使系统形成一种自组织结构，从而放大系统功能的问题。协同学创立后，不仅在自然科学领域得到了广泛的应用，而且在军事科学和社会科学等领域也进行了一定程度的推广。正如哈肯所说，协同学是处理复杂系统问题的一种策略，因而其推广价值很高，可用于讨论从物理学到社会学中发生的有序和无序、有序和有序转变的各种案例。哈肯具体指出："可以把协同学看作是安排有序的、自组织的集体行为的科学。"② 从哈肯的意

---

① 范文澜、蔡美彪：《中国通史》第 6 册，人民出版社 1994 年版，第 5 页。
② ［德］赫尔曼·哈肯：《协同学——大自然构成的奥秘》，凌复华译，上海科学普及出版社 1988 年版，前言第 9 页。

思来看，协同学完全可以应用于复杂社会系统的管理以至于"复杂灾害管理"之中，它可以为复杂灾害管理提供一种非常可取的"社会协同思路"和"社会协同范式"。

　　创立协同学后，哈肯致力于将协同学推广到社会领域，于是就有了社会协同之说。有关社会协同的问题，虽然国内外学术界都对其给予了足够重视，但真正对社会协同加以明确解释的学者尚不多见。在国内，有关社会协同的研究成果较典型的是曾健、张一方的《社会协同学》。在该书中，社会协同学被解释为："在社会中如何通过不同的社会领域和社会作用之间的相互协同，以及在社会整体形成在微观个体层次不存在的新的结构特征的科学。""社会协同是经过协商、平衡，从彼此或大多数对象的利益出发，合理地进行协调，达到协作、协力、和谐、一致。"曾健、张一方看出了社会协同与自然现象中的协同的相似之处，同时也看出了社会协同与自然现象的协同之间的不同之处。他们指出："社会协同是一种存在差异，甚至对立的协同。它是为了整个社会系统的生存、发展的求同存异。""它不是、也不可能是理想化的完全类似激光的协同。"① 经过多年推广，"协同已经不仅是一种思想，而且是一种实践，一种可操作的方法"。②

　　社会协同也是治理复杂的社会系统的一种策略。正如哈肯所言："一般说来，可把协同学看作是处理复杂系统的一种策略。实际上，在现代科学和社会中，我们不得不越来越多地对付复杂系统，即，由相互间以一种复杂的方式作用的许多单元所组成的系统。"③ 毫无疑问，社会系统是一种复杂系统。这一系统由多个因素构成，要受到多个方面因素的影响，其中经济、政治、文化、技术是这个复杂系统的几个重要参量。社会系统的有序与无序，

----

① 曾健、张一方：《社会协同学》，科学出版社 2000 年版，第 101、48 页。
② 同上书，第 27 页。
③ ［德］H. 哈肯：《协同学和信息：当前情况和未来展望，熵、信息与交叉学科——迈向 21 世纪的探索和运用》，喻传赞等编译，云南大学出版社 1994 年版，第 1 页。

社会系统的变迁与秩序，在于社会系统内部各构成因素之间相互
关系的"协同作用"。进一步地说，社会系统中的很多社会问题
和社会事务也是一种复杂系统，如社会系统中的社会贫困、社会
危机、社会建设、社会管理等都是由多种因素构成的复杂系统。
要充分认识这种复杂系统，并有效解决各类社会问题，有效处理
各种社会事务，就需要通过社会协同作用的有效发挥来实现。这
不仅需要人们具有较强的社会协同意识，而且需要人们合理地区
分多种影响因素中的快弛豫参量和慢弛豫参量。

　　所谓社会协同管理就是运用协同合作的理论与方法对社会系
统及其社会问题（issue）和社会事务进行管理。在当今社会中，
社会经过了多年来的成长与发育，已经成为一个名副其实的复杂
系统。虚无主义的社会观和简化论的社会观都已经不再站得住
脚。不仅如此，在当今社会中，各种社会问题与社会事务都不是
任何一个部门和一个单位就能解决和完成的，它们都变成了需要
多个部门和单位来加以解决和完成的事情。举例来说，近年来一
些城市推进社会服务这样一种社会事务，乍看起来比较简单，似
乎某个部门就能顺利推进。其实不然，南方广州市在推进社区社
会服务的过程中，所牵涉的政府部门就达到 10 多个。① 尤其是对
于重特大灾害状态下的灾变危机管理，牵涉的政府部门更多，非
政府组织无数，更使得灾变危机管理这种社会事务变成了一个十
分复杂的系统。据此，人们必须理解的是，没有社会协同意识，
不运用协同合作的理论与方法来对社会系统及其社会问题和社会
事务进行管理，社会的存续发展就成问题。

　　从管理科学的角度来讲，社会协同管理既是一种先进的管理
理念和管理理论，也是一种先进的管理方法和管理策略。作为一
种先进的管理理念，社会协同管理是一种科学的管理理念，它是

① 广州市民政局：《广州市社会管理改革创新及社会工作文件汇编》，广州市民政局
　2010 年版，第 83—84 页。

在科学管理、组织管理、行为管理等管理理念基础上的提升，它告诉人们，社会系统是复杂的，复杂的社会系统管理并非单一的管理主体就能管理好的，它需要多方面的社会主体参与其中，并做到协同合作，才能实现有效的管理。作为一种先进的管理理论，社会协同管理是一种创新性管理理论，这种管理理论解释了众多社会主体参与社会管理的必要性和可行性问题，同时也解决了众多社会主体在参与管理中为实现统一的管理目标所必须具有的协调合作问题。作为一种先进的管理方法，社会协同管理是一种科学的管理方法，这种科学的管理方法不仅具有自然科学的坚实基础，而且具有社会科学的人文关怀，它在社会系统的管理中可以发挥重要作用。作为一种先进的管理策略，社会协同管理通过深入的定量分析，还可能节省资源，放大功效。

二　社会协同管理基本目标

从总体上来讲，社会协同管理是运用协同合作的理论与方法对社会系统进行管理。具体来说，社会协同管理是社会管理主体（包括政府机构、公共部门、企业组织、社会组织以及公民个人），通过自觉的组织活动，将社会管理系统中各种相互之间无规则、无秩序的要素在一个行为目标和规范相对统一的网络结构中有机地结合起来，使社会管理系统中的各个要素由无序转变为有序、由混乱转变为协同的自组织状态，从而协同合作地发挥管理功能，提升社会管理效益的社会管理活动。按照这样一种理解，社会协同管理的基本目标便是：通过协同合作行动，提升社会管理效益。当然，正如所有社会管理活动的目标都可分解开来并重组为一个清晰可辨的目标体系一样，社会协同管理的目标也可通过分解，重组为一个体系。这个体系通常由以下几个相互推进的目标构成。

首先，培养和激发各种社会主体的社会管理参与。社会协同管理需要各种社会主体的社会管理参与。各种社会主体的社会管理参与是社会协同管理的基本前提。没有各种社会主体的社会管理参与，或者只有单一的社会主体进行社会管理，那就根本没有什么社会协同管理可言。社会协同管理实质上是多元社会主体通过协同合作而进行的社会管理。这种多元社会主体包括政府机构、事业单位、企业组织、社会组织和公民个人等。而社会协同管理所讲的社会协同，实质上就是这些社会主体之间的协同。要真正实现社会协同管理，初阶目标是要培养和激发这些社会主体的社会管理参与意识和行为。只有培养和激发这些社会主体参与到社会管理中来，才能谈得上社会协同，才能谈得上社会协同管理。

其次，统筹和协调各种社会主体的社会管理行动。多元社会主体参与社会管理是大好事情。但是，如果各种社会主体在参与社会管理时不能协同合作，协调行动，就有可能出现"一个和尚挑水喝，两个和尚抬水喝，三个和尚没水喝"的局面。因此，切实加强各种社会主体在社会管理中的统筹与协调就显得特别重要。社会协同管理正具有这种功能，它通过目标指向一致的协调行动来实现灾变危机管理中的统筹与协调。也就是说，不管有多少个"和尚"，这些和尚都在根据自己能力所及的分工，协同合作地做自己的事，"挑水"的在"挑水"，"劈柴"的在"劈柴"，"煮饭"的在"煮饭"，有效发挥自己的作用，从而保证整个庙里的"和尚"都有水喝、有火烤、有饭吃，取得最佳的管理效益。

再次，引导和规范各种社会主体的社会管理行为。拉兹洛认为："由人组成的社会是一个动态实体，即使处于稳定状态时，它也围绕一定的规范波动。这些规范是由法律、常规、社会成员的行为以及他们同其他社会和环境的关系决定。"① 事实上，在社会系统中，要使社会的运行具有相对的稳定性和协和性，各种社会主体的行动就必须遵循一定的规范。这种社会规范并非外

_____

① ［美］E. 拉兹洛:《进化——广义综合理论》，闵家胤译，社会科学文献出版社 1988 年版，第 103 页。

部强加进来的，而是社会成员之间在社会协同的自组织机制作用下在社会系统内部产生的。实行社会协同管理，在很大程度上就是要实现这样一个目标，即借由社会协同的自组织机制，形成有利于社会主体之间"协同""合作""互助""和谐"的社会规范，从而有效达到引导和规范各种社会主体的社会管理行为的目标。

最后，发挥和提升各种社会主体的社会管理功能。无论社会协同管理有多少个阶段性目标，最终都是以充分发挥和有效提升各种社会主体的社会管理功能为目标。如果不能达到如此目标，那么，社会协同管理就没有什么实际意义。事实上，是否社会协同管理有两个基本判据：是否有多元社会主体的广泛参与；是否有多种社会功能的整合提升。如果多元社会主体参与社会管理后，其整体功能还不及单一社会主体可能发挥的功能，甚至可能出现功能降低或功能抵消，那么，充其量只能算作是有社会参与而无社会协同。所以，社会协同管理所应追求的目标，不仅需要通过多元社会主体的广泛参与实现多种社会管理功能的发挥，而且需要通过多元社会主体的广泛参与实现整体社会管理功能的放大。

三　社会协同管理重要功能

功能分析是社会学研究的一种重要方法，"是一种最有成效的中层理论分析方法"[①]。功能分析方法的最大作用，就是通过对社会现象和社会行动的功能分析，能使人们深入认识社会现象和社会行动的价值，从而提升人们对有关社会现象与社会行动的关注度，高度重视有关社会现象和社会行动，做好相应社会管理工作。通过社会功能分析，笔者发现社会协同管理具有多种多样的

---

① 功能分析是社会学功能理论倡导的一种社会研究角度和社会研究方法，为众多社会学者所接受，并在国内外社会学界应用非常普遍。参见宋林飞《西方社会学理论》，南京大学出版社 1997 年版，第 119 页。

功能，其中不仅具有一般社会管理的基本功能，而且具有一般社会管理所不具有的或相对较弱的功能。其中，作为社会协同管理的重要功能大致可概括为以下方面：

第一，广泛的社会动员功能。社会协同管理最主要的特征是所有社会主体都能根据自身的职能或功能，自觉地参与社会管理。社会协同管理的这一特征，保证了社会主体参与社会管理的平等性，激发了社会主体参与社会管理的积极性和自觉性。同时，也使得社会协同管理具有了广泛的社会动员功能。显著的事实是，在党的十七大提出构建"党委领导，政府负责、社会协同、公众参与"的社会管理格局后，我国各种企业组织、社会组织、公民个人参与社会管理的积极性空前高涨。在广州、深圳，不少学有专长的知识界人士响应政府号召，积极建立社会工作服务机构，承接政府购买社会服务，参与基层社区社会管理；许多基层群众和社区居民，积极参与社区管理和社区建设活动。各类企业组织，也以一种全新的定位、崭新的面貌、自主的方式自觉参与到社会管理与社会建设之中。这充分说明，社会协同管理的社会动员潜能并非缺乏，相反，由于社会协同管理将行政动员转变为社会动员，其社会动员功能得到了更有效地发挥。

第二，有力的社会整序功能。社会协同管理最重要的特征是所有社会主体都能按照分工协作的原则，井然有序地参与社会管理。社会协同管理的这一特征，导源于社会协同的社会整序功能。所谓社会协同的社会整序功能，是指社会协同所具有的改变社会无序状态，构建社会有序状态的功能。在社会管理实践中，往往不乏这样的情况，在推行社会协同管理之前，各种社会主体事实上也有可能通过各种渠道和方式独自地参与各种救灾活动，然而，这种社会参与在很大程度上是无序的，它带来的是管理的无序与社会的混沌。有了社会协同管理体制，各种社会主体在社会管理主体结构中就能做到组合有序，处于不同结构位置的社会主体所发挥的功能也能做到配合有序，不同社会群体的行为便能做到井然有序，不同社会成员的社会活动就能做到关联有序。社会协同管理确实具有一种社会整序功能，而这种社会整序功能的存在，源于两个重要的方面：一是社会管理参与者主体意识的确立；二是社会管理参与者协同意识的增进。

　　第三，积极的社会团结功能。社会团结是法国社会学家埃米尔·迪尔凯姆建立的一个重要的社会学概念，具体指的是社会各组成部分团结协作的情形。迪尔凯姆认为，社会团结有两种类型，一是机械团结，二是有机团结。通常来讲，机械团结对应的社会类型是传统社会，有机团结对应的社会类型是现代社会；机械团结对应的社会体制是专制体制，有机团结对应的社会体制是民主体制；机械团结对应的社会主体是同质主体，有机团结对应的社会主体是异质主体；机械团结对应的社会劳动是单一劳动，有机团结对应的社会劳动是分工劳动。从社会团结的角度来讲，社会协同就是社会团结的表现。而且这种社会团结是一种有机的社会团结。它特别适应于现代社会、民主体制、异质主体、分工劳动的情况下运用。尤其相对于社会分工或劳动分工而言，社会协同乃是建立在追求社会有机团结基础上的一种社会过程。没有社会分工或劳动分工，也就没有社会协同。经由社会协同，则可在社会分工的情况下实现积极的或有机的社会团结。

　　第四，可靠的社会互动功能。社会互动（Social Interaction）也叫社会相互作用，它是人们对他人采取社会行动和对方作出反应性社会行动的过程，也即人们不断地意识到自己的行动对别人的效果，反过来，别人的期望影响着自己的大多数行为。当相关双方相互采取社会行动时就形成了社会互动。社会互动可以发生于个人之间、群体之间，以及个人与群体之间，它是人类存在的重要方式，也是人类合作共存的基础。美国社会学家戴维·波普诺指出："我们几乎总是卷入到社会互动中去，在这种互动过程中，人们以相互的或交换的方式对别人采取行动，或者对别人的行动作出回应。社会互动以这样的或那样的形式，构成了人类存在的主要部分。"①
社会协同管理是一种合作共治的社会管理。社会协同管理的一个
重要功能是，通过将序参量引入多元社会主体的社会管理参与过
程，以及沟通回应机制的建立，能促进多元社会主体之间的社会
互动，从而"促进政府与公民、国家与社会的良性互动，由此也
将促进协同治理的实现"。②

四　社会协同管理体制问题

　　社会协同管理体制简称为社会协同体制，是指社会管理系统
的基本结构和功能区分的模式化制度，或曰社会管理系统中管理
主体的结构模式和各结构要素的管理职权区分及其相互依存关
系。提出"社会协同体制"这一术语的根源在于，社会协同与自
然协同尽管讲的都是协同，但两者有着明显的不同。自然协同是
自然界的协同，自然界的协同是自然现象之间的协同，自然现象
可以从混沌中自发形成有序结构，因而不存在人为的管理问题，
更不存在体制问题，否则它就不再是自然现象或"自然的"现象
了，而是马克思所讲的"人化的"自然了。③ 社会现象是一些目
的性极强的主体行为，人类社会有序结构的形成，必须通过人类
有目的、有计划的社会实践来建构。于是，"社会协同体制"实
际上是一个理性十足的管理学术语，它意味着，社会协同的实现
要依靠对社会行为的有效管理来实现，要实现对这种社会行为的
有效管理，就有必要建立一种以协同为目的的社会管理体制加以
保障，这种社会管理体制即所谓社会协同体制。

　　灾变危机管理的社会协同体制是指社会的灾变危机管理系统

① ［美］戴维·波普诺：《社会学》（第十版），李强等译，中国人民大学出版社 1999 年版，
　　第 15—16 页。

② 杨清华：《协同治理与公民参与的逻辑同构与实现理路》，《北京工业大学学报》（社
　　会科学版）2011 年第 2 期。

③ ［德］马克思、恩格斯：《马克思恩格斯全集》第 3 卷，人民出版社 2002 年版，第
　　72、189、305—307 页。

的基本结构和功能区分的模式化制度，或者说社会的灾变危机管理系统中管理主体的结构模式和各结构要素的管理职权区分以及他们的相互依存关系。在不同的国家或地区，为了保证灾变危机管理顺利实施，通常都会设法建立一种灾变危机管理体制。这种灾变危机管理体制，在不同的国家或地区会有所不同，例如，有的国家或地区建立了政府包揽体制，有的国家建立了社会协同体制。所谓政府包揽体制，就是政府独揽灾管大权，所有灾变危机管理实务都由政府负责承担，从灾前预防、灾中应急、灾后重建，都由政府全面管理，即使有社会的参与，也是政府行政动员的结果，均属于政府包揽体制内的事情。所谓社会协同体制，就是各类社会管理主体（包括政府机构、公共部门、企业组织、社会组织以及公民个人），依据其自身具有的职能，通过自觉的组织活动，有序参与灾变危机管理活动的体制。目前，世界各国的灾变危机管理体制主要的就是这样两种体制。

灾变危机管理社会协同管理体制也是一种模式化的灾变危机管理制度，或者说也是一种灾变危机制度化的管理模式。这种管理模式是指在强调政府责任的同时，充分依靠多元社会力量的广泛参与和社会联动，既重视规制行动也重视志愿行动，以形成一种有秩序、有规则的相互协同的自组织系统，从而增大灾变危机管理功效的管理模式。这种管理模式虽说是一种"社会"协同模式，但它并不排斥政府在灾变危机管理中的主导作用，相反，它对政府的职能是高度重视的。只不过它不主张政府独家包揽灾变危机管理的所有事务，而是主张所有社会主体（包括政府机构、公共部门、企业组织、社会组织以及公民个人），都能依据自身具有的职能，通过自觉的组织活动，有序参与到灾变危机管理活动之中。具体来说，就是政府机构根据其自身的职能对灾变危机管理负全面责任，公共部门、企业组织、社会组织以及公民个人也按照自身具有的职能或功能，更自觉地参与到灾变危机管理活动中，在灾变危机管理中发挥自己的重要作用。

　　灾变危机管理社会协同体制与灾变危机管理政府包揽体制比较，最显著的不同在于三个方面：一是灾变危机管理社会协同体制认可了社会参与者的主体地位。具体来讲就是认可了包括政府机构、公共部门、企业组织、社会组织以及公民个人在内的所有社会要素在灾变危机管理中都具有主体地位。无论是政府机构还是公共部门、企业组织、社会组织甚至公民个人，都有平等地参与灾变危机管理的权利和义务，从而改变了在以往政府包揽体制中，除政府机构外，所有社会主体参与灾变危机管理都只能经过行政调遣而进入政府的体制框架中才能得以实现的状况。二是灾变危机管理社会协同体制吸纳了来自社会的多种社会资本。这些社会资本具体来自于企业组织、社会组织甚至公民个人，通过广泛地吸纳社会资本，更有利于提高灾变危机管理的能力和水平。三是灾变危机管理社会协同体制弥补了灾变危机的管理真空。政府的管理多是粗线条的，有了社会的参与，灾变危机管理更加精细，可以弥补灾变危机管理的许多真空。

　　目前，一些西方国家的灾变危机管理取用的就是社会协同体制。"在应急管理中，不仅政府积极参与，市民也通过 NGO 等组织介入管理，形成政府、NGO、市民责任共担的城市应急管理体系。"① 在这种社会协同体制中，政府的责任是为社会提供秩序、法律和协调、指导应急管理，公民个人则在法律赋予的公民责任范围内参与应急管理，这里的责任主要是在灾变危机管理中守法，而不是乘机制造混乱，同时通过各种 NGO 渠道组成自救、赈灾等组织，担当一个公民参与公共事务的责任。NGO 在灾变危机管理中的参与是一种制度化参与。在日本，相关法律规定了 NGO的参与责任，体现出明确的制度化规定。在美国，NGO 参与灾变危机管理的路径有所区分，他们要求红十字会等组织通过体制内路径参与，由此，红十字会等参与灾害救助被视为一种强制性的

━━━━━━━━━━━━━━

① 　秦甫：《现代城市管理》，东华大学出版社 2004 年版，第 337 页。

法律义务，可以在动用政府资源的基础上与政府形成良好的协作与沟通。全国积极参与灾害救援志愿组织（NVOAD）的成员组织则以一种体制内外连接的方式参与灾变危机管理。①

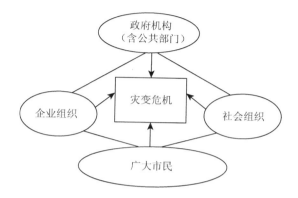

图 2-2　西方国家灾变危机社会协同管理示意

①　林闽钢、战建华：《灾害救助中的政府与 NGO 互动模式研究》，《上海行政学院学报》2011 年第 12 期。

第三章 灾变危机管理社会协同必要

我国的灾变危机管理，在新中国成立以来的 60 多年中，借由政府负责体制和举国体制的推动①，取得了毋庸置疑的辉煌成绩，这些成绩令国人为之自豪和骄傲，甚至令一些西方发达国家的学者、官员和民众为之赞叹。尤其是政府高度负责，举国上下共同加入抗灾救灾，所赢得的一次又一次的抗击重特大灾害的胜利，更为国内外学者所瞩目，并且被人称为一种"中国抗灾经验"②③。然而，在取得巨大抗灾救灾的成绩面前，甚或在国内外的一片赞叹或热忱赞美声中，无论是作为负责抗灾救灾工作的政府部门的官员，还是作为对政府负有建言作用、对社会负有监测作用的社会学者，我们都有必要冷静下来，仔细分析我国灾变危机管理所存在的不足，同时还应明白，国外抗灾救灾的经验也很值得我们借鉴。④ 事实上，无论从社会发展与社会运行的角度来讲，还是

① 所谓举国体制，就是通常所说的"举全国之力"的抗灾救灾管理体制，这种体制的最大特点是通过政府的行政指令和行政动员，调集政府权力可及的一切可能和可用的资源进行抗灾救灾。这种体制形成于我国社会主义计划经济时期，在我国以往的各种复杂灾害管理中发挥了重要作用。

② 联合国官员称："中国抗灾经验值得世界学习"（2010 - 2 - 15），http：//news. sina. com. cn/c/2010 - 02 - 15/094914944501. shtml。

③ 外媒关注中国甘肃救灾："中国抗灾经验令人信服"（2010 - 8 - 10），http：//www. chinanews. com/gj/2010/08 - 10/2457553. shtml。

④ 何祖："国际抗灾经验值得借鉴"（2008 - 5 - 26），http：//www. cnstock. com/jrpl/2008 - 05/26/content_ 3350514. htm。

从社会管理与社会效益的角度来看，目前我国的灾变危机管理都仍存在不小的问题或明显的不足。这些问题表现在多个方面，但最令人关注的是社会转型背景下的灾变危机管理体制或管理体系方面的问题，更具体一点讲，则是灾变危机管理的社会协同问题。在此，我们从对灾变危机管理体制演进的梳理入手，开启一个社会关注较多，而深入研究不够的话题，初步探讨我国灾变危机管理社会协同的必要性。

第一节 中外灾变危机管理体制的形成

灾变危机管理体制是指政府职能部门（或社会集团）为防灾减灾、解决灾害带来的社会危机所设置的一整套涉及立法、组织、规划、协调和干预活动的灾变危机管理体系和制度的总称，主要包括减灾管理的机构设置和职能、法律和制度、方针和政策、工程技术和社会组织等。[①] 由于灾变危机管理体制是一种社会设置，所以在世界不同国家以及一国之内的不同社会历史时期，灾变危机管理体制都会有所不同。我国现行的灾变危机管理体制是指新中国成立以来根据我国国情逐步建立起来的应对各种灾害和灾变危机的管理体制。我国灾变危机管理体制的形成，是在继承我国以往灾变危机管理的优良传统，并借鉴西方灾变危机管理体制建设经验的基础上建立起来的。然而，由于我国社会历史进程和现实国情国力不同，灾变危机管理体制在很大程度上又与西方有所差异。通过梳理灾变危机管理体制形成的西方脉络，再对我国灾变危机管理体制的形成轨迹进行描画，可以更清楚地看出我国灾变危机管理体制的建构思路、形成轨迹和基本特点。

---

① 段华明：《城市灾害社会学》，人民出版社 2010 年版，第 213 页。

一 灾变危机管理体制形成的美国脉络

在灾变危机管理的问题上，虽然人类很早就开始了抗灾救灾的活动，但这些抗灾救灾活动通常都是应激或应急性的，无论古代的东方还是西方，只有等到灾害真正地出现，政府和社会才会采取一定的措施来进行救援，或想出一定的办法来减轻往后的灾害。更由于当时的"生产力低下，科学技术比较落后，人类通常借助想象力来认识灾害和征服灾害"①。在许多国家，人们把灾害视为上天对人类的惩罚，通过祭天求神减少灾害成为国家的重要任务。只有到了近现代，随着社会生产力和科学技术的发展，作为近现代意义上的灾变危机管理体制才逐步得以建立。从当前学术界的一般共识来看，近现代灾变危机管理体制形成的美国脉络基本代表了西方灾变危机管理先进体制形成的主流脉络。具体梳理灾变危机管理体制形成的美国脉络，大致上可分为三个比较典型的发展时期：

1. 地方管理国家参与时期（20 世纪 50 年代以前）

在灾变危机管理体制的形成和发展史上，所谓地方管理国家参与时期，就是灾害由地方进行管理，国家一级的政府只是以参与者的身份参与灾变危机管理的时期。在这一时期开始之前的古代，国家一级的政府对灾变危机并没有实质性的管理机构和管理措施，设立赈灾部门开展赈灾已是当时重视民生的先进国家最重要的救灾措施。较早建立具有现代意义的灾变危机管理体制的是美国，这是学术界的一般看法。不过，也有学者认为其源头可以追溯到 17 世纪的英国。据说，1666 年英国伦敦发生过一场火灾。这场大火连续烧了 4 天，烧毁房屋 132 万间，教堂 87 座，公司 44 家，还有市政厅、皇家交易所、海关、政府设施、图书馆、医院

---

① 沈一兵：《系统论视野下城市突发公共事件的生成、演化与控制》，科学出版社 2011 年版，第 108 页。

等也在大火中坍塌。整个城市 1/3 的建筑几乎被摧毁。在这种情况下，伦敦政府逐渐意识到政府在灾变危机中的管理责任，尔后逐步采用了预防火灾的建筑规范，同时面对灾害风险的灾害保险业也逐步发展起来。

事实上，真正较早地建立地方管理国家参与的灾变危机管理体制的还是美国。1803 年，美国新罕布什尔州朴次茅斯一场火灾使社区和政府都受到严重打击。面对惨重损失，灾后恢复困难实在太大，该州政府和居民均因缺乏重建能力而一筹莫展。在这种无奈情况下，美国国会在 1803 年通过了一个特别法案，决定用联邦政府的财力来给受灾乡镇提供应急援助，帮助州和地方政府恢复生产和灾害重建。在此后的百十年里，美国国会基本上沿袭了此种做法，也就是在地方遭受重特大灾害时，联邦政府都是经由国会通过特别法案，以经济援助的方式参与到受灾地区的灾变危机管理之中。如像 1906 年的旧金山地震，以至 20 世纪 50 年代各地发生的多次灾害，联邦政府都是通过特别法案给受灾地区提供经济援助和其他支持。据 1950 年 8 月明尼苏达州众议员哈罗德·哈根统计，自 1803 年起至当时（1950 年 8 月），美国国会先后制定了这样的法案达 128 项。①

2. 国家地方分级管理时期（20 世纪 50—70 年代）

灾变危机管理体制的选择通常与几个重要因素相关，一是灾害事件发生的频率；二是灾变危机的严重程度；三是灾变危机的应对能力。20 世纪 50 年代以后，世界各地灾害事件多发，灾变危机的严重程度增大，给地方灾变危机管理带来了很大的压力。尤其是在美国，地方管理国家参与已使一些应对灾变危机能力缺乏的地方处于十分被动的应对局面，即使能够得到联邦政府的经济援助和相应支持，这些援助和支持也可能是"雨后送伞"。于

---

① 沈一兵：《系统论视野下城市突发公共事件的生成、演化与控制》，科学出版社 2011 年版，第 108 页。

是，人们开始思考灾变危机管理的体制变革。前述的美国明尼苏达州众议员哈根就是进行这项变革的倡导者和推进者。他认为，1803 年以来通过的 128 个临时法案已经建立了联邦政府对州和地方政府进行灾变危机管理支援的先例，然而，每一个法案都是在灾害来临时制定的，这并不利于灾变危机的及时、有效和成功的管理。因此，必须通过正式的立法，保证联邦政府在灾变危机管理中发挥更大的作用。

于是，在 1950 年，美国制定了《灾害救助与紧急援助法》。该法规定了联邦政府在灾变危机管理中的责任，以及联邦政府在灾害发生时对州政府和地方政府的支持，为联邦政府在减灾救灾中发挥持续的作用提供了法律依据。有学者认为，该法"是美国第一个应对突发事件有关的法律"，它的出台，"是灾害应急走向法制化的开始"。同时，该法根据美国中央（联邦）与地方（州）政治分权体制的特点，将灾害管理大致分为联邦与州两级制，首度区分了联邦政府、州和地方政府的管理责任。然而，值得我们注意的是，在美国，"州和地方政府负有处理危机的主要责任"。"州政府调集国民警卫队应对，动用州政府的资源，当地的社区组织和志愿者组织参与进来。"至于联邦政府，则只是"当灾害的后果超出州和地方的处理能力之外时，提供补充性的帮助。"或者说只有当"总统正式宣布某地属于受灾地区或出现紧急状态，联邦政府方才介入援助"①。

3. 整合资源综合管理时期（20 世纪 70 年代以来）

早期美国的灾变危机管理机构是按专业化分工设立的机构，在 20 世纪 70 年代初，"美国有 100 多个联邦机构参与风险与灾害的应对与处理。众多部门职责不清，彼此重叠，关系混乱"②。于是，在 1977 年，由美国国防部民防局资助的一个研究小组在对美

---

① 段华明：《城市灾害社会学》，人民出版社 2010 年版，第 399—400 页。
② 王宏伟：《应急管理理论与实践》，社会科学文献出版社 2010 年版，第 58 页。

国政府间的防灾体系进行分析后认为，"将联邦的责任分散在许许多多的联邦机构中，妨碍了各州对灾害情况的管理，缺少一个综合性的全国紧急机构"①。这一研究结果，直接导致了卡特总统于 1979 年发布总统令，建立了国家级减灾常设机构——联邦紧急事态管理署（FEMA，又称联邦危机管理局或联邦应急中心）。联邦紧急事态管理署的成立，将分散在整个联邦官僚体制下的有关灾害应急管理的资源和人员加以了集中，这标志着美国综合灾害应急管理的开始。然而，FEMA 在成立后，它所执行的仍然是国家地方分级管理时期的责任，这种整合仍然是国家地方分级管理情况下的整合。

　　发生于 2001 年 9 月 11 日的"9·11"事件，才真正地唤醒美国联邦政府。"9·11"事件后，美国开始实行全面整合，强化综合管理。2003 年 1 月，美国成立了由联邦政府 22 个机构合并组建的美国最高应急管理机构——国土安全部，统领全国的应急管理工作。国土安全部成立后，原来负责紧急事态管理的 FEMA 并入其中，并更名为应急预防响应局，属于国土安全部中最大的部门之一。2006 年卡特里娜飓风灾害发生后，布什总统签署法案，规定 FEMA 在紧急状态下直接对总统负责，并进行了扩编。尔后，FEMA 的职能全面扩充，具体包括：及时提供有关信息；制订应急计划和预案；调动各级救援力量；协助联邦部门、州、地方政府作出处置决策；制订并执行有关教育和培训计划；支付相应灾害保险；通过国家门户网站提供相关信息服务；建立统一、高效的通信和预警系统；充分调动公众、志愿者和非营利组织等多种力量参与灾害应急管理。

二　灾变危机管理体制的其他国家镜鉴

　　我国除在一定程度上借鉴了美国灾变危机管理体制建设的成功

---

① 转引自沈一兵《系统论视野下城市突发公共事件的生成、演化与控制》，科学出版社 2011 年版，第 109 页。

经验之外，也借鉴了其他国家灾变危机管理体制建设的一些成功经验。所谓其他国家灾变危机管理的体制，是指除美国以外的其他重要国家的灾变危机管理体制。毋庸讳言，要全面系统地梳理这些其他重要国家灾变危机管理体制及其建设的经验，依靠目前所能获得的信息资料和本项目组的现有能力是有很大难度的。为此，我们姑且对其中几个重要国家的灾变危机管理体制及其建设进行一项简要的介绍。这里具体介绍英国、加拿大、日本、印度四国的灾变危机管理体制。

1. 英国的灾变危机管理体制

正如前述，英国 1666 年的伦敦大火，已经唤醒了伦敦乃至英国政府对灾变危机管理的重视，他们开始对灾变危机作出积极的反应。但当时仍未形成一种明晰的灾变危机管理体制，只是暗含着地方管理国家参与灾变危机管理体制的相关意蕴，并在以后逐步发展了国家和地方、政府和民间参与灾变危机管理的一些机制和措施。英国真正的灾变危机管理体制的形成源于民防。为了防范各种突发事件造成的危害，英国政府于 1920 年颁布了《紧急权利法》，并于 1948 年出台了《民防法》。依据《民防法》的规定，英国应急管理的基本体制是中央政府授权地方政府负责应对可能发生的突发事件。地方组织与机构可以灵活地请求地区与国家在资源方面的支持。中央政府并不强求地方组织与机构进行合作与协调。① 英国源于民防管理而派生出来的中央授权地方负责的灾变危机管理基本体制，半个多世纪以来一直沿袭使用，至今未从根本上发生大的改变。

不过，在 21 世纪到来后，由于灾害频繁发生，并受美国"9·11"事件的影响，英国政府也开始反思包括灾变危机管理在内的应急管理体制问题。他们开始对国民保护与应急响应管理体系进行改革。具体所做事情包括：一是在原有体制框架内着力提高地

---

① 　王宏伟：《应急管理理论与实践》，社会科学文献出版社 2010 年版，第 65 页。

方政府的信息能力、行动能力和灾害管理能力；二是在国家层面开始强化突发事件应急管理职能，如在 2001 年 7 月，英国在内阁办公室设立国民紧急事务秘书处（CCS-Civil Contingencies Secretariat），主要履行突发事件应急管理职能；三是通过立法为公民保护构建一个整体框架。具体来说就是在 2004 年，英国颁布了《国民紧急事务法》（CCA）。《国民紧急事务法》由两部分组成：第一部分涉及地方相关组织的管理、指导、目标、责任，地方响应者依据职责被分成不同的部门和种类；第二部分更新了 1920 年颁布的《紧急权利法》（EPA），主要涉及最为严重的突发事件以及未来的风险。①

2. 加拿大的灾变危机管理体制

和英国一样，加拿大灾变危机管理体制的形成也是源于民防。在第二次世界大战的背景中，加拿大于 1939 年通过《空袭防范法》，并指令联邦退休金与国家健康部监督实施。负责官员权力很大，可以宣布宵禁和疏散。第二次世界大战以后，这一法案由于没有得到及时地修订，从而导致了人们对该法案限制公民自由的强烈不满。后来，加拿大的应急管理逐步向涉及军事以外的灾变危机管理发展。1988 年，加拿大通过了《应急法》和《应急准备法》，这两个法案规定了政府在紧急状态下行使特殊权利的情况，并为创立新的应急准备组织（Emergency Preparedness Canada）奠定了基础。2007 年，加拿大颁布了新的《应急管理法》，使应急规划成为了所有的联邦部门的职责，协调职能则由国家级的应急管理组织——加拿大公共安全部（Public Safety Canada）执掌。与此相对应，各个省与地区也逐步实现了由民防体制向综合应急管理体制的发展。②

加拿大现在的灾变危机管理体制，从层次上来讲是分为联

---

① 王宏伟：《应急管理理论与实践》，社会科学文献出版社 2010 年版，第 65 页。
② 同上。

邦、省和市镇（社区）三级且进行分级管理的体制。在联邦一级，专门设置了紧急事务办公室，隶属于国防部。省和市镇两级管理机构的设置因地制宜，各级应急事务机构负责紧急事件的处理以及减灾管理和救灾的指挥协调工作，监督并检查各部门的应急方案，组织训练并实施救援。各级应急事务管理部门下设有紧急事件管理中心。该中心是一个协调机构，是指挥机构实施指挥的场所，并不是权力机构。根据所发生的紧急事件的种类不同，中心可以随时隶属于任何一个部门。对于法律上没有明确规定的特殊重大事件，各部门通过协调机制处理。从运行上来看，也有其特点：一是统一接警，及时发布信息；二是分级管理，强调协同配合；三是组建专门应急救援队伍，充分发挥志愿者的作用。如在安大略省，全省共建有 525 支消防队伍，在这些消防队伍中，有 69% 的全部是由志愿者组成。①

　　3. 日本的灾变危机管理体制

　　　日本是一个在自然灾害方面体现出明显的多灾多难特色的海洋国家，海啸、台风等"天灾"和地震、火山喷发等"地灾"经常光顾日本各地，给日本经济发展和社会安定带来了巨大的、持续的威胁。然而，在较早的历史时期里，日本对灾变危机的管理是非常被动的，甚至在日本民间，人们认为地震是被大地压着的鲇鱼翻身所造成的，没有办法知道鲇鱼在何时会要翻身，只能祈求上天的保佑。后来，日本的明治维新开启了科学的大门，大大促进了日本的开化。由于科学技术的发展和生产力的巨大进步，日本人渐渐改变了对灾害的认识，逐步开始探索灾变危机的主动应对之法。尤其是第二次世界大战以后，日本便着手建立国家级的灾变危机管理体制。作为一个灾害频发的国家，日本灾变危机管理体制的建立与英国、加拿大等国建基于民防体制的情况有所不同，它是出于直接应对灾变及其带来的危机、有效防范各种自

---

① 宋英华：《突发事件应急管理导论》，中国经济出版社 2009 年版，第 110—112 页。

然灾害风险的目的而建立的。

日本灾变危机管理体制的建立，首先是从单灾种管理开始的。1946 年日本发生南海地震后，出台了《灾害救助法》；1948 年，发生福井地震后，又出台了《建筑基本法》。而到了 1959 年发生伊势湾台风后，便于 1961 年 10 月 31 日出台了《灾害对策基本法》，后经不断修订（达 23 次），而成为一部完善的综合性的灾变危机管理法案。日本现行的灾变危机管理体制分中央和地方两个层次。中央在总理府设立中央防灾委员会，会长由内阁总理大臣担任，下设专门委员会和事务局，主要任务是贯彻《灾害对策基本法》，并根据情况变化制定各种决策，设立必要行政机构，确定全国性防灾规划及体制，协调灾害救助工作。地方也在各部、道、府、县由地方行政长官挂帅成立防灾委员会，由地方政府的防灾局等相应行政机关来推行灾变危机应急对策的实施。[①]日本中央和地方防灾委员会的设置，为灾变危机管理社会协同打下了一个良好的体制基础。

4. 印度的灾变危机管理体制

印度国土面积居世界第七位。毋庸置疑，印度绝对是一个灾害多发的国家。飓风、旱灾、洪灾、地震、山体滑坡和雪崩等自然灾害频发，对印度造成巨大破坏。就洪灾来讲，印度每年 6—9 月的雨季都可能出现严重的洪水灾害，受灾地区一般集中于布拉马普特拉河和印度河流域。就旱灾来讲，在印度 4 亿公顷土地中，约有 73.7% 的土地每年都受到旱灾的影响。就飓风灾害来讲，印度有 5560 公里的海岸线，在孟加拉湾和阿拉伯海每年要遭遇 5—6 次飓风袭击，1999 年的一次飓风袭击造成了 1 万人丧生和 15 亿美元的财产损失。就地震灾害来讲，印度的喜马拉雅山地区也是地震频发地区，据统计，过去的 53 年间，发生过里氏 8 级以上地震就达 4 次。还有山体滑坡，印度东北部的喜马拉雅山地区和西

① 赵林度：《城际应急管理与应急网络》，科学出版社 2010 年版，第 32 页。

高止山地区也是常有的事。灾害多发练就好的灾变危机管理本领，积累丰富的灾变危机管理经验，同时也使印度逐渐创立了颇具特色的灾变危机管理体制。

印度灾变危机管理体制的特色，主要体现在以下四个方面：首先，印度在国家、邦、县和区各级均有统一的灾害管理机构。在国家一级，印度有由内阁秘书领衔的灾害管理小组，成员包括涉及应对各种灾害的关键部委，应对自然灾害以农业部门为主，其他各部密切配合。在邦一级，设有邦政府首席秘书领衔的邦危机管理小组，小组成员包括所有相关部机构的领导人；备灾工作一般由赈灾和安置部或者财政部负责。在县一级，建立有协调考察委员会，委员会由县财税局长主持，县政府中有关部门的领导人参加。其次，按照印度联邦制规定，遇到自然灾害，营救和赈灾工作由邦政府负责，组织实施及整体管理以邦为主。再次，印度制定了《国家突发事件行动计划》，该计划敦促全国各地毫不迟疑地开展救灾工作；制订了财政救济计划并设有灾难救助金，用于支援各邦救灾工作。最后，印度还建立了灾害预报和警报系统，对各类灾害进行监测和预报。

三　我国灾变危机管理体制的形成轨迹

我国幅员辽阔，是一个自然灾害频发的国度，各种灾害一直以来困扰着我国广大的人民群众和历代的政府，因而，灾变危机管理也就一直成为国家事务管理中的一项非常重要的内容。纵览我国灾变危机管理体制的形成和发展，可以明显看到，自古至今，我国灾变危机管理体制与西方相比，有相对先进的时期，也有相对落后的时期。在中国古代，我国灾变危机管理体制显得相对先进；在近代以来，我国灾变危机管理体制则显得相对落后。这一情况，与我国科技、经济、文化等许多领域的事例和情况存在着某种同构现象。具体地了解我国灾变危机管理体制的形成轨迹，抑或粗略地了解我国灾变危机管理的某些措施与做法，不仅有利于了解我国在灾变危机管理体制建构方面取得的一些成绩，同时也有利于认识我国在当代社会中灾变危机管理体制变革的必要性和紧迫性。

1. 我国灾变危机管理的古代体制

我国灾变危机管理体制，是随着社会历史发展通过历朝历代的不断积淀，并在近代以来不断吸收西方经验的基础上逐步加以改进的结果。在夏朝，"大禹治水"的故事就大致反映出一个灾变危机管理的体制问题。具体来讲，在上古时代，我国便实行了减灾救灾的中央负责管理体制。这种中央负责管理体制，使得当时的中央领导层的代表大禹在治水过程中深感肩上责任重大，从而不敢有任何懈怠，于是在历史上留下了"三过家门而不入"的脍炙人口的故事。在商代，遇到旱灾，商汤便在桑林中求雨，并且以剪发、割手等来表达为民祈福的决心。① 其后，历代君王多有祈雨祈晴的行为，并根据情况，组织民众疏浚河道，建设堤坝，防止水旱灾害。不仅如此，在我国社会发展的历史长河中，历朝历代都建立了哪怕是在今天看来十分简陋的灾变危机管理体制。这种在"发生自然灾害后的救灾职责，主要是由政府承担。大致可分为朝赈和官赈两类"②。

事实上，由于我国自古以来便各种灾害频发，尤其是水旱灾害频繁出现，因而在很多时候都会因为各种灾害而使得民不聊生。这种民不聊生的状态直接影响着我国古代社会的稳定与发展，并对统治阶级的统治地位构成严重威胁，所以，历朝历代都不得不把灾变危机管理作为安抚民心、稳定社会、巩固统治的"安邦定国"的"政治救灾"措施。于是，灾变危机管理的政府责任体制成为我国古代灾变危机管理的基本体制。在很早的时代，我国的灾变危机管理就已从以赈济、抚恤、救荒、缓征租赋

① 李军、马国英：《中国古代政府的政治救灾制度》，《山西大学学报》（社会科学版）2008 年第 1 期。
② 张烁：《我国古代救灾机制及其现代启示》，《安全与健康》2011 年第 23 期。

等为基本内容逐步扩展为国家行政管理的一项重要职能，形成了君主制度下朝官一统、责任明确的灾害管理体制。"在不断完善灾害管理体制的过程中，古代社会还逐步形成了大量积极的灾害管理政策，如兴修水利、植林垦荒、重农贵粟、扩大积储等。在救灾过程中也通过逐步规范形成了灾后赈济、调粟、养恤、安辑、蠲缓、放贷等有效的灾后救助方法。"①

2. 我国灾变危机管理的民国体制

我国灾变危机管理的民国体制，是指1949年前的民国时期推行的灾变危机管理体制。在民国时期，我国的灾害多发，据有关文献表述，仅1912年到1938年的27年间，有统计的各种自然灾害就达77次之多。② 面对灾变危机给当时社会带来的巨大麻烦，当时的民国政府也采取了一些主动的措施应对灾变危机。但是，当时的灾变危机管理仍然带有浓厚的传统色彩，即以灾荒救助为主，综合性的应急管理缺乏，救助效果也不明显。在民国时期，灾荒救济是由中央或省政府按规定的程序进行的。1915年1月，民国北京政府借鉴清朝灾荒查报和蠲缓的有关制度，制定和公布了《勘报灾歉条例》。1928年10月，南京国民政府内政部在该条例的基础上颁行了同名法令；1934年2月，行政院修正后重新公布了《勘报灾歉条例》。1936年8月，国民政府行政院又公布了《勘报灾歉规程》。这些条例和规程都对灾荒救济基本程序作了具体的规定。

民国时期的灾变危机管理体制虽比较传统，但也出现了好的迹象。据有关专家研究，民国时期灾变危机管理的主要特色是将灾害救助纳入了立法轨道。除上述法案外，还颁布了其他多个法案。如1914年8月颁行《义赈奖劝章程》，鼓励社会各界捐款赈灾。1920年民国北京政府于当年11月颁布《赈灾公债条例》。抗

① 王振耀、田小红：《中国自然灾害应急救助管理的基本体系》，《经济社会体制比较》2006年第5期。
② 刘五书：《论民国时期的以工代赈救荒》，《史学月刊》1997年第2期。

日战争期间，国民政府还将蠲缓制度写入了《社会救济法》，规定"各地遇有水、旱、风、雹、地震、蝗、螟等灾，各县市政府得视被灾情形，呈请减免赋税"，使之成为一项法定救济制度。1947 年 5 月又公布了《灾振查放办法》。该办法分总则、勘灾、放振、报销及报告、附则 5 章，规定报灾应列举灾害种类，被灾程度、面积、人数及财产损失；灾情重大，非地方财力、物力所能救济时，应由被灾地方报请省市政府，由中央主管机关转呈行政院指拨振款或以其他方法救济之。如灾情特别严重时，得径报行政院酌拨振品、振款。[①]

3. 我国灾变危机管理的现行体制

1949 年以来，我国的各种自然灾害依旧十分频繁，对人民生活和社会秩序造成了严重危害。于是，在新中国成立之初，中央政府就确定了统一的救灾领导体制，成立了中央救灾委员会，统一领导、组织、协调灾害救助事务。1949 年 12 月 19 日，政务院就颁布了《关于生产救灾的指示》，要求各级人民政府必须组织生产救灾委员会，包括内政、财政、工业、农业、贸易、合作、卫生等部门及人民团体代表，由各级人民政府首长直接领导。1950 年 2 月 27 日，中央救灾委员会成立，统筹全国救灾工作。与此同时，中央还颁布了《中央救灾委员会简则》，规定了灾害管理工作的主要任务，明确了日常救灾工作由内务部负责。此外，"依靠群众、依靠集体、生产自救、互助互济，辅之以国家必要的救济和扶持"的救灾工作方针也很快地确定下来，并推行开去。[②] 这一新中国成立初期确定的灾害管理体制或灾变危机管理体制，一直沿用到 1978 年。

1978 年后，我国灾变危机管理体制有了新的变化，根据新时期社会发展的需要，国家确定了新的自然灾害管理体制。这一新

---

① 刘五书：《论民国时期的以工代赈救荒》，《史学月刊》1997 年第 2 期。国民政府内政部在 20 世纪 30 年代规定，各级赈务（济）委员会之"赈"字一律用"振"。

② 王振耀、田小红：《中国自然灾害应急救助管理的基本体系》，《经济社会体制比较》2006 年第 5 期。

的自然灾害管理体制的基本精髓是：党政统一领导，部门分工负责，灾害分级管理。在这一体制中，党中央、国务院统揽全局，总体指挥，地方各级党委和政府统一领导，各个有关职能部门分工负责，并充分发挥人民解放军指战员、武警官兵、公安干警和民兵预备役部队突击队的机动作用。为了更加有效地发挥有关职能部门的作用，我国还形成了灾害管理或灾变危机管理的综合协调机制。① 为了使灾害管理或灾变危机管理做到有法可依，我国还陆续颁布了有关抗灾救灾的法律。受 2003 年抗击"非典"的启发，我国进一步强化了灾变危机管理的政府负责体制或举国体制。吸取 2008 年年初"南方冰雪灾害"中抗灾救灾的教训，到2008 年 5 月汶川地震的抗震救灾时，我国开始接纳社会组织直接参与灾变危机管理活动。

四　我国灾变危机管理现行体制的特征

严格地讲，我国现行的灾变危机管理体制是指 1978 年以来逐步完善的政府负责的抗灾救灾"举国体制"②③。这种"举国体制"到 2003 年抗击"非典"以及之后的抗灾救灾中不断得到强化。④ 之所以会得到不断强化，主要原因是在 1978 年以后的几次抗击重特大灾害尤其是抗击"非典"过程中，这种体制确实发挥了重要的作用，取得了好的成效，战胜了一场又一场的巨灾。所以，在

---

① 王振耀、田小红：《中国自然灾害应急救助管理的基本体系》，《经济社会体制比较》2006 年第 5 期。
② 高建国：《应对巨灾的举国体制》，气象出版社 2010 年版，第 1 页。
③ 目前关于"举国体制"有多种解释：比较权威的解释是在国家综合实力还比较弱的情况下，为了短时间内形成突破，从而采取集中全国人力、物力、财力进行攻坚的一种组织制度；有人也认为，"举国体制"就是指以国家利益为最高目标，动员和调配全国有关的力量，包括精神意志和物质资源，攻克某一项世界尖端领域或国家级特别重大项目的工作体系和运行机制。高建国认为，中国的"举国体制"是抗震救灾高效率的法宝。所谓"举国体制"，其实就是一种很强的国家能力。
④ 人们通常讲 2003 年的"非典"视为公共卫生事件，实际上，这种"非典"也可以视为一场灾变危机。

2007 年前，这种体制只有不断强化，没有多少改变。只是在 2007 年党的"十七大"提出建立"党委领导、政府负责、社会协同、公众参与"的社会管理格局后，作为对这一精神的贯彻落实，并吸取"南方冰雪灾害"中的教训，到 2008 年汶川地震抗灾救灾时才有了某些变化。这种现行体制有它的某些特征，主要在于：

1. 明显的中国特色特征

众所周知，我国现行的灾变危机管理体制具有明显的中国特色特征。所谓中国特色特征，就是指我国灾变危机管理体制的建构与实施体现了社会主义的基本取向，具有明显的中国社会主义特色。具体来讲，我国灾变危机管理的基本体制是：党政统一领导，部门分工负责，灾害分级管理。在灾害管理的过程中，党中央、国务院统揽全局、总体指挥，地方各级党委和政府统一领导，各有关职能部门分工负责，强调地方灾害管理主体责任的落实，注重中国人民解放军指战员、武警官兵、公安干警和民兵预备役部队突击队作用的发挥。实行各级党委和政府统一领导的灾变危机管理体制，可以充分发挥我国的政治和组织优势，明确各级党政领导的责任，能够有效地全面协调辖区内的各种救灾力量和资源，形成救灾的合力①，有利于确保人民群众生命财产安全，最大限度减少灾害带来的损失。② 有学者曾给予这种灾变危机管理体制很高的评价。例如，张书庭等学者就认为，这种灾变危机管理体制有许多优点和长处，体现了社会主义制度的优越性。它使我国在贫穷落后的条件下的减灾取得了举世瞩目的伟大成就。③

2. 典型的政府总揽特征

简单地说，政府总揽就是政府负责灾变危机管理的所有责任，承担灾变危机管理的所有工作。政府总揽在学术界常被一些

---

① 李学举：《我国的自然灾害与灾害管理》，《中国减灾》2004 年第 6 期。
② 温家宝：《确保人民群众生命财产安全最大限度减少灾害带来的损失》（2010 - 6 - 21），http：//cpc. people. com. cn/GB/64093/67507/11923519. html。
③ 张书庭：《我国灾害管理体制改革》，《行政论坛》1997 年第 6 期。

学者称之为政府包揽。这种体制源自我国计划经济时期，并一直流传到我国 2008 年"汶川大地震"之前。即使是在此仅仅只有几个月之前的"南方冰雪灾害"时期，这种灾变危机管理体制都基本上是一种没有多少变化的体制，政府总揽或政府包揽的特征明显存在。① 有的学者就指出，我国"在救助中存在'政府包揽'的倾向"②。事实上，在灾害救助中，这种倾向不仅存在，而且非常明显。从某种角度来看，与其说"政府包揽"是我国灾变危机管理现有体制的一种倾向，倒不如说是一种特征。君不见，在灾变危机管理中，政府既是领导者，又是组织者，还是实施者。对于这种体制，我们当然不能说没有优势，相反，从一定的视角来看，它则具有很大的优势，甚至一些西方国家的人们还特别关注这种体制的优势。但是，政府包揽却一方面使政府背下了沉重的社会负担，另一方面也使一些社会资源难以进入灾变危机管理之中，抑制了社会资源在灾变危机管理中重要作用的发挥。

3. 强烈的行政动员特征

灾变危机状态下的动员通常分为社会动员和行政动员两类。所谓社会动员就是通过社会组织或社会传播的渠道，动员各种社会组织或公民个人自愿地参与到灾变危机管理之中，希望各种社会组织和公民个人自觉地开展各种灾害救助活动或灾变危机管理行动。通常来讲，借由社会动员唤起的灾害救助行动是一种志愿行动或自愿行动。而行政动员则是通过国家行政系统进行自上而下的总动员，要求全国上下各系统、各部门、各单位进而要求每一位干部、群众都能根据其自身的能力和其他具体情况，采取适当的方式，积极参与到抗灾救灾之中。这种行政动员在一定的程度上就是一种行政命令，或者近似于一种行政命令，政府体系中

---

① 冯周卓、袁宝龙：《中国突发灾难 60 年的演变》，《中南大学学报》（社会科学版）2010 年第 3 期。
② 王锡元：《我国社会救助中政府与非政府组织协作机制研究》，上海交通大学出版社 2008 年版，第 2 页。

的任何层级都不能不服从；政府权力所及的任何系统、任何部门和任何单位都不能不听从；政府及有关单位自上而下的动员，也使得每一位干部、每一个单位成员不得不行动。因而各种社会组织和公民个人参与灾变危机情况下的灾害救助行动也成为一种规制行动，而不是志愿行动。① 我国现行的灾变危机管理体制在抗灾救灾力量和资源的动员方面，就是采用的行政动员方式。

4. 显著的统一组织特征

我国灾变危机管理体制的另一个重要特征是统一组织。这也就是，在灾变危机状态中，任何组织和个人参与灾变危机管理，都必须服从统一组织、统一管理、统一调配。在灾变危机情况下，实行统一组织、统一管理、统一调配应该说有其好处，主要原因是灾变危机情况下的灾区实际上很容易形成某种社会乱象，如果没有统一组织、统一管理、统一调配，参与灾变危机现场管理的组织和个人很容易变救灾为添乱，不仅不能帮助灾区解决问题，反而给灾区带来某些麻烦。统一组织、统一管理、统一调配最直接的作用就是避免出现这种不良情况。但是，这种体制在实际运行中也容易造成"过度统一"②。有的组织管理者为了不出乱象，一味对体制外的救灾力量实行排斥，不给非政府组织留下任何参与灾变危机管理的空间，从而抑制了非政府组织重要功能和有效作用的发挥。同时，在这种体制的制约下，非政府组织的发展客观上受到一些限制，即使某些非政府组织有所参与，也由于自身力量的弱小、救助领域的狭窄、救助渠道的不畅等而得不到政府的重视，更难说能在灾变危机管理中充分发挥社会协同的作用。

---

① 谢俊贵、叶宏：《灾害救助中的志愿行动规范——基于网上记实的思考》，《湖南师范大学社会科学学报》2011 年第 6 期。
② 应急管理如何走向科学化（2010－7－26），http：//www. gmw. cn/01gmrb/2010－07/26/content_ 1192225. htm。

第二节 我国灾变危机管理体制的缺陷

正如前述，我国自新中国成立以来，尤其是改革开放以来，通过党委领导下的政府负责的"举国体制"的实行，取得了各项灾变危机管理工作的明显成效，受到国内外许多人士的重视和夸赞。然而，我国灾变危机管理的现有体制（或体系）仍然存在一些明显的缺陷，从而也带来我们在抗灾救灾过程中出现了某些棘手问题。为了更加清楚地认识我国灾变危机管理现行体制的缺陷，笔者拟借由文献内容分析方法，采用有关专家的观点，对我国灾变危机管理体制的缺陷进行分析。具体办法是：从中国知识资源总库中抽选 2001—2010 年间对我国灾变危机管理体制（或体系）有明确论述或评价的论文和选择近年出版的专著共 10 篇（种）①，对论著中揭示的我国灾变危机管理体制的缺陷进行分项标注和概括，以便相对客观和更加权威地表明我国灾变危机管理现有体制的缺陷（见表 3－1）。

一 我国灾变危机管理体制的专家评议

所谓专家评议，是指采取一定的方式和措施有效收集或征求特定领域专家的意见，从而对有关问题进行评议的一种社会评估方法。这种社会评估方法的由来已久，自古以来，一国的统治者或社会管理者要作出某一重要决策，或要评估某一具体事项，往往聘请一些相关领域的专家学者开展咨询或评议工作。但专家评议作为一种咨询或评估的科学方法，则起自美国兰德公司开发和

---

① 应该加以说明的是，我国学者对我国灾变危机管理体制研究的论著很多，并不限于这 10 篇。为了文献整理和分析的方便，这里所选择的是对我国灾变危机管理体制有"明确论述或评价的论著"。

表3-1　灾变危机管理原有体制专家评论意见汇总①

专家姓名	意见1决策机构	意见2职能结构	意见3法律制度	意见4社会动员	意见5保障系统	意见6人才培养
万军②	应急管理机构仍存在严重缺陷	全国性的应急反应机制尚未建立	应急管理的法律体系与实践要求相比相对落后	政府动员能力很强而社会动员能力相对不足	政府应急管理的技术手段还有待完善	政府应急管理的科学研究和人才培训相对滞后
李琪③		应急管理工作缺乏统一协调与沟通	灾害管理的法律制度不够完善	缺少灾害的社会动员机制	灾害信息管理不够完善	
孙威,韩传峰④	城市灾害协调机构不够集中	各部门各自为政,各级政府之间应急管理体系相互孤立	应急法律基础不健全	"多中心指挥"现象严重,缺乏有效沟通与协调	保障体制不够健全,防灾减灾资源缺乏合理有效配置	缺乏经常性的应急演练和专业人员、志愿人员的培训
王振耀,田小红⑤		应急指挥和协调机制还不够完善和规范	灾害救助工作的立法还相当大缺,灾害救助标准准过于偏低	社会救助制度的发育程度较低	应急物资储备只是初具规模,先进技术装备应用不够普遍	
齐福荣⑥	应急管理体系存在缺陷	救助力量和应急指挥比较分散	应急法律体系亟待完善	应对灾害的社会动员机制薄弱	灾害管理信息系统落后	专业化救援队伍建设薄弱

① 在本专家意见表中,由于各位专家学者的评价均来自他们发表的论文,所以显得非常正式。当然,需要说明的是:本表对各位专家意见的条目排列次序是做了调整的,有的还进行了必要的文字压缩。同时,有的专家发表的意见还不止于这种6个方面,在本表中略去了其他方面的意见。
② 万军:《中国政府应急管理的现实与未来》,《中共南京市委党校南京市行政学院学报》2003年第5期。
③ 李琪:《我国灾害应急管理体系运行现状及应对措施》,《大众商务》2009年第5期。
④ 孙威、韩传峰:《城市灾害应急管理体制研究》,《自然灾害学报》2009年第1期。
⑤ 王振耀,田小红:《中国自然灾害救助应急管理体系的基本体系》,《经济社会体质比较》2006年第5期。
⑥ 齐福荣:《湖南省突发事件应急管理体系建设现状与后示》,《防灾科技学院学报》2009年第2期。

续表

专家姓名	意见1 决策机构	意见2 职能结构	意见3 法律制度	意见4 社会动员	意见5 保障系统	意见6 人才培养
周跃云等①	没有统一的政府灾害管理机构	救灾力量和应急指挥分散、条块分割，各自为战，互不协调	缺乏完整完备的灾害应急法律体系	缺少灾害的社会动员机制	灾害管理信息系统落后，部门间灾害信息资源共享程度低	缺少教育和培训机制，轻视和救灾专业化队伍建设
宋英华②	存在多个指挥中心	不同中心分属于不同部门、行业、部门各自为政	尚未建立起独立的应急管理法规标准体系	专群结合的应急管理机制尚未形成	决策支持保障体系建设需要加强	专门的应急管理机构需要建立
王宏伟③	分兵把守、各自为战，应急协调不力	部门分割、条块分割，"单对单能"现象严重		政治动员能力强，社会动员能力弱，社会参与度低	应急管理的保障体系建设薄弱	应急演练的频度与力度不够
沈一兵④	缺乏综合应对危机的控制机构	控制部门分割，管理分散，协调不足，条块责权划分不明确	应急法律制度不完善，应急法律不健全	属于一元性应急反应动员机构，社会动员力强，社会参与不足	灾害危机控制方法和科技术设施落后，保障措施精差距较大	忽视公务员危机意识培养，危机管理人员专业素质较低
徐向华等⑤	统一的应急管理机构尚待设立	政府之间的区域合作，部门之间的横向合作不足	突发事件应急法律体系虽有一定基础，但相对分散，不够统一	社会动员不力，专家参与和社会应急救援力量参与不足	基本信息数据库缺失，社会应急物资的利用不足	对社会力量的宣传、培训和演应不到位

① 周跃云等：《建立健全我国突发灾害性灾害应急管理体制的建议——以2008年元月南方地区冰冻和雪灾为例》，中国经济出版社2009年版，第114—115页。
② 宋英华：《突发事件应急管理导论》，中国经济出版社2010年版，第24—25页。
③ 王宏伟：《应急管理理论与实践》，社会科学文献出版社2010年版，第114—115页。
④ 沈一兵：《系统论视野下城市突发公共事件的生成、演化与控制》，科学出版社2011年版，第110—113页。
⑤ 徐向华等：《特大城市环境风险应急管理法律研究》，法律出版社2011年版，第9—20页。

取用的特尔菲法。特尔菲法又称为德尔菲法，其实就是一种背靠背的专家意见征询法，具体是由兰德公司的数学家赫尔默和他的同事多尔基研发出来的一种调查分析专家意见的有效方法。这种方法大致是，通过简单扼要的专家意见征询表，就有关问题征求一组专家的意见，并在征求专家意见的过程中，采取一种背靠背的方法加以有效控制，以尽可能地获得专家们可靠的意见。[①] 当时研发出这种方法，主要目的是通过征求专家意见，以提高兰德公司的管理咨询服务水平。

在本研究中，笔者基于兰德公司的特尔菲法或曰专家意见征询法，设计了一种"专家专论评议法"。这种专家评议法的设计思路是，既然通过背靠背的方法征求一组专家的意见就可以有效应用于对某一事项的综合评估，那么，通过收集专家学者各自在其专门论著中就某一问题发表的评议意见，也能起到对某一事项进行综合评议的作用。事实上，专家学者在其论著中就某一问题发表的评议性意见，不仅具有背靠背的特点，而且具有研究的性质，比专门对他们开展意见征询活动所获得的意见更为客观真实，更能持之有据。通过将他们的意见收集并综合起来，按理来说，完全有可能达到或超过采用特尔菲法征求专家意见的效果。另外，专家专论评议法实际上是专家咨询法与文献分析法的有机结合，它不仅能达到文献分析的基本目的，同时，通过对专家学者在其论著中发表的经过科学分析、深思熟虑的评议意见的汇总，更能取得高端的专家评议综合效果。

在我国灾变危机管理体制形成与发展的历史回顾中，笔者通过初步的文献调查发现，关于我国灾变危机管理的现有体制，近几年来已有不少专家学者进行过一定评议。在这些评议中，有对灾变危机管理体制的专门性评议，也有在论述其他灾害应急管理问题时发表的评议意见。为了更清晰、更客观、更系统地反映专

---

① 秦麟征:《预测科学》，贵州人民出版社1985年版，第190页。

家学者对我国灾变危机管理体制的评议意见，我们从中国知识资源总库中抽选了 2001 年以来发表在正式刊物上的 6 篇相关论文和从最近几年出版的著作中选取了 4 本专著，并根据内容分析法对这些评估意见进行了键词标注和指标分类。所列指标均是与灾变危机管理体制密切相关的指标，具体分为六项，即"决策机构、职能结构、法律制度、社会动员、保障系统、人才培养"。现按此将 10 种论著中的专家评议意见汇总成表（见表 3 - 1）。通过该表，可以总体把握灾害研究领域的 10 多位专家学者对我国灾变危机管理原有体制的评议意见。

二　我国灾变危机管理体制的缺陷审视

由表 3 - 1 中的专家评议意见可知，我国现行的灾变危机管理体制具有明显的"一元性与分散性"、"固化性与临时性"、"举国性与行政性"等矛盾表现。通常来讲，具有这样一些矛盾表现的灾变危机管理体制在运行中存在上表中所揭示的这样的或那样的缺陷乃是难以避免的事情。例如，"分兵把守、各自为战，应急协调不力"，"专群结合的应急管理机制尚未形成"等，这些缺陷不仅产生于基本管理体制的矛盾运动之中，而且产生于管理运行中衍生出来的管理摩擦之中。系统归纳和分析我国灾变危机管理体制存在的有关缺陷，不仅对于本项目研究具有基础作用，同时，对于我国政府开展灾变危机管理决策也有参考作用。根据上述文献内容分析的结果，加上笔者平时对灾变危机管理进行的实际考察和思考可以得出，我国灾变危机管理现有体制的缺陷主要表现如下：

1. 缺乏综合的决策管理机构

我国的灾变危机管理，尽管一直实行的都是一种高度集中、高度组织化的管理体制，然而，我国却缺乏综合的开展灾变危机管理的决策管理机构。这一灾变危机管理体制的缺陷，直接影响了我国灾变危机管理的统一指挥和有效协调，从而在一些综合性、复杂性的自然灾害救助中，发生了更严重的危机。以 2008 年

1 月发生的"南方冰雪灾害"期间的灾变危机管理为例，"在这次冰雪灾害中气象部门和电力部门缺乏有效的沟通，气象信息未能对电力设施的建设与运行起到应有的指导作用"①。同时，在处理冰雪灾害带来的旅客运送的问题上，由于部门利益的作用，铁道部门不顾实际情况，从而引发了旅客踩踏致死的次生性严重公共危机事件。各省交通部门则由于害怕担责，在未采取有效措施之前迅速关闭了高速公路，从而将大量车辆赶到了安全等级远不如高速公路的国道和省道上，造成了灾区几个省份的国道、省道严重堵塞，继而全面瘫痪。

我国现行的灾变危机管理系统，从体制上来说主要是依赖于各级政府的现行行政机构来领导和运行。在灾变危机管理中，通常是针对某一灾变危机事件，由中央政府或各级政府有关部门抽调部分人员组成非常设机构进行灾变危机管理。待灾变危机得到平息后，这种临时机构就会被及时撤销。尚且不能说这种做法没有任何好处，建立非常设机构至少可以减轻政府的行政负担。但是，非常设机构具有临时性，这种临时性往往会一方面造成灾变危机预警环节的事实性缺失，另一方面也难以对灾变危机管理进行总体的策划和有效的协调。实际上，在一些西方国家和其他国家，它们根据灾变危机管理的历史经验和教训，早已建立了综合性的灾变危机管理综合机构。例如，美国建立了"联邦紧急事态管理局"，加拿大设置了"紧急事务办公室"，日本建立了各级"防灾委员会"，俄罗斯设立了"紧急救助部"②。这些国家的经验，确实值得我国认真借鉴。

2. 缺乏有效的功能整合机制

借由各级政府的现行行政机构来进行灾变危机管理的体制，在很大程度上延续了部门分工管理、地区分级管理的行政体制。

---

① 周跃云等：《建立健全我国突发性灾害应急管理体制的建议——以 2008 年元月南方地区冰冻和雪灾为例》，《防灾科技学院学报》2008 年第 2 期。
② 宋英华：《突发事件应急管理导论》，中国经济出版社 2009 年版，第 109 页。

这种体制的好处是各司其职，各负其责，有明确的分工，有明确的责任。然而，这种灾变危机管理的体制，也带来了一个严重的问题，即在灾变危机管理中，容易造成政府各部门、各系统的各自为政，以及各级政府之间应急管理体系相互孤立的局面。前面提到的"南方冰雪灾害"时期，由于我们采取的就是这样一种灾变危机管理体制，因而在实际运行中，政府各部门以及不同省区的职能责任受到部门利益和地方保护主义的严重冲击。各部门、各系统和各地区之间各思其利，各避其害，步调不一，协调不畅，不仅造成了各部门、各系统和各地区的功能难以整合，而且相互之间还出现了功能相互抵消的情况，严重影响了抗灾救灾工作的顺利进行，以致后来需靠总理亲临现场进行指挥和协调，才阻止了不利局面的进一步扩大。

我国现有的部门分割、职能分散的灾变危机管理体制，按常理讲，在很大的程度上只适应于对小型灾害、单一灾害过程中的灾害应急管理，而不适应于对重大灾害、复杂灾害状态下的灾变危机管理。具体地说，我国目前的灾变危机管理的职能分散于各个部门、各个系统，在灾害不大、灾种单一的情况下，地震管理部门管地震、水利部门管水灾、气象部门管气象灾害，应该说也没有什么大的问题。可是，从近年来我国高密度发生的影响重大的多次自然灾害来看，当今很多的自然灾害往往都不是小型灾害、单一灾害，而是重大灾害、复杂灾害，或由某种单一灾害迅速转化为多灾并发的复杂灾害。在这种情况下，单纯依靠某个部门或某个系统来进行灾变危机管理是有问题的。这种问题主要来自于某个部门或某个系统综合功能的缺乏。即使在临时组建的各级灾害应急管理领导小组的主持下，要快速实现多部门、多系统的功能整合也难以很快奏效。

3. 缺乏完备的灾管法律体系

将灾变危机管理纳入法制化的轨道，通过出台相应的法律法规来界定政府灾变危机管理主体在灾变危机状态下的职责、权限，理顺政府各部门、各系统、各地区之间的横向协同关系，以及不同层级的政府部门之间的纵向协同关系，充分调动社会组织与公民个人参与灾变危机管理的积极性，保证灾变危机管理工作有序进行，是建立高效灾变危机管理运行体系的迫切需要，也是完善灾变危机管理体制的迫切需要。近些年来，我国在灾变危机管理的法制化建设方面已经做了大量的工作，取得了较好的成绩。尤其是在 2003 年"非典"事件以后，我国先后出台了包括灾变危机管理在内的突发事件应急的法律达 35 件，行政法规 36 件，部门规章 55 件，党中央和国务院及有关部门文件 113 件。① 尤其是 2007 年 11 月 1 日起正式施行的《突发事件应对法》，更成为我国应急法制建设的纲领性法律。这些都对我国灾变危机管理的规范起到了重要的保障作用。

但是，我国的灾变危机管理的法律体系虽然已经有了一定的基础，但还显得相对分散，不够统一，不够完备。主要表现是：第一，到目前为止还没有一部灾害应对基本法。第二，现行灾变危机管理法律法规显得比较零散。尽管《防震减灾法》、《防洪法》、《消防法》等专门法对各专门灾害管理部门的责任、管理权限作出了相应规定，但这些都是单灾种防灾法，这虽然有利于在灾变危机管理中具体问题具体对待，但给人的感觉却很凌乱和没有头绪。这种情况，"如果从应付一些常见的灾害应急工作来说还是可以的，但是，对于那些不常见的灾害应急工作或是当出现了多灾并发的情况时，如何来开展应急工作，至少在目前是缺少充分的法律依据"②。第三，既有的各类灾变危机管理法律的清理与同步化不足。③ 例如，在《突发事件应对法》等新的法律实施后，如何对现行法律法规进行清理和规范，使其与新颁布的法律相统一，也是值得重视的。

---

① 徐向华等：《特大城市环境风险与应急管理法律研究》，法律出版社 2011 年版，第 96 页。
② 宋英华：《突发事件应急管理导论》，中国经济出版社 2009 年版，第 115 页。
③ 同上书，第 97 页。

4. 缺乏明确的社会参与渠道

正如前面已经提及的，我国现行的灾变危机管理体制，在一定的程度上来说是一种按照政府行政系统的行政模式建立起来的政府总揽体制。这种体制在举全国之力、解决灾变危机管理的应急问题中往往具有较高的效率和较好的效果，但如果走向极端，则往往会具有较强的封闭性和排他性，从而致使各类企业组织、事业单位，尤其是社会组织和公民个人，很难从社会协同和社会参与的角度参与到灾变危机管理中来。这里的原因在于，由于政府系统的官员负有一种直接的责任，他们往往担心社会组织和公民个人的参与会给他们添麻烦、造乱象，因而往往把社会组织和公民个人阻隔于灾变危机管理的系统甚至环境之外。即使需要用到社会力量，也是通过行政组织的调遣或者通过行政动员的方式才放心使用。由此而来的结果是，政府部门对社会动员重视不够，社会参与渠道非常狭窄，一些社会力量和社会资源难以在灾变危机管理中真正发挥作用。

根据有关专家的说法，目前我国的灾变危机管理体制属于一元性应急反应结构，政府及其相关部门对灾变危机管理进行全面的安排，完全是政府一班人甚至一个人唱主角，社会动员力不足。各类社会组织、经济组织、公众以及舆论处于被动员、被安排的地位。[①] 这种灾变危机管理体制虽然在应急管理过程中有着很强的行政动员能力和临时号召力，但久而久之，参与灾变危机管理的公众和一些非政府组织的积极性会受到削弱。这种情况，通常是由人们的参与类型所决定的。人们参与灾变危机管理可以分为两种类型：一是自愿性参与——积极的、主动的参与，这种参与是真正的社会参与，通常能够做到可持续发展；二是规制性参与——消极的、被动的参与，这种参与不属于真正的社会参

---

① 沈一兵：《系统论视野下城市突发公共事件的生成、演化与控制》，科学出版社 2011年版，第 112 页。

与，容易使人们产生"疲劳现象"①。在现行灾变危机管理体制下，人们的社会参与更多的是规制性参与，原因在于目前他们还缺乏明确的社会参与的可行渠道。

5. 缺乏社会的保障支撑系统

我国目前的灾变危机管理体制的政府包揽特性，意味着灾变危机管理的保障支撑系统也得由政府来独家建构，即使有社会资源的汇入，也都得纳入政府管理与支配之列。这种情况虽然可以发挥政府部门的权威性而实现吸纳社会资源的有效性，但从另一方面来讲，社会上也存在着另一种社会组织和公民个人，他们不愿将自己的资源纳入政府管理与政府支配之列，他们希望自己提供的资源能够直接进入最需要的地方甚至特定的需要救助的个人手中。最近几年来，尤其是"郭美美事件"发生后，一些社会资源的提供者甚至不愿将有关的资源捐赠给像"中国红十字会"这样的著名公益组织。② 灾变危机管理的人力资源部分也出现了一些特别的情况，有的专业人士宁愿当个人志愿者，也不愿意以政府组织或准政府组织的名义参与灾变危机管理活动。这类情况尽管不能拿来以偏概全，但在社会中却有流行开来、弥漫开去的趋势，应该引起我们的足够重视。

当前社会上有一种典型的观点，认为"举国体制"是一种好的体制，也是效率很高的体制。这种观点在很大程度上是能够接受和可以认同的。但是，在灾变危机管理中，社会协同与公众参与的问题不解决，单纯依靠政府的力量开展灾变危机管理不仅在管理体制上是有缺陷的，而且在管理运行上也会有低效率的表现。比如，社会中存在大量的社会资源，包括人力资源和经费资

① 谢俊贵：《救灾捐助中的情感疲劳与社会调适》，《广东社会科学》2012年第2期。
② "郭美美事件"是指2011年6月20日，郭美玲在网上公然炫耀其奢华生活，并称自己是中国红十字会商业总经理而在网络上引起轩然大波。6月22日中国红十字会称"郭美美"与红十字会无关，新浪也对实名认证有误一事而致歉。自2011年6月下旬"郭美美事件"等一系列事件发生后，我国社会捐款数额以及慈善组织捐赠数额均出现锐减（见百度百科"郭美美事件"词条）。

源，这些社会资源可以成为灾变危机管理保障支撑系统完备建构的重要组成部分，至少可以作为灾变危机管理保障支撑系统的有益补充。然而，"举国体制"作为一种"自上而下"和"自下而上"的组织运行体制，是一种垂直体制，它所遵循的是在"体制内"解决问题，横向沟通协调能力较弱，或者说对横向协调重视不够，因而对于社会上的各种社会资源缺乏内生性吸纳能力，或者让其直接注入灾区的机制，从而这种体制也存在缺乏"社会的"保障支撑系统的严重不足。

6. 缺乏良好的人才成长环境

明确地说，我国当前的灾变危机管理举国体制仍然是一种应紧体制。这一点可以从对举国体制的基本解释中看得出来。目前对"举国体制"比较权威的解释是：在国家综合实力还比较弱的情况下，为了短时间内形成突破，从而采取集中全国人力、物力、财力进行攻坚的一种组织制度。也就是说，我国目前综合实力还不强，为了应对各种大事、急事，我们还必须采取集中全国人力、物力、财力进行攻坚，这就是我们为什么要实行举国体制的客观社会经济原因。正因为如此，我国在灾变危机管理过程中，往往具有一种"大敌当前"临时迎战的感觉。这种临时迎战不仅体现在组织机构临战成立、救灾物资临时征集、救灾经费临时划拨，而且体现在各类专业救灾队伍临时调遣方面。在近年发生的几次重特大灾害事件的灾变危机管理中，都体现出我国专业应急救援救助人才的不足。这说明，当前的举国体制客观上造成了专业的救援救助队伍成长环境的缺陷。

客观地说，在灾变危机管理中，依靠"人民战争"的战略战术固然重要，但充分发挥专业救援救助队伍的作用更有必要。然而，我国的专业救援救助队伍严重不足。据有关资料表明，目前所有的应急救援专业队伍基本上只有中国国家地震灾害紧急救援队（又称为中国国际救援队）。"这支专业队伍即使在 2010 年 6 月扩编一倍以后也只有 480 人左右。""相比之下，俄罗斯有 50

多万人的专业救援队伍，中亚许多国家也有几万人的队伍。"① 而我国的专业救援队伍基本上只能对局部受灾区域进行救援。大部分救援工作必须依靠军队、武警的官兵。俗话说："铁打的营盘流水的兵"。其实，部队官兵在灾害救援方面虽然能够冲锋陷阵，但专业化程度却不高。另外，灾害救助工作专业人才也十分缺乏，2008 年的汶川大地震，一些灾害社会工作者系由香港社工简单培训后临时上阵。这反映出我国对灾变危机管理中救援救助专业人才培养显得投入不够。

三　我国灾变危机管理体制的改革呼声

人们习惯上称为"政府包揽体制"、"举国体制"等的我国现行灾变危机管理体制，应该说，它确实在我国国家综合实力还比较弱的情况下，为我国的抗灾救灾工作（尤其是各种重特大灾害的抗灾救灾工作）起到了十分重要的作用。这种体制的正功能是不容抹杀的，也是不容抹黑的。借由这一体制，我国连续取得了应对 2003 年"非典"、2008 年"南方冰雪灾害"、"汶川 8.0 级大地震"和 2011 年"玉树地震"等重特大灾害的胜利。"有人把近年来不同社会制度国家应对特大自然灾害的表现进行了比较，得出的结论是：'中国式救援无与伦比'，'赈灾凸显了中国的制度优势'。"② 然而，正如有学者所言："面对来之不易的成绩，我们必须清醒地看到，这是经过多方面的不懈努力和多种有利因素共同作用的结果"。客观地讲，我国灾变危机管理体制还存在不尽完善、不尽明晰、不尽健全的地方，学术界对此提出了加强改革、加快完善的呼声。

1. 努力改变部门分割条块分割的现象

众所周知，我国现行灾变危机管理体制实际上是一种行政对

---

① 张建伟：《自然灾害救助管理研究》，中国商业出版社 2011 年版，第 120—121 页。
② 刘云山：《启示与思考》，《求是》2008 年第 19 期。

接型管理体制。有学者认为，"由于中国现行行政体制的特点，突发事件应急管理过程中的部门分割、条块分割现象严重，分兵把守，各自为战，应急协调不力，资源整合能力与快速反应能力有待进一步提高。这导致了一系列的消极后果：应急信息共享不足、沟通不畅，影响了应急决策与处置的效率；应急机构规格不统一，彼此间的合作、协同程度低；应急救援物资的储备缺少统筹安排，既不利于集中使用、统一调配，又造成了重复储备的现象；应急救援'单队单能'现象严重，缺少综合性救援队伍，突发事件应急管理保障机制有待于进一步完善"①。这是对我国现行灾变危机管理体制所存在的部门分割条块分割现象的一幅素描。

针对上述部门分割条块分割现象，有学者更从"5·12汶川大地震"提出了具体反思，一位叫老孙的网友发文认为："在处置突发灾害及事件的过程中，各机构职能重叠、政出多门的弊病更显露无遗。如'5·12汶川大地震'至少牵扯到民政部、交通部、铁道部、卫生部、国资委、工业和信息化部、人力资源部和社会保障、税务总局、环保部、国防部、中央军委、宣传部、组织部等。以上部门必按自己行政职权对救灾工作发出各项政令，结果导致地方政府在救灾的同时要对这些政令一一落实，分散了救灾的注意力。实际上，国家已经成立了抗震救灾总指挥部，川、陕、甘等省也成立了相应的机构，以上政令完全可以经总指挥部汇总、精简后发出，这样既节省了行政资源，又可以防止政出多门的现象。"②

2. 切实破除重救轻防、防不胜防的观念

现行的灾变危机管理体制，客观上也助长了某些人"重救轻防"、"防不胜防"观念的形成甚至固化。有的地方官员就觉得，反正自然灾害也没办法预料，一旦到来中央政府也会通过"举国

① 王宏伟：《应急管理理论与实践》，社会科学文献出版社2010年版，第24—25页。
② 老孙：《质疑举国体制：谈现行救灾体制的漏洞》（2008-5-27），http://www.my1510.cn/article.php? e15fd3c50214cfa9。

体制"解决问题，因而对防灾减灾明显重视不够，这给国家和人民生命财产带来的危害和损失是巨大的。有学者在"中国民主同盟"网发文指出："在城市灾害管理上形成的'重救轻防'的旧观念，导致在防灾减灾的物质投入上长期不协调，以致造成'前不能治本，后不能治标'的尴尬局面，这既使有限的防灾减灾投入难以充分发挥作用，又弱化了城市灾害应急管理能力的建设，使城市应对极端事件打击的能力变得更加脆弱。"[1] 有关学者明确建议，各级政府必须转变观念，自觉担当起防灾减灾投入主体的责任。

"重救轻防"的做法与"防不胜防"的思想都是一种陈腐落后观念作怪的表现，它是生产力不发达、科学技术落后时代的产物。然而，在当代科学技术日益发达、社会生产力不断提升的情况下，这种陈腐落后观念的继续存在，明显地有着体制缺陷的原因。有学者认为："中央政府包揽救灾工作的一切，无论是大灾、中灾、小灾，还是灾时的紧急救助、灾后恢复重建和灾民生活安排，中央政府的资金投入始终占据主导地位，地方政府在救灾方面仅仅负有上报灾情和发放救助款等方面的责任，有关救灾方面的政策和决策都由中央根据地方政府反映的灾情来统一制定。"这实际上助长了地方的"等、靠、要"思想。[2] 看来，不对灾变危机管理进行改革，不从体制机制上设法解决问题，显然是不行的。

3. 全面建立多方合作有效沟通的制度

正如前述，在现行灾变危机管理体制下，灾变危机管理牵涉到许许多多的部门。这些部门平时是各司其职，各尽其责。但在灾变危机到来之时，他们都应当聚集在统一的抗灾救灾总指挥部

---

① 王绍玉：《关于尽快开展城市灾害应急能力评价的思考》；丁石孙：《灾害管理运行机制》，群言出版社 2004 年版，第 171—201 页；王绍玉、冯百侠：《关于尽快开展城市灾害应急能力评价的思考》（2008 - 5 - 26），http：//www1. mmzy. org. cn/html/article/1247/5116509. htm。

② 张建伟：《自然灾害救助管理研究》，中国商业出版社 2011 年版，第 100—101 页。

之下，多方合作，有效沟通，为战胜灾害贡献力量。① 然而，有学者注意到："中国突发事件的应对合作性欠缺。"这种欠缺不仅体现在政府各部门之间，而且体现在应急管理部门与其他机构之间。如应急管理部门与媒体的合作需要规范化，信息披露与发布制度尚不健全，不利于传播权威信息；应急决策部门与专家，尤其是社会科学专家缺少长期、稳定的合作关系，导致"外脑"作用受到限制；应急的军民合作潜力需要深入开发；相邻省市的应急区域合作尚未全面展开；应急管理的国际合作有待加强。②

具体谈到政府各部门之间的多方合作与有效沟通问题，我国灾害社会学专家段华明就 2008 年"南方冰雪灾害"谈了自己的感想。他认为："2008 年雨雪冰冻又逢春运，传达信息不统一、不协调的问题值得深刻反思。铁路部门和广东地方政府分别立足于尽快恢复交通和就地疏散人流的不同目的，对短期气象情况和道路交通状况的信息发布存在显著差别，并一度引发铁路部门和广东决策当局的激烈纷争。"这是一起"不能做到信息的沟通协调，缺乏信息共享，造成信息混乱"的事件。这起事件"不仅使公众无所适从、利益受损，还给管理部门造成极大的麻烦，抽调上万名公安、武警和解放军维持秩序，导致更大的管理成本。"更可悲的是，一名旅客还在火车站"被失控人流践踏致死"③。

4. 加快完善社会协同公众参与的机制

现行的灾变危机管理体制，在社会协同、公众参与方面所存在的问题更是一个非常明显并且十分重大的问题。有学者从社会动员能力的角度指出："中国政治动员能力强，社会动员能力弱，尚未建立起一个能够有效组合政府、市场和第三部门各

---

① 2008 年 5 月 17 日，国家主席胡锦涛在四川召开的抗震救灾工作会议上的讲话指出：越是危急的时刻，越要加强领导。地方、部队及各方面救援力量要实行统一领导、统一指挥，特别是要加强军地协调，要确保中央的决策部署能落实到市、县、乡、村的实际工作中去，尽快形成大力协同、密切合作的机制。

② 王宏伟：《应急管理理论与实践》，社会科学文献出版社 2010 年版，第 24—25 页。

③ 段华明：《城市灾害社会学》，人民出版社 2010 年版，第 225 页。

种力量应对突发事件的社会动员机制，没有形成网络状的应急管理体系。"① 发表于海南省政府网站的一篇未署名提案更进一步地认为："政府对社会组织和企事业单位持一种不信任态度。认为社会组织和企事业单位参与灾害风险社会管理会削弱政府的职能和权威，政府有时还存在着求稳的保守观念，希望将危机风险内部消化，担心外部力量介入带来不稳定因素。因此比较排斥社会力量的参与，直接影响社会力量参与灾害风险社会管理的积极性。"②

有关公众参与方面的问题，也有学者通过调查分析谈出了自己的看法，认为当前公众参与灾变危机管理严重不足，其主要原因在于：第一，政府支持不足是公众参与无力的最主要原因。政府长期以来扮演了"全能政府"的角色，虽然公众是自愿参与灾害救助，但政府对其贡献视而不见。第二，出现信任危机是公众参与消极的原因之一。公众对于参与政府进行救灾工作产生怀疑心理，大大降低了公众参与灾害救助的积极性。第三，公众难以实现组织化、制度化是重要原因。第四，专业知识匮乏、态度消极以及自私的考虑也是不可忽视的因素。论文作者还从重视公众参与、建立全民灾害救助教育与培训机制、灾害捐助互信机制、志愿者配套激励机制等方面提出了自己的合理化建议。③

第三节　灾变危机管理社会协同的必要

法国社会学家迪尔凯姆认为："在一定的社会中，一个社会现象是否为规则现象，与这个社会的一定发展阶段相联系，在同一类

① 王宏伟：《应急管理理论与实践》，社会科学文献出版社 2010 年版，第 24—25 页。
② "关于加强灾害风险社会管理机制建设的建议"（2012 - 5 - 30），http：//www. hainan. gov. cn/code/V3/tian/zxta. show. php？id =4876。
③ 陈莉莉、江静：《公众参与灾害救助体系的对策研究——基于浙江舟山市的调查》（2011 - 9 - 21），http：//www. dhmz. gov. cn/show_ detail. asp？id =1520。

型的各种社会中，确定一个社会现象为规则现象，必须考虑与这种社会相联系的进化时期。"① 事实上，通过对上面提及的 10 篇论著开展进一步的内容分析可知，我国灾变危机管理体制的专家评议，大多是在我国当前经济社会发展新的历史背景下提出来的。这里的新的背景主要是我国社会主义市场经济背景、社会快速城市化背景以及社会管理体制改革的背景。也就是说，这些专家意见大多数是针对灾变危机管理原有体制在现实社会状况下的社会适应性短缺所发表的意见。它体现出我国在新的社会历史条件下灾变危机管理体制改革与完善的现实必要性。当然，我国灾变危机管理体制改革与完善的头绪很多，在本研究中，我们无法全面进行讨论。根据本课题的研究目标，我们仅仅从社会协同的角度，来讨论我国灾变危机管理体制改革与完善，尤其是建构灾变危机管理社会协同体制的现实必要。

一　基于灾变危机管理要素的分析

　　灾害管理是一项系统工程，重特大灾害情况下的灾变危机管理更是一项宏大系统工程。这一宏大系统工程乃由多个要素组成。按照管理学史的一般说法，最早人们普遍认为，人、财、物是构成管理系统的三个基本要素。后来，人们又将时间要素、信息要素、无形资源等纳入管理要素之列。所以，目前管理学已将管理要素分为人员、资金、物资、文化、技术、信息、时间、组织、环境、社会关系 10 个要素。然而，管理要素如此零散并不利于人们整体上构建管理系统，把握管理活动。为此，现将灾变危机管理要素分为四类（管理主体、管理对象、管理方式、管理体制），就灾变危机管理对社会协同的需要进行分析。

　　1. 基于灾变危机管理主体的分析

　　从管理主体的构成来看，灾变危机管理主体有单一主体与

---

① ［法］迪尔凯姆：《社会学方法的规则》，胡伟译，华夏出版社 1999 年版，第 52 页。

多重主体之分。所谓单一主体，是指灾变危机管理的主体只有一种组织，这种组织拥有或具备灾变危机管理的全部责权，主持和承担灾变危机管理的所有任务。这种组织通常就是政府组织或政府机构。所谓多重主体，是指灾变危机管理的主体具有多种组织（具体包括政府组织、政府举办的事业单位、企业组织、社会组织等），多种组织按照统一的灾变危机管理目标，共同参与到灾变危机管理之中，分别行使灾变危机管理的责权，共同承担和完成灾变危机管理的各项任务。就我国来讲，由于以往的灾变危机管理均由政府负责，甚至是"大包大揽"，站在管理主体的角度来分析，我们一直实行的乃是一种单一主体的灾变危机管理。

单一主体的灾变危机管理，虽然可以表明政府的完全责任意识和切实负责态度，并具有较强的行政动员能力和应急管理能力，有利于实行"举国体制"，使灾变危机管理的效率得以充分彰显，但是，民众给政府让渡的并非完全权利，政府掌管的资源（包括人力资源、物质资源、技术资源、信息资源、社会资源、文化资源、组织资源、情感资源等）毕竟有限，要全面利用这些资源有效解决灾变危机管理的所有问题，提高灾变危机管理的效益，事实上存在较大的困难。因此，在新的历史时期里，灾变危机管理开始向多重主体的方向发展。然而，多重主体虽然可以解决灾变危机管理的资源问题，但也存在着协调、配合的困难和问题，为此，切实强调灾变危机管理的社会协同显得非常重要。

2. 基于灾变危机管理对象的分析

灾变危机管理的对象当然是灾变危机。灾变危机作为灾变危机管理的对象有其基本特征，如多因所致特征、连锁危机特征、严重危害特征等。20世纪30年代，海因里希（Heinrich）在研究灾变事件的发生时提出了多因所致理论。他认为，灾变事件和人员意外伤害等，乃源于一连串互为因果的事件所致。海因里希建立了骨牌效应理论（Domino Theory）。他觉得灾变事件的表现过程类似于骨牌效应。所谓骨牌效应，即第一张骨牌倒下会推倒第二张，第二张则会推倒第三张，以此类推。灾变过程中的骨牌效应，就是灾变危机的发生可能形成许多的次生性危机和连续性危机。20世纪70年代，哈登（Haddon）在分析了灾变事件的产生过程和原因后，也提出了著名的能量释放理论（Energy Release Theory）。

综合海因里希和哈登的分析，我们可以知道，所有灾变事件的发生均可视为一种"能量失控"现象，无论自然灾害还是社会危机，都是由其相关因素积累到一定程度并使张力达到极限时，所有能量瞬间爆发并全数释放出来的结果。这种能量的瞬间爆发会对人类社会造成极大的危害，甚至一发不可收拾的次生性危机和连续性危机。另外，绝大多数灾变事件并不能具体说是由哪一个人造成的，人们并没有办法找出灾变事件本身的责任人，即使在有的灾变事件中能找到责任人，但任何单个的个人甚或单一的组织都没有能力承担灾变事件带来的各种人员伤亡和财产损失的责任，更无力因应灾变事件的严重危害。因而，广泛的社会参与和高度的社会协同便成为灾变危机管理的一种客观需要。

3. 基于灾变危机管理方式的分析

当代社会是一个基于自然科学的快速发展而导出的一个"工业社会"。"工业线性化"客观上"使人文社会科学和自然科学分离"①，从而形成了相对的两种管理方式和因应思路：一是灾变事件本位论，认为灾变事件乃自然事件，灾变事件的因应处理是灾变危机管理的核心，处理好灾变事件本身，灾变危机就能有效消除，社会问题就能迎刃而解。二是社会危机中心观，认为灾变事件是社会事件，灾变之危机主要不在灾变事件本身，而在因灾而起的社会突变，即灾变对社会秩序、社会心理、社会生活

———————————

① 李德昌：《信息人社会学——势科学与第六维生存》，科学出版社2007年版，第2页。

的严重影响，灾变危机管理工作的关键点是社会秩序和社会生活的管理。为此，前者便从技术的角度设计了灾变危机的管理程序和控制方法，后者则从社会的角度提出了灾变危机的各种社会因应策略。

毋庸置疑，这两种决策范式和因应思路都有其科学依据，且都有其实际成效。但事实上，任何单一的管理方式和因应思路都有其功能局限，都难以解决灾变事件造成的复杂问题，包括自然科学问题和社会科学问题。国内外各种巨灾应对的实践经验证明，只有实行自然科学与社会科学之间的联合和协作，才能真正有效地化解灾变事件及其引起的社会危机。对于这种观点，国内学者已经具有较充分的认识。王宏伟就认为："应急决策部门与专家，尤其是社会科学专家缺少长期、稳定的合作关系，导致'外脑'作用受到限制，应急决策的科学性、可行性减弱。"[①]　正因为如此，在现代社会的灾变危机管理中，尤其是在复杂灾害管理的决策中，加强学科协同、整合决策范式也就成为一种十分迫切的社会需要。

4. 基于灾变危机管理体制的分析

灾变危机管理有个体制问题。就我国来讲，我国对灾变危机管理非常重视，并取得了较为丰富的经验，形成了一种初具某些社会协同意义的应对灾变事件的"举国体制"。像 1998 年的长江特大洪灾，2003 年的"非典"危机，2008 年的南方冰雪灾害和汶川特大地震，都通过举全国之力，取得了重要的抗灾成果。但是，传统的"举国体制"基本上还是"习惯运用政府手段进行灾害管理和救灾，而缺乏市场化的应对机制"[②]，在当前经济体制变革和社会急剧转型的年代已受到一定的挑战。主要原因在于，传统的"举国体制"还只是一种行政性特征十分明显的权威管

---

① 王宏伟：《应急管理理论与实践》，社会科学文献出版社 2010 年版，第 25 页。
② 姚庆海：《巨灾损失补偿机制研究——兼论政府和市场在巨灾风险中的作用》，中国财政经济出版社 2007 年版，第 2 页。

理体制，而非一种社会性特征充分彰显的协同管理体制，社会协同水平不高是显见的社会事实，同时也是我国学术界明确的学术结论。

进一步地说，目前我国还没有真正建立一个因应灾变危机的社会协同体制，不仅仅是社会组织的社会参与程度不高，社会协同能力不强，从而使因应灾变危机的社会协同作用有限，而且在行政系统内部，多部门协同问题也没能完全实现，这也招致了某些学者的严厉批评。由于当今社会的急剧转型和公民意识的渐渐觉醒，政府某些方面的权利在相对削弱，企业组织、社会组织（或称第三部门）和公民个人的权利在一定程度上得以回归，社会组织参与灾变危机管理的积极性也在相应地得到提高。在这种情况下，再不建构一套科学、完备的灾变危机管理社会协同体制，要想全面改善我国灾变危机管理的现实状况定会有很大困难。由此可说，社会协同是改善我国灾变危机管理现实状况的急切需要。

二　基于灾变危机管理过程的分析

美国应急管理署（FEMA，1991）认为应急管理都有一个过程，"应急管理就是有组织的分析、规划、决策与调配可利用的资源，针对所有危险的影响而进行的减缓、准备、响应与恢复"①。灾变危机管理也是一种应急管理，作为一种应急管理，灾变危机管理在技术路线和运行过程上也就大致相当于应急管理的技术路线和运行过程。具体来说，灾变危机管理也有四个阶段：一是灾变危机减缓（Mitigation）；二是灾变应对准备（Preparedness）；三是灾变应对响应（Response）；四是灾后恢复重建（Recovery），简称MPRR。从灾变危机管理过程的四个具

---

① 王宏伟：《应急管理理论与实践》，社会科学文献出版社2010年版，第68页。学术界的另一种排序是：备灾（preparedness）、救灾（response）、复原（recovery）、减灾（mitigation），（Fred C.，2008）。

体阶段来看，实际上它们都有着对社会协同的要求，而这些对社会协同的要求，就成为灾变危机管理社会协同必要性的客观依据。

1. 灾变危机减缓需要社会协同

所谓灾变危机减缓，是指减少影响人类生命、财产的自然的和人为的致灾因子或降低社会脆弱性的行动。它包括预防灾害和减少损失两个方面。① 对于灾变危机管理应否有一个灾变减缓的阶段，这一问题在国内外学术界都做过一定的讨论。一般认为，灾变危机管理应该有灾变减缓这样一个阶段或环节。哈多与布洛克从应急管理的角度认为，应急管理的简要定义是应对风险和规避风险的学科。既然不只是应对风险也还包括规避风险的学科，那么，对于灾变或灾变危机就应该有一个规避或减缓的阶段或环节。威廉 L. 沃也表达了这一思想，他认为："用最简单的话来说，应急管理就是风险管理，其目的是使社会能够承受环境、技术风险以及应对环境、技术风险所导致的灾害。"② 美国应急管理署讲得更明白，缓解（Mitigation）乃是应急管理或灾变危机管理的第一阶段。

灾变危机减缓是否需要社会协同呢？回答是必需的。我们知道，要减缓灾变或灾变危机，这种工作并非哪一个人、哪一个组织甚至哪一个政府部门就能全然做到的。它需要全社会的参与，需要政府部门、社会组织、企业组织甚至每一个社会成员协同一致的行动。以地震灾变危机为例，虽然地震从技术上来说既不容易预测，也不容易阻止，那么，就有从社会的角度做好减少地震灾害损失的必要。而要从社会的角度做好减少地震灾害损失的工作，光是政府部门或某一类机构都不可能做到，它需要以政府部门、社会组织、企业单位和广大居民的共同意识和协同行为为基

① 王宏伟：《应急管理理论与实践》，社会科学文献出版社 2010 年版，第 70 页。
② William L. Waugh, *Handbook of Emergency Management：Programs and Policies Dealing with Major Hazards and Disasters*, Greenwood Press, 1990.

础才能真正办到。正因为如此，美国学者威廉·L. 沃才非常自豪地说："我们拥有一个由公共机构、非营利组织和私人企业组成的全国性网络，它可以在自然和技术灾害发生的事前、事中和事后提供各种服务。"①

2. 灾变应对准备需要社会协同

灾变应对准备就是通过发展应对各种灾变或灾变危机管理的能力，以强烈的意识、清晰的思路、坚强的队伍、良好的条件来因应可能爆发的灾变危机。灾变应对准备的具体目标有三：第一，知道灾害影响发生后做什么；第二，知道如何去做；第三，装备适当的工具，有效率地去做。② 灾变应对准备的具体事情包括制定应急预案、建立预警系统、成立指挥中心、准备灾变应对条件，进行灾变应对教育，开展灾变应对演练等。其中演练是灾变应对准备的重要工作，甚至于所有的灾变应对准备都可以说是演练，也就是开展仿真模拟的灾变危机管理工作。无论是从广义的演练还是狭义的演练来说，美国学者威廉 L. 沃都在强调，应急管理应该包括演练，特别是针对响应和恢复阶段的演练。事实上，没有灾变应对准备或应对灾变或灾变危机的演练，事到临头就会感到茫然。

灾变应对准备也不是某一种灾变危机管理主体就能做好的工作。既然是灾变应对准备，那么，各种可能受到灾变或灾变危机影响的社会主体就都有参与准备的义务和责任。无论是政府的什么部门，还是何种社会组织和企业单位，无论是政府官员还是普通老百姓，只要是与灾变、灾变危机和灾变危机管理有关，就得参与到灾变应对准备或灾变应对演练中来。这本身就是一个社会协同的问题。更何况在灾变应对准备中，各种参

① William L. Waugh, *Handbook of Emergency Management*: *Programs and Policies Dealing with Major Hazards and Disasters*, Greenwood Press, 1990.
② Damon P. Coppola, Erink Maloney, *Communicating Emergency Preparedness*: *Strategies for Creating a Disaster Resilent Public*, Taylor Francis Group, LLC, 2009.

与准备的社会主体还有一个协同与合作的问题。没有各种参与准备的社会主体之间的协同配合和有效合作，准备工作就不充分，演练工作就不完整。灾变或灾变危机不发生则已，一旦灾变或灾变危机爆发，事到临头就不能有效应对，至少可能降低应对的效率和效益。

3. 灾变应对响应需要社会协同

灾变应对响应是在灾变或灾变危机真正发生的情况下，采取具体的行动应对灾变以挽救生命、减少损失。灾变应对响应是灾变危机管理过程中最重要、最为关键的阶段，是整个灾变危机管理工作的中心内容和核心环节。在这一阶段中，灾变危机管理的任务是：激活应急预案，启动应急系统，提供应急医疗救助，组织居民进行转移和疏散，搜索伤者或因灾失踪人员，保护和抢修生命线工程，保障灾区基本生活物资的供应，维护灾区社会治安，保持灾区社会秩序稳定。在突发性很强的灾变危机，如地震、火山爆发、山洪冲刷、泥石流等灾害中，要做的事情可能更多，而一些可以预见监测到的灾变危机，有的工作则可能在此之前就得以开展，如在某些水灾发生的时候，一般能在水位上升的过程具体观测到，所以居民的疏散等工作可以在真正造成严重灾害之前做完。

灾变应对响应阶段是灾变危机管理过程中最需要社会协同的时候。一方面是因为在这种情况下最需要各种社会主体或社会力量尽快地加入到灾变危机管理中来，以协同应对灾害的肆虐；另一方面是，在这种情况下，最需要各种社会主体和社会力量能够团结一心，有序参与，以提高社会协同的水平。之所以会有如此之说，是由于灾害应对响应阶段往往社会参与程度很高，而社会协同程度较低；或社会参与广度大，社会协同深度小。在汶川地震中就发生过这种情况，全国上下、五湖四海的各路人马如潮水般地涌入灾区，这本来是件好事，但也给灾区救灾工作的有序性、有效性带来了一定的麻烦，有的从外地赶来的救灾者不仅难以找到发挥自己作用的地方，反而客观上给灾区的交通添堵，给灾区的生活添乱。当然，我国在玉树地震灾害救灾中已经注意到这一问题。

  4. 灾后恢复重建需要社会协同

图3－1　恢复重建后的汶川县城①

  灾后恢复重建是指在灾害或灾变发生后所采取的一系列恢复灾区自然生态、物质设施和社会生活常态的工作阶段。在灾害和灾变发生后，尤其是一些重特大灾害发生后，灾区在自然生态、物质设施和社会生活方面可能变得面目全非，即使通过灾变应对响应的行动过程，灾区也只能是将人员和财产拉出了"水深火热之中"，灾区的自然生态、物质设施和社会生活并未能达到确保

---

① 这组照片系笔者2012年7月底在汶川考察时所摄，分别是县城一隅、汶川一小和美丽街景。

人们常态化生活的水平。在这种情况下，灾区的灾后恢复重建就成为一项重要的工作。而这种灾后恢复重建的工作过程，也就是灾变危机管理的第四个阶段。灾变危机管理的恢复重建阶段既是确保灾区居民有效生存的过程，也是设法让灾区居民在受灾之后还能获得较好的发展的过程，同时还是使整个灾区经济发展、社会进步、文化传承、生态文明等不至于因灾而受到严重影响的社会建设过程。

灾变危机的到来，给灾区带来的危害和影响是巨大的，也是多方面的。通常来讲，灾区因受打击巨大，凭自身之力，往往不能较快地进行恢复重建，地方政府也可能由于抗灾救灾而负债累累，从而严重影响当地的经济社会发展。这时，社会协同便有着更大的意义和必要。在汶川大地震后，为了尽快使灾区得以恢复重建，我国除开展了各省市、各大城市对口支援灾区的恢复重建外，还积极动员各种企业单位、社会组织等社会力量参与到灾区恢复重建中来，有钱出钱，有力出力，大大促进了灾区恢复重建的社会协同，从而使汶川大地震的受灾地区从基础设施、自然生态、居民住房、社会生产、社会生活、社会关系等方面都得到较快较好的恢复重建。2012 年 7 月，笔者到汶川地震灾区考察，亲眼看到了汶川地震灾区恢复重建的巨大成果和社会协同所发挥的重要作用。

三　基于社会协同管理功能的分析

当代社会是一个灾害多发的社会，也是一个急剧转型的社会，"不明的和无法预料的后果成为历史和社会的主宰力量"[①]，由复杂灾害造成社会灾难、引发社会危机的可能性日益增大。[②]而在我国，市场经济条件下的政企分离和单位制弱化又进一步增

---

① ［德］乌尔里希·贝克：《风险社会》，何博文译，译林出版社 2003 年版，第 20 页。
② 谢俊贵、李志钢：《复杂灾害社会协同管理基本问题探析》，《黑龙江社会科学》2010年第 5 期。

加了应对复杂灾害的困难，以至于在当前的复杂灾害来临时出现了大量伴生性社会问题和许多难以克服的实际困难。在这种情况下，关键的策略是要与时俱进，积极引入社会协同管理机制，全面建立社会协同管理制度，以切实提高各种复杂灾害的应对管理水平。之所以如此，是因为灾变危机社会协同管理比起传统的灾变危机管理具有更为理想的社会功能或社会价值。

1. 强化社会团结意识的功能

在灾变危机管理中，社会团结意识是指与灾变危机管理相关的社会主体所具有的一种团结防灾、团结抗灾、团结救灾的思想作风和道德意识。社会团结意识是一种自觉意识，社会团结意识来源于社会的集体意识。灾变危机管理需要全社会的参与，强烈的社会团结意识是实现灾变危机有效管理的重要基础。在传统的同质性社会中，社会意识的指向是外向的，有利于机械的团结；而在现代异质性社会中，社会意识的指向是多向度的，不利于机械的团结，但当社会受到外来压力和面临重大威胁时，社会意识会发生由内向外的转向。这一转向本身便能加强社会的团结意识。再加上我国正在建构"党委领导，政府负责，社会协同，公众参与"的中国特色灾变危机社会协同管理体制，这就更能为社会团结意识的增强提供催化，从而为应对灾变危机提供更为强大的社会能力。

在 2008 年"汶川 8.0 级地震"发生之后，时任国务院总理的温家宝同志当天下午就赶往地震灾区，当晚，中共中央决定成立抗震救灾总指挥部，全面负责抗震救灾工作。军队和专业地震救援队在受命后连夜赶往重灾区营救被困被埋群众。医疗卫生、救援消防、气象通讯、水利地质、道路交通、电力能源、工程抢险、防灾减灾、新闻媒体、社会工作等部门都快速行动起来，为地震救援提供人力、物力、财力、信息等的支持和协同。全国各地的志愿者在得知地震灾情后便有组织地或自发地行动起来，有的亲自赶往灾区实施营救或帮助受灾群众，有的为救援人员提供物资、交通、信息方面的帮助。这次地震带给中国人的是一场惨烈的灾难，但通过社会协同来面对和应对灾难，在地震救援过程中，各方面的应急能力和协作能力都大大提高，社会团结意识也得到了显著的强化。

2. 增进社会参与机会的功能

从 2008 年汶川特大地震灾害的抗灾救灾情况可以看出，在遇有灾变危机来临时，许多的社会成员和社会组织是乐意参与救灾工作的。但是，以往的救灾行动基本上是由政府包揽，人们一般没法参与。即使有所参与，也只是一种在行政性权威体制下的指派性参与，而非社会性协同体制下的自觉性参与。帕森斯把人们的社会行动分为规范性行动和志愿性行动两类①，在行政性权威体制下，我国灾变危机管理实际上大量的只是规范性行动，而非真正的志愿性行动。实行社会协同管理，因其注重充分发挥政府、市场和社会各自的优势和充分利用各种社会资源来进行抗灾救灾，于是，社会成员和社会组织便有了参与机会。这样，人们由灾变危机激起的自我保护的个体本能和帮助他人的社会情感，在社会协同管理条件下，便有可能由内在的行为动机转化为外在的直接行动。

社会参与可以分为很多的类型，如直接参与和间接参与，具体行动和道义支持等。社会协同管理可以激起各种社会参与。据估计，在汶川特大地震的救灾过程中，全国有数十万的志愿者参与了灾区的救援、安置、疏导、心理安抚、社会工作等方面的救灾行动。更多无法亲自前往灾区参与救援的人，也为灾区居民的生活、救援人员的工作，甚至灾区的灾后重建提供了源源不断的经费支持。新闻媒体所能影响到的所有人几乎都对地震灾区表达了情感和道义的支持，"中国加油，四川雄起"的标语道出了每一个中国人的心声。即使是互联网这一在传统灾害管理中常常被

---

① 参见杨善华《当代西方社会学理论》，北京大学出版社 1999 年版，第 143 页。

认为起了某些"负面"作用的新兴舆论平台，在汶川特大地震灾害的协同管理中也发挥了及时发布抗灾信息、实施正确舆论导向的正面功能，成为广大网民声援灾区人民、开展情感抚慰的一个重要媒体。

3. 提高灾害应对效率的功能

在复杂社会系统中，社会协同是一种自组织有序性集体协调行为。作为一种自组织有序性集体协调行为，社会协同有利于提高社会实践的效率，并且社会协同程度越高，社会实践效率越高，也即"社会协同的程度与社会实践的效率呈正相关"①。首先，社会协同作为一种自组织行为，可使社会实践免除他组织过程中的一些组织成本，如时间成本、人员成本等，从而提高社会实践的效率；其次，社会协同作为一种有序性行为，可使社会实践做到目标明确，减少社会实践的无序度和模糊度，从而提高社会实践的效率；再次，社会协同作为一种集体性行动，它可使参与社会实践的各种社会主体做到功能互补，从而提高社会实践的效率；最后，社会协同作为一种协调性行为，它可减少社会实践中各社会主体之间的摩擦和冲突，使社会实践顺利开展，从而提高社会实践的效率。

在灾变危机管理中引入社会协同机制，同样可以提高应对灾变危机的效率，从而能够最大限度地减少各种损失，尽可能快地实现灾区的恢复重建。这主要体现在三大方面：一是借由社会协同的自组织性和敏捷反应，可以增强救灾主体应对灾变危机的反应能力，加快灾害信息采集处理的速度，从而提高应对灾变危机的决策速度。在应对灾变危机时，时间就是生命，时间就是财富，争取时间就能提高应对灾变危机的效率，就能减少人民生命财产的损失。二是借由社会协同的协调性和有序性，可以协调各部门、各层级的救灾行动，提高各子系统之间的目标关联度，增

---

① 曾健、张一方：《社会协同学》，科学出版社 2000 年版，第 104 页。

强管理系统应对灾变危机的有序性，从而提高应对灾变危机的效率。三是借由社会协同的集体性和协作性，可以整合政府、市场和社会的多种资源，实现多种资源间的功能互补，从而提高应对灾变危机的效率。

4. 弥补传统体制缺陷的功能

在我国，所谓传统体制是指计划经济条件下的灾变危机管理体制。在计划经济时期，政府掌握着所有的社会资源，管理着所有的社会单位。那时面对复杂灾害的来临，只要政府一声号令，各个部门、各条战线、各个地区、各个单位，以至每个成员，都能紧急行动起来，全面投入抗灾救灾之中。尽管当时的灾变危机管理水平不高，但至少所有成员都能"招之即来，来之能战，战之能胜"。但是，传统体制基本上是一种行政性权威管理体制，社会参与基本上是受权威支配的规制性行动，而非帕森斯所讲的志愿性行动。市场经济的发展带来了社会的急剧转型，政企分离、单位制逐步解体，已使政府掌握的社会资源不像以前那样占有绝对比重，而"体制外人员"的出现，又给社会管理提出了严峻挑战[1]，完全沿用传统的灾变危机管理体制，将造成应对灾变危机的某些窘境。

灾变危机的发生往往具有极大的破坏性，它会对通信、交通甚至社会系统造成极大破坏，影响到人员、物资、信息等的正常流通。在灾变危机情况下，如何保证灾变危机管理要素到位和整个社会系统协调运行就是一个亟须解决的问题，但在市场经济条件下，这一切光靠政府的行政性运作是有困难的。正如有学者所言："没有全社会的积极参与和大力支持，仅靠政府的力量想完满地解决危机是不可能的。"[2] 灾变危机社会协同管理是一种社会性协同管理体制，它强调社会组织与社会公众的自觉参与和自觉

---

① 青连斌：《论社会协同》，《湖南社会科学》2005 年第 2 期。
② 唐仕军：《公共部门危机管理体制构建探析》，《未来与发展》2006 年第 9 期。

行动，能够借由社会组织、社会公众同政府部门的密切配合，使整个社会的各个子系统及其各个层级都充分发挥自身的作用，形成更大的社会协同功效，以便更好地进行灾变危机管理。可见，实行灾变危机的社会协同管理，有利于弥补传统灾变危机管理体制的多种缺陷。

第四章　灾变危机管理社会协同机理

　　"机理"一词，通常指的是事物存在与变化的理由与道理。灾变危机管理的社会协同，并非相关要素的强拼硬凑，它有其形成的社会机理。这里的社会机理，即灾变危机管理社会协同之所以能够生成的基本原理，它不仅可以说明灾变危机管理何以能够社会协同，而且能够表明灾变危机社会协同管理的深层意蕴。在上一章中，我们从现实的角度讨论了灾变危机管理社会协同的必要，但是灾变危机管理社会协同从道理上来说到底是否具有可能呢，这就牵涉到一个灾变危机管理社会协同生成机理的探讨问题。应该说无论是中国还是外国，灾变危机管理社会协同不仅是必要的，而且是可能的。这里的可能，从深层次上把握，就是一个"机理问题"。"机理问题"不仅仅存在于自然科学之中，也存在于人文社会科学之中。对于灾变危机管理的社会协同来讲，要认清其机理问题，不仅需要科学主义的解释，而且需要人文主义的理解。在本章中，笔者将在科学主义与人文主义结合的思想方法之下，深入探讨灾变危机管理社会协同的生发机理。

第一节　社会关联的社会动力机理

　　对灾变危机管理社会协同发生机理的认识，必须考虑两个因素，一是灾变因素，二是社会因素。循着这样的思路我们可以发现，灾变危机管理社会协同的生发机理其实体现在很多的方面。如果以灾变危机为背景，以社会构成为基础，以社会行为视角，以社会协同为目标，至少可以揭示出三种依梯次而上的灾变危机管理社会协同的生成机理，即社会关联机理、社会参与机理和社会自组机理。在这三种灾变危机管理社会协同的生发机理中，社会关联机理是一种社会动力机理，社会参与机理是一种社会行动机理，社会自组机理是一种社会组织机理，其中，社会关联机理是最重要、最基本的生发机理。它表明，灾变危机管理社会协同最根本的是由灾变危机状态下人们之间的各种具体的、真实的社会关联而引起或导出的。这里先来揭示灾变危机管理社会协同的社会关联机理。

一　社会关联的含义及其规定性

人们对社会关系、社会联系耳熟能详，但不见得都听说过社会关联的概念。其实，社会关联这一概念早已有之。据学术界的说法，在社会学领域中，这一概念源自法国社会学大师埃米尔·迪尔凯姆"社会团结"（solidarity）的另一种译法——"社会关联"或"社会纽带"。在《社会分工论》一书中，迪尔凯姆详细论述了社会关联（社会团结），他认为，社会关联（社会团结）指的是把个体结合在一起的社会纽带，是一种建立在共同情感、道德、信仰或价值观基础上的个体与个体、个体与群体、群体与群体之间的，以结合和吸引为特征的一种社会联系状态。它不仅是指日常生活中人们之间的那种直接的、面对面的交往互动，建立友谊、缔结婚姻等固定关系，或是在交往过程中互相关心、互相帮助的心理状态和行为模式，而是具有更深刻的内涵，可以包容更广泛的现象。①

---

① 贾增春：《外国社会学史》（修订版），中国人民大学出版社 2000 年版，第 138 页。

　　把迪尔凯姆的"社会团结"转译为"社会关联",并将其含义加以转化以"为我所用"的当代中国学者是陈劲松。1999 年,陈劲松借由社会关联研究中国传统社会,认为中国传统社会是一个以伦理关联为主导的社会。[①] 2002 年,贺雪峰、仝志辉在其《论村庄社会关联》一文中也采用了"社会关联"的译法,并借其表达"那种构成应对事件能力的人与人之间的联系"。他所讲的"村庄社会关联",关注的就是"处于事件中的村民在应对事件时可以调用村庄内部关系的能力。"他通过注释解释道,迪尔凯姆(又译涂尔干)在回答"社会如何可能"时使用了"社会关联"(solidarity,又译为社会团结、社会纽带)一词。他关注的重点并不是社会群体内部人与人之间相互关系的具体形式、性质及状况,而是整体社会的结构特征,他强调社会优于个人的因素所发挥的作用。[②]

　　实际上,按照现有文献的分析,社会关联在中文中所包含的含义是非常丰富的,除了社会团结、社会纽带、社会联系外,还有社会相关、社会相干、社会联结等的意思。在英文中,社会关联也有多种现实的和可能的表达方法,具体包括:social ties, social relevance, social connection, social relationship, societal context,等等。那么,在本项目研究中,社会关联到底要表达一种什么意思呢?或者说,我们到底应该怎样来科学地界定社会关联,以资本项目研究之用呢?具体来说,社会关联也称为社会相关,它既是一种社会联系和社会纽带,也是一种社会相关和社会联结,它要表达的意思是人们相对特定的事件是如何联结到一起的。因此,这里讲的社会关联是指社会主体在具体的社会生产与社会生活中,因特定事件而结成的一种现实的、具体的社会

① 　陈劲松:《传统中国社会的社会关联形式及其功能》,《中国人民大学学报》1999 年第 3 期。
② 　贺雪峰、仝志辉:《论村庄社会关联——兼论村庄秩序的社会基础》,《中国社会科学》2002 年第 3 期。

联系。

　　以灾害为例来具体说明社会关联这一概念的上述含义，也许可以更能明确地理解这一概念。比如说，在 2006 年的时候，×社区发生了一场特大洪灾。突然暴发的洪水像猛兽一般奔腾而来，冲垮了×社区的河堤、民居和有关公共设施；淹没了所有的庄稼，毁坏了大半农田，预示着当季的农作物颗粒无收；社区中老幼大小 50 多人被洪水卷走不知下落，社区中 60% 的村民被洪水围困 2 天无法转移安置。新闻媒体迅速报道了这一灾情。那么，在本案例中，洪灾就是一个特定事件。因这一特定事件的出现，就有了与这一特定事件相关的各种社会主体，包括个人、群体和组织。这里的社会主体，不仅有灾区内部的社会主体，也有灾区以外的社会主体。他们因本次洪灾的发生就结成了一种现实的、具体的社会关系。这种现实的、具体的社会关系，就是我们所说的社会关联。

　　这里所界定的社会关联，与迪尔凯姆所讲的社会关联（社会团结）和陈劲松、贺雪峰等所讲的社会关联既有密切联系，也有明显差别。以此界定所反映的社会关联，作为一种特定的社会现象，具有以下几方面的规定性：首先，我们必须充分肯定的是，社会关联在本质特征上是一种社会关系和社会联系。其次，社会关联是一种事件相关者之间的社会联系，人们之间是否存在社会关联必须以特定的事件作为其参照系加以判断。再次，社会关联是人们之间的一种现实的、具体的社会联系，而非哲学中所揭示的那种抽象的社会联系和迪尔凯姆所揭示的那种在整体意义上的社会关系。最后，社会关联是人们之间的一种具有指向性的社会联系，而非"无缘无故"的社会联系，这种社会联系缔结于人们对特定事件的认知、情感、体验和相应的反应之中，具有明确的"第三者"指向。

　　其实，社会关联还有着更为深层的社会意蕴。社会关联的解释力很强，不仅可以解释灾变危机管理社会协同的生发问题，而且可以解释很多社会现象的生发问题，甚至可以解释社会的生发问题，也即"社会何以可能"的问题。按照有关学者的见解，社会乃产生于早期人类应对各种自然现象带来的生产性危机和生活性危机之中。这种生产性危机和生活性危机不利于人类的生存、繁衍和发展，这对每一个个体的人甚至每一个家庭都是十分不利的，成为了所谓的"共同危机"。针对这种共同危机，在特定范围中的个体或家庭在客观上便产生了一种"社会关联"。这种社会关联促使大家走到一起，以应对这种共同危机，这就构成了"群体"。这类"群体"再通过面对更多的生产性危机和生活性危机而形成的社会关联，构成更大规模和范围的"群体"，这样，社会便产生了。

　　社会关联并非单一存在形式，它也有类型之分，按照迪尔凯姆的看法，社会关联（社会团结）可以分为两种，一是机械的社会关联，二是有机的社会关联。机械的社会关联是通过一种强烈的集体意识将同质性个体结合在一起的社会关联；有机的社会关联则指在社会分工条件下通过具有异质性的社会成员的相互依赖而建立起来的社会关联。我国学者陈劲松则承继孔德的宏观研究视角，将社会关联分为巫术关联或神性关联、伦理关联和契约关联。贺雪峰在分析村庄社会关联时也有基本相同的认识，他认为，从社会转型的大背景出发，可以将社会关联粗略划分为现代型社会关联和传统型社会关联。所谓现代型社会关联，是指在经济社会分化水平较高的地区，以契约为基础建立起来的社会联系；所谓传统型社会关联，主要指以伦理或神性为基础建立起来的社会关联。

　　尽管不同的社会关联会有不同的社会效应，但在灾变危机管理中，任何类型的社会关联都是值得特别关注与重视的。对于现代型社会关联来说，由于它是建立在异质性社会成员之间的相互依赖基础上的，所以，深入分析社会各方面与灾害事件的相互依赖关系，明确社会各方面与灾区各方面的社会关联之所在，从而争取社会各方面参与灾区抗灾救灾的社会协同，是有十分重要的意义的。对于传统的社会关联来讲，尽管在迪尔凯姆那里将其称为机械的社会关联，但这种社会关联恐怕对调动广大社会成员参与灾变危机管理更有不可忽视的作用。尤其对于特别重视传统伦理道德的我国来讲，即使在当今的市场经济条件下，传统型社会关联仍是一种十分重要的社会关联。这种社会关联，从一定的角度分析，它更应是我们在分析灾变危机管理社会协同机理中不可忽视的方面。

二　社会关联与社会协同的关系

在谈到社会关联时，我们也许会注意到这样一个问题，社会关联其实就是社会协同的基础，隐含某种社会协同的含义。众所周知，从某种角度来讲，社会乃是人类生存与发展的一种方式。作为人类生存与发展的方式，社会乃是经历了亿万年的自然选择过程而成了人类生存与发展的最佳方式。面对人类的各种社会关联事件，人类选择了走到一起，他们根据各自的能力、特长对各种不同大小、不同取向、不同范围的社会关联事件加以共同应对。这种共同应对，事实上表明一种社会协同。社会关联与社会协同确实具有一种密切的关系。这种社会协同，在上古的人那里可能并非一种十分自觉的社会协同，而是一种自发的社会协同，但至少也是一种原始社会的社会协同或原初形式的社会协同。而在现代人那里也看得出来，社会关联与社会协同在客观上和主观上都存在着密切关系。

从客观上来看，社会关联是社会协同的客观基础。可以肯定地说，没有社会关联，就没有社会参与，也就没有社会协同。假如说，人类如果从来没有遇到与众人相关的事件，他们就不存在社会关联，而不存在社会关联，他们就不需要社会参与，就不需要组成社会群体，更不需要去合力协作、共同应对什么事件。这时的社会主体也许会形成某种协同，但那不是社会学意义上的社会协同，而只是在生物学意义上的自然协同。人类个体之间的社会协同，客观上是由于人类遇到了与众人相关的事件，人类个体之间存在着某种社会关联，引发了人类个体在社会取向上的社会参与冲动，从而构成我们现在所说的社会群体、社会组织和社会整体，以便通过所有社会相关者的合力协作，共同应对面临的相关事件。所以，社会关联理当是社会协同的客观基础、根本依据和原初动力。

从主观上来讲，社会协同是社会关联的相应行动方式。有了针对特定事件的社会关联，人们通常会根据其主观理解在一定的"社会情境"或"社会场域"中采取相应行动，以有效应对相关事件。这种有效应对，必然需要一种好的行动方式来进行，方能取得好的行动效果。依据这种需要，人们通常选择了"合作应对"、"协作应对"等方式来开展相应行动。单兵作战不仅费力不讨好，解决不了问题，而且往往被人们认为是不理智的做法，通常会受到众人劝阻。遇到有经验、有学识的人，他们更会鼓励人们分工协作，以取得更好的整体绩效。这实际上就是一种社会协同的雏形。不过，在古代人那里，这种社会协同通常是不自觉的。而在现代人那里，人们依据社会关联的事实和要求，将社会协同建构成了自觉的社会协同，使社会协同成为了社会关联基础上的最佳行动方式。

关于社会关联与社会协同的关系，并非今日才被人们发现和认知，事实上在社会学家那里早已有了相关的论述。法国社会学大师迪尔凯姆就认为："社会团结（社会关联）一旦得到加强，它就会使人们之间的吸引力增强，使人们接触的频率增加，使适合于人们结成相互关系的方式和机会增多。"[①] 对于这一原理，我国学者贺雪峰、韩国明等加以了引申发挥。贺雪峰认为："社会

---

① ［法］埃米尔·迪尔凯姆：《社会分工论》，渠东译，生活·读书·新知三联书店2000年版，第27—28页。

关联也是一种由社会关系构成的一致行动能力"。"社会关联链条的长短与强度可以用'社会关联度'一词来予以表达，社会关联度与社会一致行动能力直接相关。"① 韩国明更进一步地认为："一个区域的社会关联程度较高，也就有更高的概率产生合作行为；相反，如果这个区域的社会关联程度较低，共同的信仰和群体意识丧失，相应的生产和生活协作的难度就越大，合作行为成功的概率就越低。"②

综合上述观点，我们完全可以这样认定，社会关联与社会协同有着非常密切的关系。从定性的角度来看，首先，社会关联是社会协同的必要条件，没有社会关联也就没有社会协同。很明显，社会协同通常指两个以上的相关要素之间的集体行动，独立的个体行动或虽是多个个体但其属于相互孤立的个体行动都不构成社会协同。其次，社会关联是社会协同的行动潜能。社会关联在一定的程度上聚合着社会协同所必须具备的一致行动能力，没有这种一致行动能力，社会协同就是一句空话。从定量的角度来看，社会关联度是衡量社会协同可能性大小的一项重要指标，通常来讲，在一定的社会领域中，社会主体的社会关联度便决定着他们之间的社会协同度。社会主体之间的社会关联度越大，实现社会协同的概率越大。社会主体之间的社会关联度越小，实现社会协同的概率越小。

三 灾管协同中的社会关联机理

在灾变危机管理社会协同中，社会关联机理是指灾变危机管理社会协同是在灾变危机状态下由于特定的社会关联生发出来的。没有特定的社会关联，就不可能形成社会协同，甚至没有必

---

① 贺雪峰、仝志辉：《论村庄社会关联——兼论村庄秩序的社会基础》，《中国社会科学》2002 年第 3 期。
② 韩国明、钟守松：《一个移民村落的社会关联与合作行动研究》，《农村经济》2010 年第 11 期。

要奢谈社会协同。因为如果没有社会关联，甚至社会都无法建立起来，所谓的"社会"不过是一盘散沙，根本谈不上是一个真正的社会。社会关联在现实社会中无时不在、无处不有。社会关联可以组成一类社会群体，建立一个社会组织，构建一个社区，开展一项社会活动，形成一次集体行动。当然，社会关联的强度往往与人们所处的社会环境有着密切关系，也就是说，在不同的社会环境中，社会关联的强度是不同的。通常来讲，社会主体面对的外部环境越恶劣、社会竞争越激烈，它内部的社会关联度越大。与通常情况相比，在灾变危机状态中，社会关联往往体现得更加明显，更加强烈。

1. 影响相关与同一群体效应

任何灾变危机的发生都必然会对人类造成某种严重的影响，从而会使人们之间形成针对灾变危机的社会相关，并由此而有可能导出人们应对灾变危机的社会参与及社会协同。更具体一点来讲，所谓影响相关与同一群体效应，其基本含义是指任何一次灾变危机的发生，对于其影响范围内的所有社会主体，包括社区、组织、群体和个人都是具有影响的，各种各样的社会主体，无论他们平时是否住地相邻、守望相伴，是否属于同一社会组织或同一社会群体，是否从事相同的行业或相同的工作，是否处于同一社会阶层或相同的社会地位，都会受到这一灾变危机或大或小、或强或弱、或直或曲、或事或情的影响。而这种影响会将不同社会主体联系起来，形成社会相关或社会关联，并由此促使其形成共同应对灾难、共同渡过难关的"同一群体"意识，进而产生"同一群体"效应。

影响相关与同一群体效应是灾变危机管理能够得以社会协同的最为基本的原理。之所以能够这样认为，主要是由于：人们对灾变危机虽然并非具有完全相同的关注度，但只要人们受到灾变危机的相同的或相似的影响，人们便会根据灾变事件与自己的相关关系及关联程度来确定自己的行为取向。从心理学的角度来讲，人们对于那些对自身毫无影响的事物，通常的行为取向是漠然置之，行若无事；而对于那些对自身具有某种特定影响的灾变危机及其存续状况，通常的情况是高度关注，严阵以待。这种高度关注和严阵以待实际上本身就是一种由于灾变危机引起的社会关联而引发的社会态度。这种社会态度指向非常明确，即抗灾救灾，它能促使人们积极地加入到与之相关的灾变危机管理的社会行动中去，并和其他的社会主体团结一致，协同作战，去取得抗灾救灾的胜利。

2. 利益相关与利益驱使效应

大凡灾变危机都会给受灾地区的人们甚至非受灾地区的人们带来某种利益上的损害，这种利益上的损害包括直接的利益损害和间接的利益损害。在灾变危机状态中，利益相关的基本含义就是，任何灾变危机的发生，对于其影响范围所及的所有社会主体（包括社区、组织、群体和个人）来说，都可能受到利益的损害，各种社会主体，不管他们是处于灾变危机的中心，还是处于灾变危机的边缘，甚至可能他们在空间上与灾变危机区域远隔千里，但他们的利益都有可能或多或少、或重或轻地受到某种损害。例如，2008 年的南方冰雪灾害，不仅对冰雪灾区——"南方各省"的社会主体的利益带来极大的直接损害，而且由于基于冰雪灾害的次生灾害——交通危机的发生，对非冰雪灾区，如京广沿线地区、华南南部地区的社会主体的利益也带来程度不同的直接损害或间接损害。

利益相关也是一种社会关联，这种社会关联是一种非常现实的社会关联。"人们之间的利益相关是社会合作的现实基础"①，也是促成灾变危机管理能够得以社会协同的重要原理之一，甚至是更为基本的原理。人们的行为是受利益驱动的。利益对人们行为的驱动可以分为两种情况：一是正向驱动，即人们需要获得某

---

① 邓周平：《论社会自组织研究方法》，《系统辩证学学报》2003 年第 3 期。

种利益，或者需要维护某种利益时，他们便会采取或强化某种行动；二是反向驱动，即人们不能得到某种利益，或者相应的行动可能导致失去某种利益时，他们就不会做出某种行动，或弱化、终止某种已经开始的行动。在灾变危机中，由于灾变危机所具有的广泛而深刻的影响，人们的利益都可能受到灾变危机的损害，在这种情况下，大家都有着维护自身利益的必要，但任何独立个人的能力都不足以达到维护自身利益的目的，因而大家便有了社会协同的共同意愿。

3. 情感相关与情感支配效应

情感社会学的研究表明，情感不仅是个体才有的，群体和社会也有情感。"情感是联结个人组成群体乃至社会的基因。"[1] 情感社会学就是基于这些社会事实而建立的一门社会学科。不可否认，任何灾变危机的发生都会牵动世人之心，触发出世人各种怜悯性或伤感性的情感反应。情感相关的基本含义是，对于灾变危机影响范围所及的社会主体，甚至远离灾变危机地区的社会主体来说，他们都可能受到情感之线的牵连。或者说，各种社会主体，基于他们的血缘、族缘、姻缘、友缘、地缘、业缘、趣缘，甚至类缘（都属于人类）等的关系，他们对于灾变危机给人类社会局部带来的某种灾难性伤害，总会怀有某种怜悯之心或伤感之情。尽管有的人可能并未受到灾变危机的直接影响，甚至也很难说出其情感产生的具体缘由，但他们也与灾区居民形成了一种情感相关的关系。

情感相关是促成灾变危机管理能够在广泛的社会范围内得以社会协同的重要原理。这一原理的基础在于：人与人之间都在一定程度上具有某种情感关联；同时，"人们在行动时具有的理性比他们所想象的要少得多，情感则成为行动的直接动力"[2]。由于

---

① 郭景萍：《情感社会学》，上海三联书店 2008 年版，第 62 页。
② 同上书，第 65 页。

这种情感关联与情感动力的作用，人们对于各种灾变危机对人类的肆虐，如生命在灾变危机中失去、活着的人在灾变危机中挣扎、逃亡的人在社会中的颠沛流离等，总会形成某种受情感支配的特别关注。他们这种受情感支配的特别关注可以直接转化为某种抗灾救灾的具体行动，从而使他们快速地参与到协同抗灾救灾的行动中来，为拯救灾区的广大居民献上一片爱心，一份力量。通常来说，我们社会中提倡的"一方有难，八方支援"，不仅是一贴抗灾救灾的社会动员标语，而且更是一种受情感支配的社会协同行动。

4. 环境相关与责任共担效应

环境社会学的建立，开启了人类关心环境之窗。环境社会学告诉我们，我们每个人都生活在一定的生态环境中，生态环境决定我们的生活状态，生态环境影响我们的生活质量。爱护环境、保护生态是我们每个人的社会责任。在灾变危机管理中，环境相关的基本含义是，许多的灾变危机，特别是某些典型的环境性灾变危机的出现，都与人类共同拥有的生态环境的变化密切相关，从而也与人类日后可能拥有的生态环境状况密切相关。据分析，当前人类社会生态圈的一些重大灾害，包括水灾火灾、风灾雪灾、酸雨沙尘、地质灾害甚至地震灾害等，大多都与自然生态环境的恶化有关。环境学认为，"人类作为地球上一个不可分割的整体，具有全局性的共同环境和共同利益"[①]。保护生态环境，减少自然灾害，是每个社会成员的基本需要，也应是每个社会成员的共同责任。

环境相关也是促成灾变危机管理能够在更广泛的社会范围内甚至整个"地球村"得以社会协同的重要原理。环境科学家认为，某些环境性灾变危机的出现是人类生存环境遭到严重破坏的标志，例如，现在出现的一些"反季节"水灾、风灾等灾变危

① 曾健、张一方：《社会协同学》，科学出版社 2000 年版，第 153 页。

机，往往与人类社会自工业革命以来对环境的破坏密切相关。同
时，某些环境性灾变危机的出现，也是人类生存环境可能进一步
走向恶化的信号。例如，2008 年南方冰雪灾害的出现，不仅是生
态环境不断恶化的结果，也是生态环境继续恶化的原因。据林业
部门估计，这次冰雪灾害造成的生态环境损害巨大，林业重建并
恢复到灾前水平至少需要 20 年。① 面对如此情况，理智的人们不
仅会为生态环境的保护出力，而且可能责任共担，积极参与到相
应的抗灾救灾中来。这也就为灾变危机管理的社会协同打下了更
广的群众基础。

5. 文化相关与文化整合效应

文化社会学认为，文化是人类在社会实践中共同创造的物质
文明和精神文明的总和。从整体上来讲，文化是人类社会的一种
共同财富。在特定的社区中，社区文化则是社区居民的一种共同
财富。在灾变危机管理中，文化相关的基本含义是，灾变危机对
灾区的文化具有极强的破坏作用，一是对物质文化具有明显的破
坏作用，如对古迹、神庙、书院、学校、图书馆、博物馆、科技
馆等的破坏作用。在汶川大地震中，这些都遭受了严重的毁坏甚
至毁灭；二是对精神文化具有潜在的破坏作用，这种破坏作用主
要体现在对人们的世界观、生死观、价值观、发展观和其他精神
文化领域的破坏作用。文化社会学认为，文化的保存和发展对于
一个社区乃至整个社会的持续与协调发展都具有十分重要的作
用，文化的保护和发展不仅是社会成员的基本需要，也是社会成
员的共同责任。

文化相关同样是促成灾变危机管理得以社会协同的重要原理
之一。这主要是因为，文化具有整合效应。首先是文化作为一种
共同财富的整合效应。文化是社区的一种共同财富，也是国民的

① 潘少军：《南方冰雪灾害重创森林生态——野生动物冻饿死亡多》，《人民日报》2008
年 3 月 13 日，http://unn.people.com.cn/GB/14748/6991794.html。

一种共同财富，还是人类的一种共同财富。面对这种共同财富受
到灾害的毁坏，无论是社区、地区还是国家层面，甚至国际层
面，都可能通过文化作为一种共同财富所具有的整合效应吸引人
们协同一致，积极参与灾区文化的保护与恢复之中。在汶川大地
中，如羌族文化的抢救、大禹塑像的恢复、学校的重建、灾民世
界观和价值观的重塑，事实上都得到了许多救援者的共同重视。
其次是文化作为一种社会力量的整合效应。文化具有记忆、导
向、沟通、润滑等社会功能，其对社会的整合效应早已为人们认
识，并已形成灾变危机状态下的社会协同文化，如"一方有难、
八方支援"等就是。

第二节　社会参与的社会行动机理

近年来，社会参与已成为我国学界、政界和广大民众普遍使
用的一个流行广泛的词汇。尤其在汶川大地震的抗灾救灾过程
中，明显印证了社会参与"危难之时显身手"的说法。据有关方
面的估计，在汶川 8.0 级地震救灾中，进入四川地震灾区的志愿
者达到 100 多万人次。另据亚洲周刊报道，"百万川震志愿者以
网络、手机等方式自发集结，奔赴灾区，他们小规模编队，临时
组合，却展示世界史上最大规模，也最快速的一次民间动员。他
们救急扶难，发挥同胞爱与人道精神，展示中国公民社会的发育
苗壮，超越意识形态限制，推动中国现代化进程。这支民间百万
大军，被选为亚洲周刊 2008 风云人物"①。可见，社会参与已成
为我国应对灾变危机，救灾民于水深火热之中的一条重要途径。
深入揭示灾变危机管理社会协同的社会参与机理，具有十分重要

---

① 李永峰：《2008 年风云人物——百万川震志愿者》（2008 - 12 - 13）（2010 - 6 - 26），ht-
tp：//www. chinaelections. org/NewsInfo. asp? NewsID = 139644。

的理论和实践意义。

一　社会参与及社会参与的类型

由于我国在过去很长的一段时间里基本上没有社会参与的说法，因而讲到社会参与，人们可能想到的是志愿者及其他们的志愿行动。这种说法从总体上来说，既有对的方面，也有错的地方。这也就是说，志愿者的志愿行动肯定是一种社会参与，但志愿者的志愿行动并不是全部的社会参与。另外还有一种说法，认为社会参与就是公民参与国家和地方公共政策的制定。显然，这也是一种不够全面的理解。为了深入揭示灾变危机管理社会协同的社会参与机理，我们有必要对社会参与的含义以及社会参与的类型展开必要的界定和分析。

1. 社会参与的含义

目前，有关社会参与的界定众说纷纭，比较典型有途径说、介入说和贡献说三种。途径说认为："社会参与是指公民或单位不通过国家代表机关直接参与处理社会公共事务，是实现依法治国、促进社会主义民主和法制的基础。"① 吴镇峰据此认为："社会参与是指公民或单位不通过国家代表机关直接参与处理社会公共事务，如 NGO 的援助，志愿者的自发参与，社会各界捐赠等等行为。"② 介入说认为："社会参与是指社会成员以某种方式参与、干预、介入国家政治生活、经济生活、社会生活、文化生活和社区公共事务，从而影响社会发展的行动。"③ "社会参与是指公民或社会组织参与处理社会公共事务的过程，是公民和社会组织基本权利实现的前提，合理和适度的社会参与是实现有效社会管理

---

① 张景平：《论政府危机管理中的社会参与》，《理论纵横》2008 年第 9 期。
② 吴镇峰：《新闻传播和社会参与在灾难中的良性互动》，《中国广播电视学刊》2008 年第 7 期。
③ 曾锦华：《社会发展中的青年社团参与》，《当代青年研究》1997 年第 1 期。

的基础。"① 贡献说则认为："社会参与是指主体对社会生活的各个方面，如经济、政治、文化等方面现状与活动的关心、了解与行为投入。"②

除此以外，有关社会参与的实用性解释还很多，这些实用性解释主要用来说明一些具体社会主体和具体社会领域的社会参与。例如，"社会参与是指职工能够积极参与对他们日常工作环境、工作条件及其个人和社会事务有重要影响的各种事项，如职工有权听取公司对其雇佣有关的各种事项，有权建议改善其工作环境等。"这里的社会参与，其实是指企业职工的企业参与。再举一个比较明确的例子："诉讼参与原则，是指由国家司法权以外的社会力量介入刑事诉讼，使司法活动能够体现社会关于秩序、自由、公正等的价值标准，避免国家司法权专断，它是对刑事诉讼立法与司法中一系列现象的概括。"③ 这里所说的诉讼参与也是一种社会参与，是属于司法领域的社会参与。根据笔者在网上搜索了解的情况，目前的社会参与已延伸到很多的社会领域，因而不少社会领域都讲到社会参与，有的还作出本领域的界定。

其实，要问什么是社会参与，我们还得从社会参与这一概念的构词和对词义的深刻理解说起。具体来讲，社会参与的说法来源于西方国家，与中文"社会参与"对应的英文词汇至少有两个，即"social involvement"和"social participation"。"involvement"是"加入"、"参与"的意思，"participation"也是"参加"、"参与"的意思。在这两个词汇前加上"social"以后，虽然主要的意思还是"加入"、"参加"或"参与"，但其深层含义却发生了变化。这种变化在于：首先，从参与主体来讲，这种"加入"、"参加"或"参与"强调的是"社会主体"而不是"行政主体"的加入、参加或参与；其次，从参与客体来讲，这种

① 申锦莲：《创新社会管理中的社会参与机制研究》，《行政与法》2011 年第 12 期。
② 吴鲁平：《90 年代中国青年社会参与意识和行为》，《当代青年研究》1994 年第 Z1 期。
③ 余豆豆：《论我国刑事诉讼参与原则的完善》，《台声·新视角》2005 年第 7 期。

"加入"、"参加"或"参与"强调的是加入、参加或参与"社会事务"而不是通常的"个人事务";最后,从参与的途径来讲,这种"加入"、"参加"或"参与"强调的是一种"社会化的"而不是"行政化的"途径。

到底怎样定义社会参与呢?根据上述对社会参与词义的理解,结合学术界有关社会参与的种种界定,我们认为,在我国,社会参与是党的"十七大"提出的"党委领导,政府负责,社会协同,公众参与"的社会管理格局的重要内涵,也是对"党委领导,政府负责"的一种社会配合行动。所以,社会参与是指不同社会主体(包括企业组织、社会组织、社会公众)通过合法社会途径,参与到国家和地区的社会事务之中,实际介入和影响社会事务,从而协力推进社会良性运行的社会行动。这一定义有四层含义:第一,社会参与的主体是社会主体,主要包括企业组织、社会组织与社会公众;第二,社会参与的客体是社会事务,即虽然是由政府管理,但明显牵涉到广大社会成员的生存发展与生活质量的各种公共事务;第三,社会参与的途径是社会途径,而不是经由政府调遣、命令、指派的行政途径;第四,社会参与的目的是不同社会主体协力推进社会良性运行。

2. 社会参与的作用

正如前述,社会参与在以往只是作为一个西方社会学和西方政治学的概念在我国流行。我国正式接受这一概念并将其用作为我国社会管理的一种体制和机制的时间不算太长。在行政包揽一切的时代,社会参与尽管可能也有过这种提法,但事实上并不是真正的社会参与,而是在行政体制内部的行政参与。近年来,随着我国社会管理体制的改革和创新,社会参与已作为我国社会管理格局的重要组成部分与重要内涵之一在我国正式确立。这一情况不仅表明,我国30多年来社会主义市场经济的发展及其带来的社会转型,已经明显需要社会组织与社会公众参与到社会管理之中,而且明确地显示,社会参与对于我国社会管理来说，具有着许多积极的社会作用。

首先，社会参与有利于社会诉求的正常表达。我国正经历着从传统农业社会向现代的工业社会、落后的乡村社会向先进的城市社会、科层制文牍社会向网络化信息社会的转变，由此推动的社会转型使社会成员的异质性不断增强，社会中出现了多种不同的社会利益群体以及不同社会利益群体的不同利益诉求。同时，面对这种异质性增强的社会，社会管理的难度也在不断增大。在此情况下，社会参与不仅成为社会主体的一种迫切愿望，而且成为社会管理的一种客观需求。通过社会参与机制的建立，调动广大社会成员参与社会管理的积极性，在社会中形成广泛的社会参与格局，最基本的社会作用就在于，能够为社会成员的合理需要和正当诉求"提供合法的表达方式和渠道，能使广大人民群体的社会利益诉求得到有效表达，从而增强公民的社会责任感以及更加主动、积极地维护社会和谐与稳定的积极性"①。

其次，社会参与有利于社会力量的功能发挥。在我国，社会参与有的时候也叫做社会力量的参与。这里的社会力量，是相对于国家力量或政府力量而言的一种力量，通常包括三个方面：一是企业组织的力量，二是社会组织的力量，三是蕴含于广大社会公众之中的力量。按照部门划分说的说法，主要的也就是"第二部门"和"第三部门"的力量。过去，我们政企不分、政社不分，社会管理的重担往往是靠政府担当。现在我们政企分离、政社分离，政府掌握的有限资源已经难以维持整个社会管理的全部事务，只有依靠各种社会力量，才能保证社会管理全面有效地开展。在这过程中，社会参与机制的确立和有效实施，可以起到一个合理合法的正规渠道的作用，各种社会力量和广大社会公众都可以通过它进入更大的社会管理领域和更多的社会事务之中，在党委领导、政府负责的前提下，团结一致，协同合作，充分发挥

---

① 申锦莲：《创新社会管理中的社会参与机制研究》，《行政与法》2011 年第 12 期。

各自的社会服务与社会管理功能。

　　再次，社会参与有利于社会领域的自我管理。社会管理中的社会参与，实际上就是经由社会来管理社会，或者叫做社会领域的自我管理。有学者明确指出，社会参与对于实现社会领域的自我管理具有多方面的具体作用：第一，社会参与能够使社会成员真正成为处理自己的相关事务、推动社会的发展进步的主体，而不是只被看作工具或手段，从而强化社会成员的公共意识，提高人们在社会中的自主意识和自主空间；第二，社会参与可以动员、组织、支持和推动人们采取行动自己解决相关的发展问题，形成以社区或其他行动场所为载体的自治机制，将社区性的或某一活动范围内的公共事务交由成员自己来治理；第三，社会参与可以通过各种公益性民间组织的培育，执行过去由政府执行的某些公益性职能，形成对政府机制的制约和补充。例如，可以在教育、扶贫、妇女儿童保护、环境保护、下岗工人再就业以及人口发展与控制等方面发挥更加积极的作用。

　　最后，社会参与有利于社会服务的社会提供。社会服务的社会提供是相对于原有体制下社会服务的政府提供而言的新型社会服务模式。社会服务的社会提供产生的社会机理是"有限政府、无限社会"机理，这一机理具体牵涉到政府机构改革和政府职能转变问题。我们知道，在社会主义市场经济条件下，政府机构改革与政府职能转变是一个不可回避的问题。政府机构改革与政府职能转变的目标是"小政府、大社会"。然而，"小政府"如何承担"大社会"的社会服务呢？有什么妙方既能推进政府机构改革与政府职能转变，又能保证在"小政府"的情势下实现社会服务的有效提供呢？这里有一种机制，这种机制即社会参与机制。借由社会参与机制的作用，我们不仅可以促进政府机构改革与政府职能转变，而且可以促进社会各个方面积极培育和大力建设社会服务组织，有效承担由政府职能转变而转出的社会服务的任务，以实现社会服务的社会提供。

3. 社会参与的类型

在当前的学术界，社会参与定义的五花八门并不是没有缘由的。这除了专家学者们在主观认识上存在的各种差异外，实际上还与一个重要的客观事实密切相关，这一重要的客观事实，就是现实社会中存在的社会参与类型的多样性或多样化。正是这种社会参与类型的多样性或多样化，才使得专家学者们难以对社会参与全面了解、系统把握和精要概括。为了使人们更好地把握社会参与的含义，同时也为了使人们更明晰地把握当今灾变危机管理中社会参与的情况，在此，笔者结合现实社会中的实际例子，尤其是发生在汶川大地震、玉树大地震等重特大灾害抗震救灾中的实际例子，对各种社会参与行动加以系统梳理，并根据不同的认识角度或划分标准，对社会参与行动进行可能的类型划分。

（1）个体参与和集体参与

从社会参与的主体类型来讲，社会参与可分为个体参与和集体参与。个体参与是作为社会主体中的个体，以个人的名义参与各种社会事务；集体参与则是作为社会主体中的集体，以集体的名义统一参与社会事务。个体参与最显著的例子是，在灾变危机状况下，不少个体以个人的名义参与救灾捐助，为灾区贡献自己的一份力量。不仅如此，还有的个体只身进入灾区，参与灾区的救灾行动。举例来说，2010年4月17日，四川省邛崃市平乐镇40岁的杨代宏，孤身一人驾驶一辆满载矿泉水的面包车去玉树救灾①，就是一种个体参与。集体参与的例子比比皆是，如在汶川大地震中，以企业单位、社会组织、临时团体、临时群体等名义

① 2010年4月17日，四川省邛崃市平乐镇的杨代宏，在开车运送矿泉水前往玉树地震灾区的途中因车祸不幸去世。据当时接治杨代宏的嘎院长转述当地警方说法，事发时，杨代宏孤身一人正驾驶一辆满载矿泉水的面包车，从甘孜前往石渠县城的路上，没有任何人陪伴。可能由于疲劳驾驶，翻下斜坡。由于杨代宏驾驶的面包车装满了矿泉水，车身上印有"情系灾区""志愿者"等字样，警察判断杨代宏是一名前往灾区支灾的志愿者。参见朱柳笛《男子孤身前往玉树灾区送水车祸遇难》（2010-4-21），http://news.sohu.com/20100421/n271639346.shtml。

参与抗灾救灾活动的事例可谓不胜枚举。他们有的参与抗灾行动，有的参与灾害救援，有的参与心理咨询，有的参与社会服务。当时，广州市社会工作协会和有关社工机构也以集体的名义参与了汶川灾区的社会服务工作。

（2）行为参与和意识参与

从社会参与的参与方式来讲，社会参与可分为行为参与和意识参与。有学者就这样指出："社会参与是指对社会各个方面，如经济、政治、文化、社会工作等活动的意识参与和行为参与。"① 行为参与就是社会参与主体通过自己的实际行动参与社会事务；意识参与则是社会参与主体通过自己的思想成果和认识表达参与社会事务。行为参与是最常见最易被认可的社会参与方式。例如，在灾变危机状态下，参与抗灾救灾的具体活动，为灾区捐赠钱财物品，"有钱出钱，有力出力"，这种社会参与的社会认同度高。意识参与基本上是一种新的提法，这种社会参与的一般情形是，社会参与主体通过自己对相关社会事务的思考，提出意见和建议，以介入、影响和推进社会事务，智力参与和精神参与是意识参与的两种形式。例如，在汶川抗震救灾过程中，有的人虽然并未实际进入灾区参加抗震救灾活动，但他为抗震救灾出了主意，想了办法，或者他在网上一直关心灾区，撰写文章、发帖鼓劲，支持抗震救灾行动，这便是意识参与。

（3）平时参与和应急参与

从社会参与的时间特性来讲，社会参与可分为平时参与和应急参与。平时参与是人们在平常情况下进行的社会参与；应急参与则是人们在紧急状态下进行的社会参与。平时参与针对的情况是通常的或常态的社会事务，如参与社区社会治安、参与社区环境美化、参与社区敬老活动、参与爱国卫生运动、参与公共决策

---

① 刘旭金：《市场经济条件下中国妇女发展的主要矛盾》，《中华女子学院学报》1994 年第 4 期。

意见征询等。在"平常"的情况下，人们社会参与的心情一般并不显得那么急切，那么强烈，但如果能长期坚持，却对社会事务具有一种细水长流、水滴石穿的介入、影响和推进作用。应急参与针对的情况是紧急的或急迫的社会事务，如参与灾变危机管理、参与群体事件疏导、参与支援抗战前线等。在灾变危机状态中，应急参与相对于平时参与有很大的不同，通常可以表现出灾区对社会公众的一种急切盼望和紧急呼吁，广大社会公众也容易形成一种积极参与的强烈愿望和极大热情。"百万志愿者进四川"① 正好反映了这一应急参与的特性。

（4）全程参与和短期参与

从社会参与的过程特性来讲，社会参与可分为全程参与和短期参与。全程参与是指社会主体对一定社会公共事务全过程的参与；短期参与则是指社会主体对一定社会事务单个环节或某个阶段的参与。相对于灾变危机管理的整体而言，全程参与就是持续参与灾害预防、灾害应急、灾害恢复的整个过程。这种社会参与需要很多的时间、精力，同时还需要各种物质经济条件的支持，这对于一般的社会公众来讲很难做到，通常需要由专业化的社会组织来开展。短期参与则不同，它机动灵活，易于实行，各类社会主体都可以根据社会的临时需要参与到一定的社会事务之中。在灾变危机管理过程中，绝大多数社会主体的参与都是短期参与。他们或参与抗灾救灾的应急救援，或参与灾区恢复重建的相应工作，并且可以做到有需要就去，没事做就回。当然，值得注意的是，以社会组织名义参与灾变危机管理可以这样安排，即对于社会组织整体坚持开展全程参与，对于其部分成员则实行短期参与，从而会有利于解决部分成员的某些现实问题。

---

① 李永峰：《2008 年风云人物——百万川震志愿者》（2008 - 12 - 13）（2010 - 6 - 26），http://www.chinaelections.org/NewsInfo.asp? NewsID = 139644。

（5）规制参与和志愿参与

从社会参与的动力来源来讲，社会参与可分为规制参与和志愿参与。规制参与是一种规制行动，就是所谓的体制内参与，也即由官方或官办组织发起的社会参与行动。志愿参与是一种志愿行动，就是所谓的体制外参与，也即由社会主体（尤指公民个人）自愿实施的社会参与行动。在过去很长一段时间里，我国大量的社会参与都属于规制参与。典型的事实就是在灾变危机状态下，很多的社会参与其实都是通过行政动员，并由官方机构组织的社会参与。这种社会参与的被动性较强，所以有人也称其为被动参与。例如，有的单位支灾募捐，不管职工愿不愿意，直接从职工工资中统一扣留。志愿参与则不同，它是一种主动参与，一种志愿行动，一种基于"自由意志"的个人行动，一种典型的"自选动作"。这种志愿参与在现代社会中深受重视。例如，在汶川大地震和玉树大地震的抗震救灾中，志愿参与已成一种"时尚"在广大的社会参与者中流行。当然，志愿参与也有一个问题值得重视，即组织性较差，所以同样需要规范。①

（6）有序参与和无序参与

从社会参与的秩序规范来看，社会参与可分为有序参与和无序参与。有序参与是指社会主体按照一定的组织规范有秩序地加入到社会事务之中的社会参与；无序参与则是社会主体自发地、无序地加入到社会事务之中的社会参与。有序参与是社会鼓励与支持的一种社会参与。从社会协同的角度来讲，有序参与才是实现社会协同的基础。在当今的社会管理创新中，我国明文规定国家所鼓励和支持的就是公民的有序社会参与。之所以作出这种规定，是因为我国也存在着无序参与的现象。据有关资料表明，在汶川抗震救灾的过程中，就曾出现过无序参与的局面。这种无序

① 谢俊贵：《灾害救助中的志愿行动规范——基于网上纪实的思考》，《湖南师范大学社会科学学报》2011 年第 6 期。

参与对于灾变危机管理来说，即使主观愿望很好，但客观效果很差。因为，"救灾是一项极为复杂的、社会性的、半军事化的紧急行为"①。有学者就感觉到，"志愿者以自觉的公民身份亮相，但同时也留下了冲动与盲目的遗憾"，大量志愿者车辆的到来，"给灾区造成了交通堵塞，在一定程度上影响了正常的救灾工作"，使志愿行动不免给人以一种"多余"的印象。②

二　社会参与和社会协同的关系

社会参与是社会主体在特定社会关联或社会相关的情况下，以对协调社会公共利益、改善社会事务管理的相关社会目标的自觉认同为基础，通过对相关社会事务管理自觉、积极地参与，以促成相关社会目标得以实现的过程。社会参与是社会事务管理的重要环节，也是社会事务管理的本质要求。建立在社会事务管理重要环节与本质要求基础上的社会参与，事实上与社会协同具有着骨肉相连、密不可分的关系。这种关系大致可从以下几个方面加以认识。

1. 社会参与是社会协同的基本条件

协同学是"处理复杂系统的一种策略"③。这意味着，协同学是建立在多因素系统基础上的一门科学。在自然界，对于单一因素，人们根本无法谈论其协同的问题。在现实社会中，社会协同学也是针对多因素社会系统建立的一门科学，对于单一社会因素，我们也无法从社会协同的角度来进行考察，并对其进行社会协同学的分析。正如我国过去在政府包揽体制下的社会管理一样，我们根本没有办法奢谈社会协同的问题，原因是在这一社

① 我国防灾减灾情况介绍（2008 - 1 - 4）（2010 - 6 - 26），http：//www. mfb. sh. cn/mf-binfopl. at/platformData/infoplat/pub/shmf_ 104/docs/200801/d_ 54815. html。
② 任慧颖、梁丽霞：《汶川地震对我国民间志愿行动的考量》，《网络财富》（理论版）2008 年第 10 期。
③ ［德］H. 哈肯：《协同学和信息：当前情况和未来展望》，载《熵、信息与交叉科学——迈向21 世纪的探索和运用》，喻传赞等编译，云南大学出版社 1994 年版，第 1 页。

会管理系统中，只有一个因素（或参量）在起作用。现在我们改革和创新了社会管理体制，将企业单位、社会组织、民间团体、社会公众都纳入到新的社会管理格局之中，并作为社会管理主体相对独立的子系统加以对待，这样，我国的社会管理才有了进行社会协同分析的根本基础。基于这一道理，我们可以认为，社会参与是社会协同的基本条件。在社会管理中，包括在灾变危机管理中，没有社会参与也就没有社会协同。

2. 社会参与是社会协同的社会自觉

从协同学的基本理论来看，自组织乃是其基本精髓所在。所谓自组织，是指"在一定的条件下，由系统内部自身组织起来，并通过各种形式的信息反馈来控制和强化这种组织结构"的过程。① 自组织的目标是建立具有稳定、有序、完备、有修复力的组织结构，以保证系统结构和功能的跃升。在社会管理系统中，要实现社会管理系统结构和功能的跃升，关键的一环也在于自组织机制的形成。社会参与作为一种有目的、有意识的人类社会行为，乃是社会主体对形成具有稳定、有序、完备、有修复力的自组织社会结构的一种社会自觉。社会参与者无论从何方面来讲，都具有比普通生物更强的自协调和自适应能力。正如哈肯所说：既然"在自然界里可以通过自组织从无序状态中自发产生出有序性结构"，那么，根据这个法则，人类社会中完全可以通过人们的自觉行动，"自觉地"形成自组织的更高形式，实现社会协同、求得社会结构和功能的整体跃迁。②

3. 社会参与是社会协同的关键步骤

"社会协同是一种存在差异，甚至对立的协同。它是为了整个社会系统的生存、发展的求同存异。"③ 社会协同通常要经过不同社会主体间的协商对话、协调平衡，从彼此或大多数对象的利

---

① 曾健、张一方：《社会协同学》，科学出版社 2000 年版，第 33 页。
② 同上书，第 9 页。
③ 同上书，第 48 页。

益出发，实现社会管理系统的目标一致、和谐有序、协力合作，发挥社会管理系统的最佳社会功能。从这一理解出发，可以肯定地说，社会参与不仅是社会协同的基本条件，而且是社会协同的关键步骤。这主要是因为：第一，社会参与的行动是社会协商对话的基础，没有社会参与的行动，社会协商对话就无法进行，或者社会协商对话成为毫无必要；第二，社会参与的目的之一就是通过参与社会事务求得社会诉求的正常表达，这种社会诉求的正常表达，本身就是一种社会协商对话和协调平衡的过程。第三，通过社会参与的协商对话、协调平衡，可以在不同社会主体之间沟通信息、达成共识，从而实现不同社会主体之间的协力合作，实现社会协同的目标。

4. 社会参与是社会协同的信息保障

协同学的创始人哈肯认为，信息对现代社会极有意义，社会的正常职能依赖于信息的产生、转移和加工过程。它表现出的循环因果性特点，导致集体状态的产生。[①] 哈肯在这里所讲的信息对现代社会的意义，其实就是信息对社会协同的意义，它能带来社会协同的实现以及集体状态的形成。联系到社会参与来讲，社会参与的一个重要作用就是来自不同方面的社会参与者都能为社会事务管理提供各自有价值的信息，他们可以为社会事务管理的社会协同提供信息保障，从而促进社会协同的实现，保证社会系统集体状态的形成。实践证明，在灾变危机管理中，信息是实现社会协同的最重要因素之一，缺乏信息，或者管理者仅能掌握片面的信息，社会协同就无法达成。2008 年南方冰雪灾害的惨痛教训之一，就是"传达信息不统一、不协调"，从而造成严重的问题。[②] 所以，重视社会参与，加强信息交流，乃是使灾变危机管理有效实现社会协同的重要保障。

---

① 曾健、张一方：《社会协同学》，科学出版社 2000 年版，第 42 页。
② 段华明：《现代城市灾害社会学》，人民出版社 2010 年版，第 225—227 页。

三　灾管协同中的社会参与机理

灾变危机管理是针对各种重特大灾害对社会的肆虐和破坏而进行的一种危机状态下的社会管理。经验表明，灾变危机管理需要以灾区内外广泛的社会参与为基础，才能有足够的力量应对灾变危机，同时也需要以不同社会参与主体之间的社会协同为保证，才能有效实现灾变危机管理的目标。灾变危机管理社会协同的社会参与机理，实际上就是指灾变危机管理社会协同是在灾变危机状态下由于广泛的社会参与生发出来的。没有广泛的社会参与，就没有真正的社会协同。要全面恢复和有效实现灾区社会的良性运行和协调发展，就必须深入认识灾变危机管理社会协同的社会参与机理，并在此基础上通过协同合作、协调一致的广泛的社会参与行动，求得灾变危机管理整体功能的有效发挥。一般来讲，灾变危机管理社会协同的社会参与机理具体可从以下几个方面加以认识。

1. 群聚行为与集群应对效应

"物以类聚，人以群分"，这是一条最基本的自然法则。在动物世界，群聚行为是动物的一种自然属性。在人类世界，人类群聚行为首先是人类自然属性的表现，因为人类也是动物，只不过人类是高级动物而已；人类群聚行为其次也是人类社会属性的表现，没有人类群聚，就没有人类社会。有了人类群聚，才有了人们之间的社会关联，才有了人们之间的社会交往，才结成了人们之间的社会联系，才有了人们的社会参与行为，才形成了相应的社会系统。所以，社会乃是人类群聚的产物。人类的群聚，给人类带来了很多的好处，最主要的是生产力的提高和安全感的增强。从灾变危机管理的角度讲，人类群聚行为带来的安全感的增强，乃是由人类群聚所形成的群体参与效应和社会协同效应引致的。这就是我们所讲的灾变危机管理社会协同在社会参与层面上的群聚行为机理。

　　协同学研究表明，"在任何一种有行为能力的动物群中，从原生动物到脊椎动物都会出现群集行为，这些行为一般都是在生物竞争中由协同来提供相互保护和掩护的功能"①。群聚行为需要协同合作，群聚行为也产生协同合作，群聚行为是协同合作的基础。在灾变危机管理中，社会参与也是一种群聚行为，它是社会成员面对灾变危机对人类肆虐和破坏而产生的社会责任感引起的一种群聚行为，目的是帮助灾区战胜灾害，求得灾区民众安全感的增强。这种社会参与乃是人类社会发展过程中出现的一种比原始人类群聚层次更高、自觉性更强的高级群聚行为，它已经大大超出了原始人类群聚的狭小范围，打破了原始人类群聚在不同群类之间造成的隔阂，并依靠现代人的自觉意识和科学智慧，使这种群聚行为的组织化和有序化程度更高，从而更有利于形成一种集群应对效应。

　　2. 共同目标与五湖四海效应

　　毛泽东在讲到团结时说过："我们都是来自五湖四海，为了一个共同的革命目标走到一起来了。我们的干部要关心每一个战士。一切革命队伍的人，都要互相关心、互相爱护、互相帮助。"② 这一席话，对于我们认识灾变危机管理社会协同的社会参与机理显然具有重要的参考作用。其实，灾变危机管理中的社会参与，在很大的程度上也是一种来自五湖四海的社会参与。例如，在汶川大地震的抗震救灾中，所有的抗震救灾参与者都是来自于五湖四海、四面八方、国内国外，但他们为什么能协同抗震、协力救灾呢？其实这一问题不难解答，这就是共同目标使然。因为在汶川大地震这一国难当头的危急时刻，人们都有一个共同的想法，也就是一个共同的目标，就是要解救灾区的灾民于水深火热之中，迅速恢复灾区社会的良性运行。正是这一目标的

---

① 曾健、张一方：《社会协同学》，科学出版社 2000 年版，第 69 页。
② 毛泽东：《为人民服务》，《毛泽东选集》第三卷，人民出版社 1991 年版，第 1003 页。

指引，社会协同自然形成。

我国在长期的社会实践中已经形成了一种与社会参与相关的独特的协同文化，这就是"五湖四海"文化。"五湖四海"文化是毛泽东特别倡导的一种文化，也是长期以来积极培养的一种优秀民族文化。"五湖四海"文化作为一种社会和谐文化和社会协同文化，其核心内容就是求同存异、团结协作。在汶川大地震的灾变危机管理中，之所以来自不同地方的志愿者和参与抗震救灾的人士能够做到协同合作而非四分五裂，关键的是因为我国的社会参与乃是注入了"五湖四海"文化的社会参与。这种注入了"五湖四海"文化的社会参与，充分发挥了"五湖四海"的效应，它从文化层面规范着每一个社会参与者的参与行为，从而能够保证每一个社会参与者都能朝着一个共同的目标，互相关心、互相帮助，协力开展抗震救灾工作，从而充分发挥了社会参与者整体的社会作用。

3. 志愿行动与自觉调适效应

社会参与是一种志愿行动，志愿行动也就是一种自愿行动。许多学者都曾研究过志愿行动的自愿属性。他们认为，志愿行动是指行动者自愿贡献出自己的时间、精力、知识、技能、财务，或其他任何自己可支配的资源，在不计物质报酬的情况下，去帮助有需要的人。"志愿行为是出于自愿的，主动承担对他人、对社会的责任。"[1] 另外，志愿行动除了自愿的属性之外，还是一种有计划的亲社会行为。彭内尔（Penner）认为，"志愿者行为应该具有四种明显的特征——长期性、计划性、非义务性与组织性"[2]。志愿行动作为一种自愿行动，当然也是一种自觉行动。由于行动的"自觉"，因而显得更有计划性、更有组织性。这种自觉自愿的社会行动在进入一个社会系统时，它便可以根据所进入

---

① 于海：《志愿运动、志愿行为和志愿组织》，《学术月刊》1998 年第 11 期。

② 徐步云、贺荟中：《西方志愿者行为的研究综述》，《中国青年研究》2009 年第 4 期。

社会系统的情况和需要，实行自我调节、自我适应，从而有利于实现社会协同。

在灾变危机管理中，几乎所有的社会参与（而不是其他的参与）都是一种志愿行动。这种志愿行动，是以灾变危机状态下的社会关联为社会动力而引发的"亲社会"思想和"道德"理想①支配下的社会参与行为。"亲社会"思想和"道德"理想不仅促使行动者能够自愿地贡献出自己的时间、精力、知识、技能、财物以及自己可以支配的资源，而且能够自觉有序地参与到灾区的抗灾救灾中，去关怀和救助有着某种迫切需要的灾民。此外，在这种作为志愿行动的社会参与过程中，由于灾变危机造成的特殊社会环境——危险的和开放的社会环境的作用，作为志愿行动的社会参与者的自觉性更高，自我调节、自我适应能力更强，从而使社会协同机制的生发有了更好的基础。尤其随着作为志愿行动的社会参与者在灾变危机管理中的不断成熟，形成社会协同机制的可能性会显得更大。

4. 美誉获得与社会认同效应

霍曼斯的社会交换论认为，人是理性的，人们所做到的行为都是为了获得回报，要么是为了获得报酬，要么是为了逃避惩罚。②从社会交换论的这一角度来看，社会参与作为人们的一种社会行动，其获得回报的目的不可排除。事实上，这种获得回报的心理在社会参与者那里是客观存在的。只不过回报的形式不同而已。例如，有人希望的回报是社会声誉，有人希望的回报是社会认同，有人希望的回报是社会奖赏，这些都可用一个术语粗略概括，那就是美誉。从这个意义上来讲，社会参与乃是人们在一定的社会系统中以获得美誉为目的而开展的一种社会行动。然而，在社会系统中，美誉只是一种相对的概念，它必须在社会系统中

---

① 任剑涛：《道德理想组织力量与志愿行动》，《开放时代》2001 年第 11 期。
② 侯钧生：《西方社会学理论教程》，南开大学出版社 2001 年版，第 194 页。

才能获得，并需得到社会的认同才能算数。正因为如此，社会参与中的美誉获得动机便也成为灾变危机管理社会协同的生成机理之一。

　　之所以作出如此判断，主要是因为，社会参与者要在社会中获得美誉，关键要有两方面的优良表现：首先，社会参与者必须为社会事务的有效完成而尽心尽力、作出贡献，这可说是最基本的要求；第二，社会参与者必须与社会系统中的其他社会参与者团结合作、协同行动，这可说是最重要的要求。一个社会参与者如果不能尽心尽力为社会事务的有效完成而作出贡献，当然无法获得各种美誉。但即使能够尽自己最大之力，如果与整个系统的行动不能协同合作，甚至影响系统运行，社会便难于认同你的出色表现。也就是说，社会参与者要获得美誉，并非通过占尽先机可以实现。须知，在社会参与中搞"个人英雄主义"，通常情况都不可能受到他人认同和赞赏。所以，美誉获得机理实际上可以较好地解释灾变危机管理中社会参与者之间为何能够自觉实现协同合作。

第三节　社会自组的社会组织机理

　　人们对"组织"的概念也许并不陌生。无论作为动词抑或作为名词，想必接受过较高程度教育或经历过一定组织生活的人都能理解。但是，即使是文化程度较高的人或经历过一定组织生活的人也不一定全然明白一个叫"自组织"（亦可简称"自组"）的概念。这是因为，"自组织"概念作为一个科学概念，最早来源于自然科学和工程技术。[①] 具体地说，在耗散结构理论、突变理论、进化论和协同学中，其创始人都用到了"自组织"或"自创生"这一概念。尤其在哈肯的协同学中，"自组织"这一概念

---

① 　杨贵华：《自组织与社区共同体的自组织机制》，《东南学术》2007 年第 5 期。

似乎不可或缺，甚至对整个协同现象及其全部的理论分析都具有
举足轻重的作用。从社会组织学角度来说，社会协同显然是一种
社会组织现象，然而它并非一般的而是一种高阶形式的社会组织
现象。在社会协同中，作为社会组织重要类型之一的社会自组织
（亦称社会自组）起着关键作用，因而被认为是社会协同的重要
生发机理。深入揭示灾变危机管理社会协同的社会自组机理，更
能体现出灾变危机管理社会协同的丰富科学意蕴。

一　社会自组的含义与要素分析

有学者认为："人类社会是自组织的，既无上帝的引导，也
无客观精神之支配，更不是圣人设计的结果。"① 这是一种社会自
组织观的表达。这一观念直接源自于英国弗里德里希·冯·哈耶
克（Friedrich van Hayk），他认为："人类社会不是人类设计的结
果，而是人类行为的结果。"② 这其中便隐含着一层人类社会具有
自组织的机制，依靠这种机制人类社会能够维持其有序运行的含
义。这种社会自组织观，尽管并非每一位学者都能接受，但它却
引起了人们对组织、自组和社会组织、社会自组等概念的浓厚兴
趣，形成多学科的相关认识。

1. 组织过程中的他组与自组

"组织"在汉语中是一个复合词。"组"字最早见之于《诗
经·廊风》，其中有"素丝组之，良马五之"的诗句。这里的
"组"就是把细带编结起来的意思。"织"是制作布帛的总称。
《庄子·盗跖》中有言："耕而食，织而衣"。最早将"组"与
"织"合成一词的是《辽史·食货志》，其中有"仲父述澜为于
越，饬国人树桑麻，有组织。"在古代中国，"组织"一词往往用
于表达"将一些元素构成另一个东西"之意。后来人们对其加以

---

① 邓周平：《论社会自组织研究方法》，《系统辩证学学报》2003 年第 3 期。
② ［英］弗·冯·哈耶克：《经济·科学与政治——哈耶克思想精粹》，冯克利译，江苏
　　人民出版社 2000 年版，第 521 页。

引申，其含义得以不断丰富。如《辞海》的释义是"按照一定的目的、任务和形式加以编制"。英文中"组织"（Organization）一词虽然是由"Organ"发展而来的，但《牛津大词典》仍然将其解释为"为特定目的而进行有系统的编排"①。由此可见，"组织"最早是个动词，而作为名词乃是后来的事，指的是人类群聚的高级形式。

在科学领域，组织被视为自然界和人类社会中事物的一种有序化的过程和方式。② 在自然界和人类社会中都有"组织"这样一种形式。例如，多数哺乳类动物都会有"组织"地生活在一起，有的甚至与人类的组织形式非常接近，如大猩猩、黑猩猩、猴子等便是如此。即使是一些低等动物，如大雁飞行时排列组成的"雁阵"、蚂蚁搏击时不断变换的"方阵"，都具有"组织"的特性。自然界和人类社会显示的组织特性引起了很多学科的重视，尤其对于"组织"这样一种有序化的过程，学者们进行了不懈的探索。起初，贝塔朗菲建立一般系统论，揭示了"一切都自成系统"的客观规律。后来，普利高津创立耗散结构理论，揭示了非生命界和生命界所共同具有的自组织过程。由此，人们开始将组织这种有序化过程按其动力来源区分为两种方式：一种是他组，另一种就是自组。

所谓他组，即"他组织"或"被组织"，是指在外界指令下被动地从无序走向有序的过程。而所谓自组，即"自组织"，则是自我组织起来，实现有序化。比利时科学家、诺贝尔奖获得者普利高津（I. Prigoging）将"自组"（self-Organization）界定为"没有外部命令，而是靠某种默契，彼此协调共同完成某种活动的构成方式"③。协同学的创始人哈肯则指出："如果一个系统在获得空间的、时间的或功能的结构过程中，没有外界的特定干

---

① 李英时：《组织学》，科学普及出版社1988年版，第1页。

② 杨贵华：《自组织与社区共同体的自组织机制》，《东南学术》2007年第5期。

③ 李英时：《组织学》，科学普及出版社1988年版，第2页。

涉，我们便说该系统是自组织的。"他还进一步解释说："这里'特定'一词是指，那种结构或功能并非外界强加给体系的，而且外界实际是以非特定方式作用于系统的。"① 由此可见，这里的"自组织"实际上有两层含义：一是事物或系统自我组织起来实现有序化的过程和行为，二是复杂事物或系统所具有的一种进化机制和能力。②

2. 社会系统的社会自组现象

搞清楚了自组与他组的含义，现在有必要对社会系统的社会自组现象加以讨论。依上述原理推之，社会系统同样具有社会自组机制。那么，什么叫社会自组呢？社会自组也即社会自组织。然而，学术界关于社会自组织的理解大致存在两种不同的意见：第一种意见是将社会自组织视为名词，将其定义为一种特定的社会组织形态或一种特殊的社会联系状态。例如，安建增、何晔认为："社会自组织是介于国家和家庭、市场之间，独立存在、自助运作的社会组织形态，包括民间性的理事会、志愿性社团（非政府组织）、社区自治组织、社会集体行动和'草根'组织等。"③ 鲜江临认为，所谓社会自组织，"是指在社会共同体中，区别于国家的制度组织形态，社会主体之间的自主性沟通联系"④。

第二种意见是将社会自组织视为动词，将其定义为一种社会组织过程。例如，刘飞认为："社会自组织就是指不需要外部具体行政命令尤其是政府的干预与强制，社会成员自行通过协商与合作，取得共识，解决冲突，合作治理社会事务的过程，并使整个社会形成一种自我维系、自我组织、自我管理和自我服务的状

---

① ［德］H. 哈肯：《协同学——大自然构成的奥秘》，凌复华译，上海科学普及出版社1988 年版，第 29 页。
② 杨贵华：《自组织与社区共同体的自组织机制》，《东南学术》2007 年第 5 期。
③ 安建增、何晔：《美国城市治理体系中的社会自组织》，《城市问题》2011 年第 1 期。
④ 鲜江临：《社会自组织与社会冲突的法律分析》（2003 - 3 - 17），http：//www. gong-fa. com/xianjlzizuzhifalvchongtu. htm。

态。"① 李正宏认为，社会自组织"是依靠组织内部组织因素的相互认同与协调，自发形成治理系统组织有序的过程"②。另外，多年研究"社区自组织问题"的杨贵华对社区自组织进行的界定也基本上属于这一类型的定义，他认为："社区自组织是指不需要外部力量的强制性干预，社区通过自身就可以实现自我管理、自我教育、自我服务、自我约束，进而实现社区公共生活的有序化。"③

学术界出现诸种社会自组织的不同定义的事实表明，社会自组织现象确实在现实社会中具有不同的表象。有的表现为一种组织过程，有的表现为一种组织形态。例如，安建增、何晔所讲的民间性的理事会、志愿性社团（非政府组织）、社区自治组织、社会集体行动和"草根"组织，以及我们现在大量成立的民间社团组织、民办非企业单位、商会、协会、研究会等，这些就是社会自组织的不同形态。作为一种组织过程的社会自组织则不同，它更强调的是一种引起社会自组织现象发生的过程和机制，正因为存在不同，笔者有意识将其称为社会自组，目的是较好地与社会自组织的名词含义加以适当区分。当然，需要声明的是，社会自组概念也并非要排斥作为一种组织形态的社会自组织的含义。

综合多方面的考虑，尤其是基于"自组织理论"的考虑，我们似乎可以这样来定义社会自组，即社会自组也称为社会自组织，是指社会系统中的社会主体，在不受外部强制干预的情况下，依靠其成员之间的某种默契和自觉行动，形成一种自我组织、自我整合、自我调适、自我成长、自我发挥，具有特定社会功能的社会结构的过程。显然，这里的社会自组是具有动词属性的组织概念，它特别强调的是社会自组是一种社会组织过程，一种社会组织机制。按照这样的理解，作为一种组织形态的社会自组织，不过是社会自组产生的组织化社会主体结构而已。也就是

---

① 刘飞：《社会自组织与政府治理的适用性论析》，《中国商界》2009 年第 5 期。
② 李正宏：《论和谐社会构建中社会自组织的培育》，《湖北行政学院学报》2007 年第 5 期。
③ 杨贵华：《自组织与社区共同体的自组织机制》，《东南学术》2007 年第 5 期。

说，作为一种组织形态的社会自组织，乃是指社会系统中的社会主体，通过社会自组过程而形成的具有特定社会功能的社会组织形态。

3. 社会自组的两个社会层面

社会自组是西方发达国家高度重视的一种自组织机制，也是我国近年来逐渐受到重视的一种自组织机制。在现实社会中，社会自组可以发生于多个社会层面，例如，它可以发生在社会的宏观层面，也可以发生在社会的中观层面，还可以发生在社会的微观层面。大至一个国家，小至一个社区，甚至在更小的社会群体之中，或者说只要有人群的社会场域，都客观地存在着各种各样的社会自组的现象。当然，从大的方面来讲，学术界对社会自组通常的分析往往界定在两个社会层面：一个是基本社会层面，即相对于国家（或代表国家的政府）而言的纯粹社会层面；另一个是总体社会层面，即对应于国家范畴而言的宏大社会层面。

社会自组的基本社会层面也就是学术界通常讨论的"国家与社会关系"的社会层面。这一层面的社会自组的主要社会动力是社会自治。所谓社会自治，"就是人民群众的自我管理"，或者说，就是社会的自我管理。社会自治有着很多的好处，对于政府来说，"社会自治可以大大减轻政府的社会管理负担，降低政府的行政成本，减轻政府维护社会稳定的巨大压力。"对于社会成员来说，"社会自治是人民群众当家作主的最直接形式，是还政于民的现实途径"[①]。社会自治的这些功能，一方面调动了人民群众社会参与的积极性，另一方面也能得到政府的支持。正是在这种情况下，社会自治成为一种必然的社会发展趋势。

然而，在基本社会层面，社会自治决不能是"一盘散沙"、"乌合之众"的社会成员的社会自治。在国家社会自治政策的宽松环境下，不少的社会成员有了社会参与的自觉性，他们积极行

———————————

① 俞可平：《更加重视社会自治》，《人民论坛》2011 年第 3 期。

动起来，围绕着社会自治的目标，自我组织起来，建立各种社会组织、开展各种志愿活动，投入到社会自治之中，以实现社会自治的有序化和高效化。我国当今社会组织如雨后春笋般的发展，正是在社会自治的国家政策环境下社会自组的体现。这种社会自组，可以最大限度地激发公民的主体意识，培养公民的自我决策能力，调动公民的社会参与积极性，增强公民的社会责任感，提高公民的社会自治能力，增强公民之间的社会团结。

　　社会自组的宏观社会层面也就是与国家范畴相对应的社会层面。这一层面的社会自组的社会动力是公共治理。公共治理是由开放的公共管理与广泛的公众参与二者整合而成的公域之治模式。① 它具有治理主体多元化、治理依据多样化、治理方式多样化等典型特征。公共治理的提出，政府不再是社会管理的唯一主体，各种企业单位、社会组织以及广大社会公众都成了社会管理的主体，而且他们都是社会管理的"社会主体"。在这种情况下，政府包揽一切已成过往——事实证明也无法包揽一切。这时，作为社会管理的多主体之间就面临着一个新的社会自组或重组的问题，目的是构建"政社协力"的社会管理格局。

　　通过宏观社会层面的社会自组来构建"政社协力"的社会管理格局，是我国社会当前的一大选择。这种社会自组的结果是形成国家治理的一种新的善治结构。② 目前，我国正处于社会管理主体宏观社会层面的社会自组过程。这种社会自组的基本格局是："党委领导，政府负责，社会协同，公众参与，法治保障"。或许有人会问，这是一种社会自组还是他组？可以肯定，这确实

---

① 罗豪才：《公共治理的崛起呼唤软法之治》，《政府法制》2009 年第 5 期。

② 俞可平认为："从国家治理的角度看，政府的社会管理和公民的社会自治，是相辅相成的两个方面。仅仅加强社会管理，即使做得最好，至多也只能有善政，而不可能有善治。善治是政府与公民对社会生活的共同治理，是社会治理的最佳状态。善治意味着，即使政府不在场，或政府治理失效，社会政治生活也依旧井然有序。从这个意义上说，没有高度发达的社会自治，就难有作为理想政治状态的善治。"见俞可平《更加重视社会自治》，《人民论坛》2011 年第 3 期。

是一种社会自组。它是我国整体社会系统进化、发展到一定阶段的必然产物，是国家层面的宏观社会系统自我适应、自我调节机制作用发挥的具体表现，是适应国内外政治、经济、文化、信息、社会环境等由各种社会主体共同作出的一种选择。

4. 社会自组的基本要素分析

社会自组作为一种基本的社会组织类型、社会组织方式和社会组织现象，可以说它在我们的社会中已是司空见惯。然而，学术界对其基本构成要素的分析却非常少见。事实上，与其他类型的社会组织现象一样，社会自组也有其特定的构成要素。正是这些特定的构成要素及其合理组合方式，决定了社会自组具有特定的社会功能。通常来讲，社会自组的构成要素主要包括 5 个，即社会自组资格、社会自组动力、社会自组机制、社会自组结构、社会自组规范。

社会自组资格是指参与社会自组的社会主体所需具有的资质与格调。也就是说，不具有某种资质与格调的社会主体是很难甚至无法参与社会自组或无法进入社会自组织的。这样说来，似乎参与社会自组或进入社会自组织是那么的不容易。其实，这只是一种误解。实际上，社会自组资格并不苛刻，一般的要求就是"彼此尊重对方的权利"，或者说，参与社会自组的社会主体，都应是权利独立和地位平等的参与者，这种"权利的独立和地位的平等来源于并体现于他们（它们）彼此之间尊重对方权利"，"他们（它们）之间无上下级关系"①。

社会自组动力指的是参与社会自组的社会主体是由何种社会动力促使他们参与社会自组过程的。关于这一点，有的学者认为是在平等参与中确认共同利益。这种说法不能说有错，但显得不够全面。按照笔者的理解，社会自组的动力是社会主体针对特定社会事件而结成的社会关联，这种社会关联包括影响关联、利益

---

① 陈伟东、李雪萍：《社区自组的要素与价值》，《江汉论坛》2004 年第 3 期。

关联、情感关联、环境关联、文化关联等多个方面。将社会自组动力表达为"平等参与中确认共同利益"似有经济人假设之嫌。当然，话又说回来，在市场经济社会中，利益关联也许是社会自组过程中最明显的社会动力。

社会自组机制是指社会主体在实施社会自组过程中相互作用的基本方式。不同的社会主体要走到一起并形成自组织结构，光有社会关联不够，社会关联只是一种社会动力，不是运行机制，它体现的只是一种必要属性。社会自组机制作为一种相互作用的基本方式，应当是具体的社会行动方式，这种社会行动方式通常来说就是社会参与者之间的沟通协商。社会主体毫无参与意向不能实施社会自组，有了参与意向也可能存在分歧，需要通过沟通协商来化解各种分歧。当然，社会自组的机制很多，共同协商只是其中最基本的一种机制。

社会自组结构是指通过社会自组而形成的社会自组织各组成要素的排列顺序、空间位置、聚散状态、联通方式及相互关系的一种模式。按照协同学的说法，由社会自组所形成的自组织结构在现实中可谓五彩缤纷，不过"自组织的一类典型是耗散结构"①。所谓耗散结构，是指远离平衡状态的系统通过与外界环境间的物质、能量、信息的交换而得以形成的稳定有序的结构。耗散结构实际上是一种开放性的结构。耗散结构在当代社会中的典型结构是社会网络结构。所以，社会网络结构可以被认为是当今社会中社会自组结构的理想类型。

社会自组规范作为一种社会规范，它是指在社会自组过程及其由此而形成的社会自组织结构中，社会主体所需遵守的社会行为规矩和社会活动准则。这些规矩和准则是社会自组的参与者都必须遵守的。社会自组的规范有很多，大凡社会中通行的社会规范都可以成为社会自组规范，社会自组织也可以制定自己的规

---

① 曾健、张一方：《社会协同学》，科学出版社 2000 年版，第 42 页。

范。这样，社会自组规范从来源划分便有社会规范和组织规范两类；从形式划分，则有成文规范和不成文规范两类。风俗习惯、口头约定等是不成文规范；形成文本的法令、条例、规章和制度、重要的教规等则是成文规范。

二　社会自组与社会协同的关系

随着我国经济的快速发展和社会的急剧转型，社会管理改革创新被摆到了十分重要的议事和实施过程。尤其是社会管理改革创新的提出和在一定程度上的推进，一个对于我国社会领域显得颇新的概念得到采纳并广泛流传，这一概念就是社会协同。然而，社会协同也总是与另一个概念有着挥之不去的关系，这个概念则是社会自组。那么，社会自组与社会协同到底具有何种现实的和可能的关系呢？一般认识是：没有社会协同，就没有基本的社会自组；没有社会自组，也难实现高阶的社会协同。下面，我们对这样两个观点展开必要讨论。

1. 社会协同之于社会自组

社会协同之于社会自组，其作用显得非常重要。从协同学的基本原理来讲，有学者便这样认为："协同学是形成自组织结构的最根本的内在动力学机制。"[①] 协同学中有个序参量的概念，序参量表示系统的有序结构和类型，它是子系统介入协同运动程度的集中体现。序参量来源于子系统间的协同合作，同时又起支配子系统的作用。哈肯在创立协同学时就认为，一个系统从无序向有序转化的关键不在于它是否处于热力学平衡状态，也不在于它离热力学平衡有多远，而在于组成该系统的各子系统在一定的条件下，通过非线性的相互作用能否产生相干效应和协同作用，并通过这种作用产生出结构和功能有序的系统。这种协同运动意味着系统的新的有序态的出现，在宏观上表现出系统的自组

---

① 曾健、张一方：《社会协同学》，科学出版社 2000 年版，第 33 页。

织现象。

在社会系统中，社会协同之于社会自组的作用，其表现更为突出。这是因为，作为社会系统构成要素的人是有意识、有情感、有态度，且有着自己的利益诉求的人，他们具有的意识、情感、态度及其变化情况，会严重影响到他们的合作行为。假设在一个社会系统中，各种社会主体表现出不合作、不协调的情形，那么，就根本谈不上社会自组，更不能形成具有优良社会功能的社会自组织。例如，在一个"各人自扫门前雪，不管他人瓦上霜"的社会群体中，要形成社会互助的社会自组织，那肯定是不可能的；抑或在一个"鸡犬之声相闻，老死不相往来"的社区里，要想人们自觉地组成一个合作组织，除非有外力的强制性干预，否则，也不可能实现。所以，要求社会自组，就不能没有社会协同。

2. 社会自组之于社会协同

社会自组之于社会协同，在学术界的讨论非常少见。尽管如此，这并不能否定社会自组之于社会协同的作用。事实上，社会自组与社会协同在现实中呈现出一种互为因果、互相促进的关系。社会自组之于社会协同和社会协同之于社会自组在功能变量上十分类似，他们各自都有着非常重要的作用。社会自组之于社会协同的这种作用就是，社会自组必然引起超越初阶社会协同的社会协同。这一说法是有其理论依据的。其中最基本的理论依据就是社会协同学中所特别关注的社会竞争与社会协同的社会竞合机制。因为，多种社会主体的社会自组织化必然带来各种社会自组织结构社会竞争力的提升和社会参与欲的增强，这一现象引起的必然结果之一也是最好的结果便是较为高阶的社会协同的实现。

推而广之，除了最原始的初阶社会协同之外，没有社会自组也就没有超越初阶社会协同的社会协同。这在现实社会生活中可以找到足够的例证。比如，在我国过去很长的一段时间里，社会自组织化受到严格限制，因而较为高阶的社会协同几乎变成毫无必要的术语。在高度重视社会协同的新公共管理中，假如没有社会自组，就没有多样化的有能力的社会协同主体参与其中，也就不可能形成新公共管理模式。所以，有学者认为："社会结构自组织理论为政府改革和新公共管理模式提供了理论基础。"① 在现代社会中，除非你是在讨论最初的那种初阶社会协同，否则，无论什么时候，你都不能抛开社会自组而谈社会协同，尤其是比初阶社会协同层次和水平要高的中阶社会协同和高阶社会协同。

三 灾管协同中的社会自组机理

灾变危机管理社会协同的社会自组机理，实际上就是指灾变危机管理社会协同是在灾变危机状态下由于社会自组织机制的作用而生发出来的。正如前面提到的，按照社会系统的层次性来做分析，社会协同也有初阶社会协同、中阶社会协同与高阶社会协同等层次与水平之分。灾变危机管理中的社会协同通常是国家层面或区域层面的社会协同，这种社会协同相对于一般社会群体中的初阶社会协同和一般社会组织中的中阶社会协同来说，乃是一种高阶的社会协同。这种高阶的社会协同，往往需要初阶的社会自组和中阶的社会自组作为其坚实的社会子系统基础。根据这样一个道理，在灾变危机管理的社会协同中，社会自组事实上起着十分重要的基础性和保障性的作用。这一认识，正是对灾变危机管理社会协同的社会自组机理的一般认识。当然，如果我们进一步地对灾变危机管理社会协同的社会自组机理作深入分析，还可获得一些更深刻的认识。

1. 社会竞争与社会合作效应

协同学创始人哈肯说过："我们将看到，很多个体，不管是原子、分子、细胞，还是动物和人，都以其集体行为，一方面通

---

① 陈伟东、李雪萍：《社区自组的要素与价值》，《江汉论坛》2004 年第 3 期。

过竞争，一方面通过合作，间接地决定自己的命运。"① 在社会协同学中，也有这样一条规律："社会系统中的自组织的产生和演化都由竞争与协同共同决定。"② 由此可见，社会自组、社会竞争、社会协同三者之间确实具有某种必然联系。这种联系除上述学者所揭示的社会竞争和社会协同对社会自组的催化与保证作用外，我们认为还存在一层更为深刻、更不易发现的联系。这种联系的简要表述是：社会自组产生较高层次的社会竞争，较高层次的社会竞争促成更高层次的社会协同（社会合作）。而这种联系，恰恰是所有较高层次的社会协同得以产生的社会竞合机理。

　　社会竞合机理又称为社会竞争与社会合作效应。这种效应的发挥与社会自组作用的发挥密不可分。可以这样思考，既然原初的社会竞争促成了社会自组（其中隐含社会合作），那么，随着社会自组的出现及功能的放大，社会竞争将更为激烈，这时，各种社会自组织以及其他官方组织要么拼个你死我活，要么进行高一层次的社会自组。这时，较高层次的社会协同就有可能实现了。而且由于人都有趋利避害的特性，因而社会协同的概率往往大于拼个你死我活的概率。如果我们再进一步推导下去，假如出现更高层次的社会竞争，那么，更高层次的社会自组也将发生，高阶社会协同的出现便不言而喻。这一规律无论在经济管理领域还是社会管理（包括灾变危机管理）领域，都可以实际地观察。③

　　2. 社会开放与组织成长效应

　　社会自组顺利进行的一个重要条件，就是社会开放或开放的社会。可以想象，一个绝对封闭的专制社会，社会主体间的社会

----

① ［德］H. 哈肯：《协同学——大自然成功的奥秘》，凌复华译，上海科学普及出版社 1998 年版，第9页。
② 曾健、张一方：《社会协同学》，科学出版社 2000 年版，第33页。
③ 在灾变危机管理领域，2008 年的南方冰雪灾害抗灾救灾过程反映了各种官方机构及社会自组织的机械性社会竞争，其害处不言而喻。后来到汶川大地震的抗灾救灾过程中，各种官方机构及社会自组织的行为取向发生了重大变化，初步实行了高层次的社会自组，在一定程度上实现了高阶的社会协同。

自组绝不可能顺利进行，甚至决不允许人们存在这种想法。人们一旦暗中进行自组织活动，官方便会查处，起码也会进行规劝或训诫。所以，只有在社会开放或开放的社会中，社会自组才能成为合情合理合法的社会事实而得以顺利进行。同时，社会开放或开放的社会不仅只是社会自组顺利进行的重要条件，还是社会自组织获得组织成长的重要条件。只有在开放社会，社会自组织才能在社会的公共空间中得以成长和壮大，通常的规律是，社会开放度越大，社会自组性越好，组织成长力越强。要是在封闭社会中，社会自组织不是被限制，就是被扼杀，根本没有组织成长一说。

　　社会开放与组织成长效应作为社会协同的社会自组机理之一，主要讲的是在开放社会中，社会自组有了良好的社会环境，在这种良好社会环境中，一方面使得社会自组成为可能，另一方面也使得社会自组织通过与社会环境的物质、能量和信息的交流而得以不断成长壮大。然而，在社会自组织不断成长壮大的过程中，社会自组织由于逐步积累起了大量的社会资本，因而也就有了参与社会管理的能力，也就有了参与社会竞争的能力，这样，一定社会范围内的社会协同就成为一种必要，并能够得以实现。在 2008 年汶川大地震抗震救灾中，"广州社工"之所以能够进入灾区提供各种社会工作服务，并能引起社会的高度重视，主要是因为它在改革开放的前沿广州成长起来了。① 这一效应明显服从一个规律：社会开放度越大，社会自组性越好，组织成长力越强，社会协同度越高。

　　3. 社会分工与有机团结效应

　　社会分工是指人类从事各种劳动的社会划分及其独立化、专

---

① 2008 年 5 月，广州市社会工作协会（筹）组织广州市的社会工作者亲赴汶川地震灾区开展救援工作。"广州社工的实际援川行动得到了市民政局的大力支持，后发展为直接由民政系统亲自主持的广州社工行动"。此外，广州社工在汶川的救援行动，还得到了军方、当地政府的高度评价。参见朱静君《教学与服务互为促进社会工作人才队伍培养模式探索》（2011 - 12 - 7），http://www.gzsssw.org.cn/index.php/About/show/id/111.html；参见佚名《广州社工在汶川》（2008 - 8 - 20），http://www.tu-dou.com/programs/view/LDCHWw8Rof8/。

业化格局。社会分工是人类文明的标志，它在社会协同学中具有特殊意义。一般认为，"社会分工是引起社会失稳进入'非平衡这个有序之源'的'巨涨落'，也是人类社会协同发展的第二个有序源，即'以社会分工的发展为纽带的社会有序结构的进化'"①。从社会自组的角度来看，由于社会分工使社会进入了非平衡状态，根据耗散结构理论和协同理论，这时，社会的各子系统就会通过非线性的相互作用而进行社会自组，产生出新的结构和功能有序的系统。随着社会分工越来越细密，社会也就会愈加向着自组织有序化的方向发展。人类经历了多次社会大分工，并且至今没有停止，适应人类社会分工的发展，社会自组织化也永不停息。

　　由社会分工引起的自组织化和社会协同有两个方面：一是同业联合，二是功能互补。前者主要可通过社会竞合逻辑加以解释，此不赘述。后者则要通过社会分工与有机团结效应这一机理加以分析。具体来讲，社会分工造成的专业化，使得每一个人、每个行业和每种产业都无法独立满足自身的需要和社会的需要，同时也使得每一个人、每个行业和每种产业都必须依赖于其他的人、其他的行业和其他的产业。这就出现另一种形式的社会自组——建立具有满足社会需求功能的新的组织结构。于是，社会分化又会进一步地加剧，新的社会自组化又要开始。这种社会分工的必然结果，就是产生社会系统整体上的社会团结，即迪尔凯姆所讲的有机团结②，从而实现更大范围的、更为高阶的社会协同。

　4. 社会差异与功能互补效应

　　社会差异与功能互补效应作为一种灾变危机管理社会协同的

---

① 按照曾健、张一方的说法，第一个有序源是"以科学技术的物化及生产工具发展为纽带的社会有序结构的进化"。见曾健、张一方《社会协同学》，科学出版社 2000 年版，第 80、81 页。

② 社会分工与社会团结的关系，法国社会学大师迪尔凯姆从社会学的角度进行了深入的分析，在此不多加讨论。见［法］埃米尔·迪尔凯姆《社会分工论》，渠东译，生活·读书·新知三联书店 2000 年版，第 73—92 页。

机理，它所反映的是在灾变危机管理中由社会差异引起社会自组进而实现社会协同的规律。拉兹洛曾经指出："只看到差异性是老式的常识，只看到一致性也毫无意义。看到由进化的洞察力揭示出来的差异性中的一致性，或许是一种真正的辨识能力。"[①] 社会差异与功能互补效应就是让我们从差异中看到了一致。在社会系统中，各种社会主体之间都存在各种社会差异，比如行业、专业、职业、特长、能力、地位、财富、资本、权利、声望等都有差异。而社会系统要形成有序结构，发挥特定功能，往往需要各种不同功能的子系统的互补性参与。因此，社会差异和功能互补效应实际上成为了社会自组的动因，成为了社会协同的机理。

　　具体就灾变危机管理来讲，假若某场巨灾给灾区造成严重破坏，这时单纯依靠灾区力量不足以解决问题，那么，非灾区社会力量便会借由社会自组加入其中，与灾区力量一道形成互补性社会协同来抗灾救灾。同样，面对灾区抗灾救灾的巨大压力，单纯依靠政府的力量也不足以解决问题，于是，一些不同功能的社会力量，如企业组织、社会组织、公民个人等，也会根据抗灾救灾对行业、专业、特长、能力等方面的要求，借由社会自组参与其中，与政府一道形成高阶社会协同，共同解决抗灾救灾中的多学科问题。这里，各种社会主体尽管存在很大差异，但他们各尽所能，互补其缺，便可形成巨大协同功能。一些专业救援队之所以能跨国救灾，除了富有爱心外，主要是因为他们具有特殊的能力。

---

① 转引自曾健、张一方《社会协同学》，科学出版社 2000 年版，第 49 页。

第五章　灾变危机管理社会协同架构

　　当今我国社会是一个灾害多发的社会，也是一个急剧转型的社会，由灾害引发社会危机的可能性日益增大，而市场经济条件下单位制的解体也增加了应对灾变危机的困难。如果我们仍然沿袭已有的灾变危机管理体制，或者对原有体制进行有关的改革后再次出现体制不顺、协调不力、措施不当，都会造成或衍生各种更严重的社会问题（如社会失序甚至社会冲突）。因此，科学建构灾变危机管理社会协同的基本架构，努力完善灾变危机管理的社会协同体制，是本研究的一项重要任务。所谓灾变危机管理社会协同架构，也就是在灾变危机管理中，不同社会协同主体之间的要素结构、功能划分和行为网络等的架构。建立灾变危机管理社会协同架构，从认识论的角度来讲，既是社会系统论的要求，也是社会协同论的要求；从实践论的角度来讲，则不仅是我国改革和创新灾变危机管理体制的要求，更是我国通过灾变危机管理社会协同体制的建立，充分有效发挥各类灾变危机管理主体的功能、引导各类灾变危机管理主体的行为，从而有效地增大灾变危机管理功效，实现灾区社会良性运行与和谐发展的要求。

第一节　社会协同主体的多元架构

　　灾变危机管理的社会协同既是一种管理体制，也是一种管理模式。作为一种管理模式，它也可表述为灾变危机社会协同管理。灾变危机社会协同管理的基本目标是，在强调政府责任的同时，充分依靠多元社会力量的广泛参与和社会联动，既重视规制行动也重视志愿行动，以形成一种有秩序、有规则的相互协同的自组织系统，从而增大灾变危机管理功效。因此，就我国来讲，灾变危机管理社会协同主体要素的基本构架，就是"党委领导、政府负责、社会协同、公众参与"。具体从近年来一些重特大灾害的应急管理情况来看，参与我国灾变危机管理社会协同的主体是多元的，主要有党政机关、驻地部队、事业单位、信息机构、企业组织、社会组织、社会公众等（见图5-1）。当然，在某些重特大灾害中，甚至还要国际社会和国际公众的参与和支持。由于党委在我国灾变危机管理中乃是一种恒定的领导机构，主要是承担领导责任和发挥领导作用，同时党委的意图主要通过政府来具体落实或具体实现，所以，这里对党委不作详述。

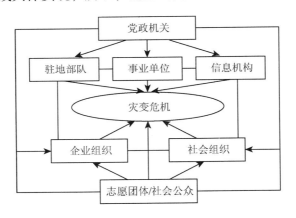

图5-1　我国灾变危机管理社会协同架构示意

一　政府机构

政府机构也称为政府部门，通常说的就是政府。政府机构的含义有广义与狭义之分。广义的政府机构是指中央和地方的全部立法、行政、司法和官僚机关。狭义的政府机构仅指中央和地方的行政机关、官僚机关，即依照国家法律设立并享有行政权力、担负行政管理职能的那部分国家机构，在我国，亦称为"国家行政机关"。从行政管理的角度来看，政府机构是国家权力的执行机关，是对社会进行统一管理的权力机构，任何社会组织都不能超越政府的管理。从责任政府的角度来看，政府机构在任何情况下都得对社会负责、对公众负责，无论它是现代社会中作为"人民政权"的政府还是作为"委托代理人"的政府，它都要履行这份责任。我国的政府是人民政府，它应是为人民服务、对人民负责的政府，它更要承担起所有国家管理、社会管理的各项责任甚至具体的事务。在灾变危机管理高阶社会协同的主体构成中，政府显然是一种关键的构成要素。

政府的职能在不同的国家和一国之内的不同社会历史时期都有所不同。就我国来讲，在计划经济时期，政府总揽一切，完全决定我国经济、社会、文化的发展，担负所有的管理实务。但随着我国改革开放的不断深入和社会主义市场经济的快步发展，政府的职能也发生了变化。就目前的情况来讲，政府的基本职能主要有四个方面：一是制定发展规划，即制定国民经济和社会发展的战略规划及相关的计划、方针、政策，制订资源（包括智力资源）开发利用、技术改造和技术进步的方案等。二是进行宏观调控，即从社会大局的利益出发，协调地区、部门、企业之间的发展和相互关系，并从宏观管理调控的角度给予指导。三是开展管理服务，即进行计划、财政、工商、税收、金融、价格、外贸、科技、教育、文化、卫生、人事、社保、民政、城建、住房等的管理服务与改革创新。四是实施行政监督，具体监督法律、法规、政策的执行情况，纠正不当社会行为。

在灾变危机管理方面，政府更担负着重要的职能和责任。我国学者王宏伟认为："政府存在的首要意义就是为确保社会公众的生命、健康与财产安全。""政府在应急管理中发挥着不可替代的作用。"① 美国学者威廉·沃（William L. Waugh）更明确地指出，当灾变危机（紧急事件）到来时，社会公众对政府的希望有九个方面：（1）就即将来临的紧急事件向公众发出警报；（2）对紧急事件的严重性进行评估；（3）将事件的情况及时告知公众；（4）对危险区域的安全度作出评估；（5）把危险区域的公众转移到安全的地方；（6）快速恢复各种服务；（7）为受害区域和居民提供恢复性服务；（8）减轻突发事件对未来的影响；（9）保护公众的生命与财产。② 正因为如此，无论在中国、美国、英国、日本、俄罗斯，还是其他的国家，各国政府都在灾变危机管理中担负着重要责任。

我国历来是政府对灾变危机管理担负重要职能和责任的国家。新中国成立以来，我国政府非常重视对灾变危机的管理负责。远的不说，单是从 21 世纪开始以来，在多次重特大灾害（如南方冰雪灾害、汶川大地震、玉树大地震）中，我国政府都高度负责地履行了责任政府的灾变危机管理职责，发挥了突出的作用，并在国内国际上都产生了很好的社会影响。仅以汶川大地震为例，我国政府真正担负起了美国学者威廉·沃所讲的所有政府责任。笔者后来到汶川地震灾区考察，所见到的情况是，曾经震垮、震塌的城市，简直恢复和建设得比没有受灾的城市还漂亮。据在汶川、都江堰所访问到的群众和灾区社工讲，目前，灾区人民群众可谓安居乐业，对政府千恩万谢。正因为如此，一些国外机构和媒体都对中国政府的灾变危机管理予以高度评价，称赞中国政府所发挥的作用。③

政府之所以能够在灾变危机管理中担负起重要的职能和责任，是因为政府具有许多方面的优势。这些优势主要包括：第

---

① 王宏伟：《应急管理理论与实践》，社会科学文献出版社 2010 年版，第 18 页。
② William L. Waugh, *Handbook of Emergency Management: Programs and Policies Dealing With Major Hazards and Disasters*, Greenwood Press, 1990. 参见王宏伟《应急管理理论与实践》，社会科学文献出版社 2010 年版，第 18 页。
③ 《外国媒体和官员高度评价汶川特大地震灾后重建工作》，《四川日报》2009 年 5 月 15 日。

一，政府具有权威作用。政府机构是国家权力的执行机关，政府权威是一种国家权威。处在一个国家层面的行政管理系统中，政府说话算话。例如，要调动部队参加应急救援，虽然并非所有国家全都是政府拍板，但必须通过政府才能办到；要调动各非受灾地区（省市、区县、乡镇）的行政系统参与应急救援和恢复重建，也只有政府才有这种能力。第二，政府掌握丰富资源。具体包括财政资源、科技资源、人力资源、组织资源、社会资源等，还有庞大的政府灾害应急部门和系统。第三，政府掌握调控工具。政府掌握的调控工具很多，如政策制定与实施、行政人事任免、奖励和处罚的实施等。这些，政府都可以根据灾情和抗灾救灾的情况加以适当运用。

当然，尽管我们说当今社会对政府机构在灾变危机管理中的地位和作用给予了充分的肯定，并认为政府机构是灾变危机管理社会协同主体中最重要的构成要素，但政府机构对灾变危机管理社会协同的认识目前仍显不够。尤其是一些基层政府官员，他们有的认为，灾变危机管理就是政府的事，政府该做到的都做到了，还有什么必要来谈社会协同呢！还有的政府官员认为，灾变危机管理本身事情就很多，秩序就够差，社会的参与只是增加他们的管理负担，平添他们的各种麻烦。更有的官员认为，社会协同就是一些社会组织来同政府争权利。显然，这些官员的认识全有错误，实际上是对那些固化了的灾变危机管理老体制的维护。这里也要说清楚，政府作为灾变危机管理社会协同主体的构成要素，是针对高阶社会协同而言的，而非一般社会组织或社会自组织层面的社会协同。

二　驻地部队

驻地部队简称驻军，就是指驻扎在灾区行政区划范围的军队（包括武装警察部队）。军队是国家政权的主要成分，是执行政治任务的武装集团，是对外抵抗侵略、对内巩固政权的主要暴力工具。被统治阶级、被侵略民族及其政党为夺取政权、争取独立所建立的常备武装组织亦称军队。现代军队一般分为若干军种，编有领导指挥机关、作战部队、后勤保障系统、院校和科研机构等，由军官、士兵和文职人员组成。通常采取统一的组织编制，拥有制式的武器装备，实施专门的教育训练，实行严格的规章制度，保持一定的作战能力和战备水平。在我国，军队被誉为祖国的"钢铁长城"。很多的地方都有驻地部队，包括中国人民解放军和武装警察部队驻军。驻地部队是我国灾变危机管理中应急救援的重要力量，也是我国灾变危机管理社会协同主体架构中的重要组成部分。

　　驻地部队（有时也有从外地调遣来的救援部队）参与灾变危机管理在我国乃是明规。在各种重特大灾害中，我们都可看到部队官兵的身影，而且这些部队官兵往往冲在抗灾救灾的最前面。部队参与灾变危机管理通常的职责是应急救援，当然有的情况下也参与灾区的恢复重建。我们还记得，在汶川大地震中，驻地部队，包括中国人民解放军、中国人民武装警察部队、公安消防部队在应急救援中确实发挥了至关重要的作用。哪里最需要，哪里就有部队官兵；哪里有危险，哪里就有部队官兵。当时，"解放军到了"五个字传到哪里，哪里的受灾民众就会闪现出盼到救星的眼神，含泪露出欣慰的笑容。① 正如有的灾民所说："面对这么大的灾害，假如没有部队加入抗灾救灾，我们简直就是没辙。"所以，在汶川大地震抗震救灾中，许多的灾民感谢部队，感谢咱们的子弟兵。

　　到 2009 年，在铁血社区还发出一个配图帖子，题为《汶川地震中没有报道的一些事及图可以体现出人民子弟兵就是人民的儿子》。帖文盛赞铁甲雄师救援团在汶川大地震中的救援行动。帖文说："在绵阳安县地震重灾区的群众，只要一提起解放军驻滇某部铁甲雄师的救援官兵，没有一个人不伸出大拇指来称赞；谈到官兵们冒着生命危险开展的四次大的营救行动，没有一个人

---

① 博客时文：《铮铮军魂尽显子弟兵本色——汶川地震中子弟兵锲而不舍救人》（2008-7-12），http://www.stuln.com/leifengzaixian/leifengjingshen/dzjx/2008 - 7 - 12/Article_8965.shtml。

不为之动容。"该帖文记述了铁甲雄师救援团官兵不怕死、不怕累，冒着生命危险抢救群众。"14 日（即受命到达灾区的当日）便救出重伤群众 5 人、轻伤群众 10 多人、疏散群众 1543 人"的事实。紧接下来，铁血雄师团不怕牺牲、不怕疲劳，发扬连续作战的作风，往返 180 多公里，连续奋战三天两夜共 54 个小时，跋山涉水，身背肩扛，救出老弱病残受灾群众百余人。许多灾区群众泣不成声地说："没有解放军，我们就不可能今天还活着，感谢解放军！感谢共产党！"①

　　驻地部队参与灾变危机管理具有很多优势。尤其是随着社会生产力的提高和科学技术的发展并应用于军事，许多国家的军队从本国战略需要和实际条件出发，积极利用先进科学技术成果，不断改进指挥、控制、通信和情报系统，改进现有的武器系统，发展新的、威力更大的武器系统；不断改革组织编制，改变人员结构，扩大科技工程人员的比重；通过加强部队官兵的科技教育提高官兵军事科学知识和专业技术水平，使军队进一步成为知识密集的部门；继续提高各军种各部队的合同作战和独立作战的能力，并组建新的军种、兵种，能在陆地、水面、水下、空中以至宇宙空间执行作战任务。这些都给部队官兵参与灾变危机管理增添了巨大的能力。同时，驻地部队由于在驻地生活与训练，比较熟悉驻地的情况，同时与当地政府、社区、企业及广大群众共建活动多，与驻地群众感情深厚，也成为他们参与灾变危机管理的另一个优势所在。

　　驻地部队作为灾变危机管理社会协同主体的重要构成因素，其道理与政府作为灾变危机管理社会协同主体的重要构成因素既有相同的地方，也有不同的地方。相同的地方在于，它们都是国家机器的重要组成部分，它们参与的社会协同行动都是高阶社会协同行动，而不是初阶社会协同行动。所不同的地方是部队并非

① 汶川地震中没有报道的一些事及图可以体现出人民子弟兵就是人民的儿子（2009 - 1 - 10），http：//bbs. tiexue. net/post2_ 3303458_ 1. html。

灾变危机管理的主要责任者，它们在灾变危机管理中并不拥有完全的管理权，只有参与权，是在为国家尽义务、作贡献。驻地部队作为灾变危机管理社会协同主体的重要构成因素与社会力量作为变危机管理社会协同主体的重要构成因素也有所不同，通常社会力量在灾变危机管理社会协同中，表现出的是一种志愿性参与行动，自由性较大，可以根据自己的意愿参与；而部队官兵在灾变危机管理社会协同中，表现的是一种规制性参与，主要是服从命令。

三　事业单位

事业单位是指以社会公益为目的，由国家机关举办或者其他组织利用国有资产举办的，从事教育、科技、文化、卫生、体育等活动的社会服务组织。在我国，事业单位有广义与狭义之分，广义的事业单位是包括各级党政机关、教科文卫以及新闻出版、体育、环境监测、城市建设等单位，此外，还有一些机关的附属机构和法律服务所等。狭义的事业单位则是除各级党政机关之外的上述其他单位。我国自新中国成立后到现在一直实行事业单位管理体制，这种管理体制是计划经济时期逐步建立并发展起来的，事业单位的组织与管理体制具有比较典型的计划特征——各类事业机构都为公立机构，资产都属于国有；政府决定事业单位的设立、注销以及编制，并对事业单位的各种活动进行直接组织和管理；各类事业单位活动所需的各种经费都来自于政府拨款。所以，我国的事业单位，既可以是一个纯粹的公共服务机构，也可以具有公共服务和行政管理双重职能。

事业单位在功能上具有三大特征：第一，事业单位具有服务性。服务性是事业单位最基本、最鲜明的特征。事业单位主要分布在教、科、文、卫、体等领域，是保障国家政治、经济、文化生活正常进行的社会服务支持系统。第二，事业单位具有公益性。公益性是事业单位的社会功能和市场经济体制的普遍要求决定的。在社会主义市场经济条件下，市场对资源配置起基础性作用，但为了保证社会生活的正常进行，就要由政府组织、管理或者委托社会公共服务机构从事社会公共产品的生产，以满足社会发展和公众的需求。事业单位所追求的首先是社会效益。第三，事业单位具有知识密集性。绝大多数事业单位是以脑力劳动为主体的知识密集型组织，专业人才是事业单位的主要人员构成，利用科技文化知识为社会各方面提供服务是事业单位的主要手段。事业单位在科技文化领域等具有重要地位，对社会进步起着重要推动作用，是社会生产力的重要组成部分。

　　在灾变危机管理社会协同系统中，事业单位往往具有十分重要的作用。首先，从事业单位的组织属性来看，事业单位本就属于官办机构。作为官办机构，事业单位实际上就是承担执行政府社会服务功能的机构。当国家或地区遭遇某种灾害的情况下，事业单位必须执行政府指令，无条件地进入灾变危机管理之中，并在灾变危机管理社会协同中担负重要任务。其次，从事业单位的服务能力来看，事业单位总体上具有较强的提供社会服务的能力，而且能够在一定程度上满足灾变危机管理的实际需求。例如，属于医疗卫生、疾病控制方面的事业单位，在灾变危机管理的情况下，就有能力承担灾区伤病员救治、灾区流行病防控等方面的工作；属于高等学校、科研院所等事业单位，就可以承担灾变危机管理中的大量科学研究工作和灾害重建的规划设计工作；属于新闻出版、社会文化等事业单位，就可以承担信息传播、社会动员等方面的灾变危机管理工作。

　　在灾变危机管理社会协同系统中，事业单位到底属于何种地位，目前并没有一种统一的说法。① 一直以来，我国事业单位承担的功能基本上就是政府部门的社会服务功能，或者说是政府社会服务职能的延伸。现在，随着国家对事业单位的体制改革，事

_____

① 文献分析表明，在我国，关于事业单位在灾变危机管理中的地位与作用的研究极少，很值得加强。

业单位在管理体制上开始产生分化，部分事业单位将参照政府部门进行管理，部分事业单位将逐步推向市场化管理。在此情况下，事业单位怎样履行灾变危机管理的职能，如何充分发挥其在灾变危机管理社会协同系统中的社会协同功能，这些都是值得进一步研究的事情。但不管怎样，只要事业单位还称为事业单位，它的根本性质就不可能发生很大变化，它的基本社会功能就将依然存在。所以，我们大致可以这样说，事业单位依然是政府服务社会的主要机构和重要手段，在灾变危机管理社会协同中，它在很大程度上仍然需要承担和履行政府的社会服务功能，有时甚至要代表政府提供社会服务功能。

四　信息机构

按照一般的说法，所谓信息机构是指实施信息搜集、加工、分析、储存、传递等有关信息管理活动的组织形式。在这里讲的信息机构主要是指担负信息传输或信息传播的机构，主要包括通信部门和传播机构两类。通信部门主要又是电信部门（含卫星通信机构）；传播机构则包括报纸、杂志、广播、电视、网络等。在我国，通信部门和传播机构过去都是政府管理下的事业单位。但随着改革的不断深入，通信部门变成了企业，传播机构虽仍是事业单位，但其自主性越来越大。尤其是网络的出现，一些网络传播机构也变成了企业，甚至一些门户网站还成为了上市公司。所以，今天的信息机构，尤其是通信部门和网络传播机构，在较大程度上已是具有某种独立性和自主性的单位。一直以来，我国的信息机构在灾变危机管理中都发挥着重要的作用，并在灾变危机社会协同管理中充当了重要的角色，成为灾变危机管理社会协同主体构成中的重要组成部分。

信息是社会系统存在的关键因素，信息在协同学中至关重要。[①]

---

① 曾健、张一方：《社会协同学》，科学出版社 2000 年版，第 29、123 页。

尤其在灾变危机到来时，由于灾害"不长眼睛"的巨大破坏作用，通常会使灾区的道路毁坏，交通中断，人们之间的信息传输无法进行，造成严重的信息分割状态。这种情况，很可能带来灾变危机管理者的决策失误，造成灾变危机所致的更大损失。这就得依靠通信部门的无线通信和传播机构的新闻传播。2008 年南方遭遇了百年未见的特大冰雪灾害，严酷的冰封雪冻导致局部电网瘫痪和大量的公路、铁路和航空运输中断，冰雪灾害造成黔、湘、鄂、皖、苏、陕、甘等 17 个省（市、区）不同程度受灾，灾民过亿。其中通信方面也出现了大量问题，对抗击冰雪灾害造成严重阻碍。为了解决这一问题，通信部门采取了一些果断的措施，迅速恢复各地通信。[①] 传播机构的记者则冒险深入灾区，及时进行采访，迅速发出报道，为抗击冰雪灾害作出了信息传播方面的努力，受到人民群众称赞。

在汶川大地震中，通信设施的毁坏不仅给通信行业造成了重大损失——据估计直接经济损失达 30 亿元，而且带来一个更为严重的问题，这就是"四川 8 个重灾县辖的因地震全部中断通信的乡镇共 109 个"，抗灾救灾指挥部门根本没法知道某些灾区的情况。有报道显示，截至 5 月 21 日，通信行业累计投入救灾资金约 7 亿元，出动抢修人员 3.2 万人。到 21 日下午 3 点半，109 个因地震全部中断通信的乡镇已抢通 64 个。由于公路及通信是抗震救灾的重中之重，除了电信运营商奋力抢修外，各通信设备生产企业也纷纷向灾区捐献通信设备，截至当日下午 3 点半，捐献的通信设备价值总额超过 2 亿元。中兴通信捐出总体积达 1500 立方米的通信设备，价值近亿元。爱立信捐出应急通信设备总价值达 4200 万元。华为捐赠通信设备约 2500 立方米，价值 2000 多万元。

---

① 当然，在南方冰雪灾害中，有关通信方面的微词也是有的。有专家指出："这次冰雪灾害多少暴露出近几年来通信行业在基础设施建设中，尤其是通信杆路工程建设中的薄弱环节，不敢说全部，相当一部分是豆腐渣工程所致。"见杨士兴、张仁寿《南方冰雪灾害曝通信行业豆腐渣工程》，《人民邮电报》2008 年 4 月 24 日。

摩托罗拉捐赠通信设施价值1100万元。诺基亚捐助现金和物资总额超过5300万元。[①]

　　传播机构方面，红网的一则论坛道出了传播机构的深度参与及重要功能。现将该文简要摘录如下：5月12日14时28分，几乎在发生地震的同时，所有有震感的地方都不约而同地在网络媒体上发布了震感的信息。几分钟后国家就发布了权威消息。两个小时之内总理就在第一时间抵达了抗震救灾的第一线，同时国家召开了新闻发布会，让权威的信息及时地稳定了社会，有力地指导了抗震救灾。全国人民以及世界人民通过这些权威的资讯，及时了解了地震发生发展的情况，CCTV通过现场滚动直播，地震灾难造成的灾情给人以强烈的震撼作用，人们通过网络、电视、平面纸质媒体等看到了中国政府有序、有力、有效的抢救行动。媒体的消息不但给指挥抗震救灾提供了可以参考的资讯，也给各地的赈灾救灾提供了可以参考的依据，政府的强有力的号召和应急能力，民众的积极响应和凝聚力量，在媒体的作用下迅速地汇集成一股不可战胜的力量。[②]

五　企业组织

　　企业组织一般是指以营利为目的，运用各种生产要素（土地、劳动力、资本和技术等），向市场提供商品或服务，实行自主经营、自负盈亏、独立核算的具有法人资格的各种经济组织。当然，在我国计划经济时代政企不分的时期里，企业并没有独立性。改革开放以来，企业组织成为以营利为目的独立核算、自负盈亏的法人或非法人单位。他们自行进行组织设计，制定目标，确定组织结构、劳动分工和责权范围；自行开展成本核算，进行

---

①　相中飞舟：《汶川地震见证了媒体的作用》（2008 - 5 - 21），http：//bbs. rednet. cn/fo-rum. php？mod = viewthread&tid = 12254050。

②　网络传播汶川地震总脉搏（2008 - 6 - 22），http：//www. baoye. net/News. aspx？ID = 279088。

盈亏配比，自收自支，通过自身的盈利解决自身的人员供养，社会服务，创造财富价值。企业组织分为国企和私企等不同的类型。国企就是属国家所有的企业组织；私企就是属个人所有的企业组织。企业组织是"现代社会中最重要的组织形式之一"，"是社会系统的有机组成部分"。"社会的发展离不开企业，企业的发展同样离不开社会。"① 所以，在灾变危机管理社会协同中，企业总是特别受人关注的社会协同主体之一。

　　企业组织之参与灾变危机管理的社会协同，是由多方面的原因引起的。一是企业拥有丰富的物质技术资源。它们不仅拥有财力资源，而且拥有物质资源、技术资源，同时还拥有大量的人力资源。这些，都是在灾变危机管理中特别需要的。二是企业负有重要的社会责任。所谓企业社会责任"是指超过法律和经济要求的企业为谋求对社会有利的长远目标所承担的责任"②。美国管理学大师彼得·德鲁克认为："工商企业并不是为着自身的目的，而是为着实现某种特别的社会目的并满足社会、社区或个人的某种特别需要而存在的。"毫无疑义，企业在灾变危机管理中同样负有重要的社会责任。三是企业追求良好的社会形象。在当今的市场经济中，企业形象是企业的一种十分重要的无形资产，这种无形资产，对于企业的生存和发展具有重要的作用，甚至具有决定性的作用。因此，一个企业要不断地发展，维系自己的无形资产，就必须充分重视企业形象。③

　　企业组织之参与灾变危机管理的社会协同，还有一个值得我们加以关注的原因，这就是企业组织自身也可能成为灾变危机的受害者。企业组织在灾变危机中成为受害者，其案例很多。例如，2008年的南方冰雪灾害，大量的农业企业、林业企业、交通

---

① 王宏伟：《应急管理理论与实践》，社会科学文献出版社2010年版，第225页。
② 转引自侯仕军《论经济赢利与社会公正综合诉求下企业可持续竞争力》，《华东师范大学学报》（哲学社会科学版）2012年第3期。
③ 李道平等：《公共关系学》，经济科学出版社2000年版，第151—152页。

运输企业，乃是直接受害的企业；还有大量的工业企业、商业企业，也因为交通的严重受阻，而失去了"春节"期间的一些重要经营机会，或者出现了明显的经济损失。1976年的唐山大地震以及2008年的汶川大地震等，不少企业的设施被毁坏，甚至有的工厂被夷为平地，损失巨大。面对突然降临的天灾人祸及其带来的社会危机，许多企业领导者都有可能设身处地考虑，假如自己的企业遭受如此灾害，其境况将会如何？这并非不可能的事情。正是在这种情况下，不少企业组织积极地参与到灾变危机管理社会协同中来，不仅为灾区广大灾民解决各种生活问题，而且帮灾区企业解决恢复生产的问题。

改革开放以来，我国企业的地位虽然发生了重要变化，但企业组织参与灾变危机管理的认识却不断提高。有的企业认为，灾害不期而至，突然发生，任何企业都难说能够躲过。在巨大的时间压力和心理压力下，灾害管理者需要迅速地调动与整合大量的人力、物力和财力来加以有效的处置。而从整体上讲，企业具有强大的经济实力，蕴藏着宝贵的人才资源，救灾装备和救援物资，具有参与灾害管理的优势。同时，在抗灾救灾中，"企业的行为也会被各种媒体加以放大，并受到公众的关注"[①]。于是，许多企业在灾害来临时都能借助自身的优势，"有钱出钱、有力出力"，在灾害救助中作出了重大的贡献，树立了良好的社会形象，赢得了社会公众的赞誉。"南方冰雪灾害""汶川大地震""玉树大地震""舟曲泥石流灾害"等抗灾救灾中，企业参与抗灾救灾、参与灾变危机管理社会协同的善举，应该说还只是当今社会企业参与社会协同的一个缩影。

六 社会组织

"社会组织"一词在我国有两重含义，一是指所有正式组

---

① 灾害管理公共合作项目专家组：《企业参与灾害管理手册》（2008 - 6 - 1），http：//www. amcham-china. org. cn/amcham/upload/wysiwyg/Disaster%20Management-cn. pdf。

织。比如公共关系学将公共关系的主体界定为"社会组织",这里就包括了企业单位、事业单位、民间组织,甚至政府组织等。二是指民间组织。这类社会组织泛指在一个社会里由各个不同社会阶层的公民自发成立的,在一定程度上具有非营利性、非政府性和明显社会性特征的各种组织形式及其网络状态。社会组织在国外更多地称为"非政府组织"(NGO,Non-Government Organization),泛指具有一定社会公共属性,承担一定社会公共职能、代表一定社会群体共同利益或公共利益的非政府社会组织,不包括企业等营利性组织。[①] 社会组织在有的国家和地区还有其他的一些称谓,如"非营利组织"、"民间社会组织"、"慈善团体"、"志愿部门"、"第三部门"等。社会组织在我国过去很长一段时期里就叫作民间组织,民政系统对专门管理此类组织的部门仍叫作"民间组织管理局"。

我国社会组织参与灾变危机管理在历史上虽然也曾受过重视,但是,作为一种新的社会管理体制保证的参与,其历史并不算长。全面推进我国社会组织的发展,基本上是在2007年我国确立"党委领导,政府负责,社会协同,公众参与"的社会管理格局后的事情。2007年以来,在这一新的社会管理格局的引导下,我国社会组织得到了快速发展。如在改革开放前沿的广东,适应新的社会管理格局建设的要求,2008年便发布了《关于发展和规范我省社会组织的意见》[②],对社会组织的成立登记进行了深入改革,许多新的社会组织得以顺利登记成立,并在社会协同管理中发挥了重要作用。目前,参与灾变危机管理的社会组织从种类到数量都有了很大的发展。不少专业社会团体、社会慈善机构、社会服务机构等,都非常积极地参与到社会协同管理工作之中。据近几年的观察,广东的社会组织在省内外各种灾变危机管理社会

---

① 张建伟:《自然灾害救助管理研究》,中国商业出版社2011年版,第154页。
② 方向文、徐祖平:《广东出台发展规范社会组织意见》,《中国社会报》2008年10月31日。(2008-10-31),http://www.mca.gov.cn/article/zwgk/dfxx/200810/20081000021901.shtml。

协同中也起到了应有的社会作用。

在我国社会组织系统中，新近崛起一类重要的社会组织，这就是社会服务机构。所谓社会服务机构，按照目前我国民间组织的登记办法，也称为民办非企业单位，属于公益性社会组织的范畴，即属于"面向社会，为社会公众和社会发展提供公益慈善服务，具有社会性、保障性和非营利性特点的社会组织。"这些社会组织通常以"社会服务中心"、"社会服务社"、"社会工作服务中心"、"心理咨询服务中心"等作为其机构名称。目前，广州单是社会工作服务类的社会组织机构就已接近 200 家①，为广州的社会管理与新兴社区服务增添了新的力量。在汶川大地震的抗灾救灾中，不少心理咨询机构、社会工作机构等直接参与了抗灾救灾工作。如广州的大同社会工作服务中心、启创社会工作服务中心等，都进入汶川灾区开展社会服务，取得较好成效。② 这是近年来我国推进新型社会服务发展的重要成果，也是社会组织参与灾变危机管理的一个重要亮点。

按照我国"党委领导，政府负责，社会协同，公众参与，法制保障"的社会管理格局要求，社会协同从狭义的角度来讲，主要是指社会组织对社会管理的参与及其在社会管理中的协同行动，这里的社会组织按照我国民政部门的提法，主要是指依法在社会经济活动中发挥服务、沟通、协调、监督、维权、自律等作用的各类民间组织、中介组织。根据社会组织的功能特点，大致可以将社会组织分为六类：一是公益服务组织；二是行业协会商会类组织；三是学术联谊类组织；四是咨询经济类组织；五是鉴证评估类组织；六是律师公证仲裁类组织。在灾变危机管理社会协同中，这些社会组织虽然都可依其功能自主地参与灾变危机管理活动，但其中作为政策视点和亮点的是那些公益服务类社会组

①　广东省及广州市近几年大力发展社会组织，社会服务类组织再不需要挂靠单位就可申请登记。
②　边慧敏等：《灾害社会工作：现状、问题与对策》，《中国行政管理》2011 年第 12 期。

织、商会行会类社会组织、学术联谊类社会组织和咨询经济类社会组织。尤其是公益服务类社会组织，更是我国灾变危机管理社会协同主体中的一股重要的社会力量。

七　志愿团体

志愿团体通常是通过社会公众的志愿行动而聚集起来的义务服务团队。联合国将志愿者（Volunteer）定义为"不以利益、金钱、扬名为目的，而是为了近邻乃至世界进行贡献活动者"，即指在不为任何物质报酬的情况下，能够主动承担社会责任而不关心报酬奉献个人的时间及精神的人。我国对志愿者的定义是，"自愿参加相关团体组织，在自身条件许可的情况下，在不谋求任何物质、金钱及相关利益回报的前提下，合理运用社会现有的资源，志愿奉献个人可以奉献的东西，为帮助有一定需要的人士，开展力所能及的、切合实际的，具一定专业性、技能性、长期性服务活动的人"[1]。在我国，志愿者通常是以团体形式出现，较早出现的志愿团体一是由中国共产主义青年团发起的中国青年志愿者[2]；二是由民政部门发起的义务工作者。[3] 我国志愿团体已成为社会公众参与社会管理与服务的重要渠道，并成为灾变危机

---

[1]　张松林：《参加"大学生助学论坛"之感及就公益助学团队发展中所遇到的问题浅析》（2011 - 11 - 30），http://blog.sina.com.cn/s/blog_ 5c2c78920102dx06. html。

[2]　中国青年志愿者是利用业余时间有组织地为他人、为社会提供无偿服务的志愿行动的中国青年群体。他们遵循弘扬"奉献、友爱、互助、进步"的志愿者精神，致力于帮助有特殊困难的社会成员，推动社会保障体系的建立和完善；致力于消除贫困和落后，消灭公害和环境污染，普及科学文化知识，促进经济社会协调发展和全面进步；致力于建立互助友爱的人际关系和良好的社会公德，推动社会主义精神文明建设。在农村扶贫开发、城市社区建设、环境保护、大型活动、抢险救灾、社会公益等领域做了大量服务工作。

[3]　义务工作者简称义工，实际上也就是志愿者。它是指任何志愿贡献个人的时间及精力，在不为任何物质报酬的情况下，为改善社会服务，促进社会进步而提供的服务的人。"义工"的说法多见于港台。在我国大陆，之所以也有"义工"之说，一是因为受港台的影响；二是因为我国大陆的义务工作者队伍是由民政部门发动起来的，为了与由团中央发动起来的中国青年志愿者相区别，而采用了"义工"之称。近年来，随着我国志愿者的迅速发展，民政部门也逐步将"义工"改称为"志愿者"了。

管理社会协同的构成要素之一。

志愿行动在国外的历史已上百年，最初起源于战争救护、家园重建、孤儿安置等与战争相关的救助活动，后来发展成为涵盖环境保护、秩序维护、社会管理等多个领域的综合服务。志愿行动在中国大致与国外具有同源性质，抗日战争期间，参与战争救护的工人、农民、学生等为数不少。在今天，志愿行动已逐渐成为广大社会公众的行动。这里的社会公众，乃是指一个国家和地区的广大社会成员。广大社会公众参与志愿行动，既是我国社会公众志愿精神不断增强的产物，也是当前我国社会管理与社会服务迫切需要的一种体现。正是这种志愿行动，激发了人们关心社会关心他人的社会情感，促进了弱势群体社会关照的社会服务，保证了我国各种重大社会活动的顺利开展，推进了基层社区自我管理的快速发展。尤其是在灾变危机管理中，广大社会公众的志愿行动，不仅为灾区提供了抗灾救灾的人力资源，而且为灾区民众提振了战胜灾害的信心。

志愿团体在我国灾变危机管理中的参与情况非常令人鼓舞。有关资料表明，在汶川大地震抗震救灾中，各地志愿团体都组织志愿者参与抗震救灾，进入四川灾区的志愿者人数超过百万。①这还不包括散布在全国各地参与抗震救灾志愿行动的无法计数的志愿者。我们怎么也不会忘记这些情况，除有组织的行动外，山东某村的 7 名农民自发组成救援队赶赴灾区进行救援；吉林某村的农民自驾农用车历时三天赶到灾区，把相当于 1/3 家当的粮食送到灾区；网络"天使妈妈"基金成员以最快速度募集到奶粉、口罩、消毒用品等物资，并派人员赶到灾区为儿童和救援部队提

---

① 据共青团四川省委不完全统计，抗震救灾期间，团省委累计接受志愿者报名 118 万余人，有组织派遣志愿者 18 万余人，开展志愿者服务达 178 万人次。这还不包括民间自发组织和无偿献血的志愿者。直到目前，仍有超过 5 万名志愿者在四川灾区服务。见新华社《汶川地震一周年：百万志愿者彰显"中国力量"》（2009－5－15），http：//www. gov. cn/jrzg/2009－05/15/content_ 1315960. htm。

供服务，等等。① 2008 年 5 月 22 日，美国《时代周刊》发表的一篇题为《被唤醒的中国》的评论指出："在这次危机中，一种新的自我意识觉醒了，人们认识到了中国人的同情心和慷慨精神。这是一种集体顿悟，整个民族突然间意识到，在 20 年的经济繁荣中，他们改变了多少。"②

毋庸置疑，在灾变危机管理中，社会公众是一股巨大的力量。这些社会公众有灾区社会公众和非灾区社会公众；直接参与抗震救灾的社会公众和间接参与抗震救灾的社会公众；还有国内社会公众和国际社会公众。从志愿行动的参与方式来讲，他们通常可以分为两类：一类是进入灾区救援的社会公众，通常称为一线志愿者。他们以志愿者的身份亲自参与灾区的灾变危机管理，在灾变危机管理中，他们根据自己的特长和灾区的需要，通常是哪里需要就到哪里去，具体为灾区的抗灾救灾做一些看似事小而意义重大的救助工作。二类是留在本地服务灾区的社会公众，他们通常成为二线志愿者。他们留在本地，照样为灾区奉献一片爱心、贡献一份力量，比如参与灾区急需设备的制造和征集，开展相关募捐活动，动员社会公众参与抗灾救灾等。可以这样说，广大社会公众参与灾变危机管理的志愿行动，是我国建立灾变危机管理社会协同体制最重要的社会基础。

第二节　社会协同功能的互补架构

功能分析是功能主义社会学的优良传统。功能主义社会学认为，社会是一个由不同功能的子系统构成的综合功能系统。帕森斯根据社会系统生存与发展的条件，将社会系统划分为 4 个功能

---

① 任慧颖、梁丽霞：《汶川地震对我国民间志愿行为的考量》，《网络财富》2010 年第 10 期。
② 杨先农：《抗震救灾志愿者精神四题》，《成都纺织高等专科学校学报》2009 年第 3 期。

子系统（AGIL）：社会适应子系统、目标获取子系统、社会整合子系统、模式维护子系统。① 灾变危机管理社会协同系统也可以看作一个完整的社会系统，这一社会系统也具有其重要的功能。然而，灾变危机管理社会协同系统的功能也是由各子系统的社会功能有机构成的，它形成灾变危机管理社会协同功能系统。那么，在我国灾变危机管理中，社会协同功能系统的各子系统应形成怎样的社会协同功能构架，才能使整体功能放大，产生良好的灾变危机管理效应呢？根据同其所近的功能类属及承担主体划分原则，这里具体对灾变危机管理社会协同系统的 4 个功能子系统进行讨论（见图 5-2）。

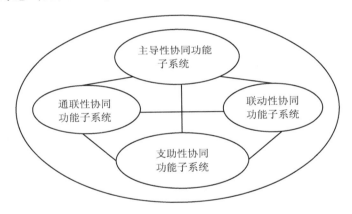

图 5-2　灾变危机管理社会协同功能架构

一　党政部门的主导性协同功能

按照党的"十七大"报告中的要求，当前我国应切实加强社会管理的改革与创新，积极建立"党委领导，政府负责，社会协同，公众参与"的社会管理格局。根据这一社会管理格局的规定，我们可以明确地认为，在我国灾变危机管理中，党政部门所

---

① 宋林飞：《西方社会学理论》，南京大学出版社 1997 年版，第 93 页。

担负的管理职能就是在党委的统一领导下由政府履行的灾变危机管理的统一组织、统一指挥、全面负责、全面协调的职能。从社会协同的角度来讲，这种职能可以综合地表述为党政部门在灾变危机管理中起主导作用。在由多种社会协同主体因素构成的我国灾变危机管理的社会协同系统中，以社会协同学的观点来看，我国党政部门的社会协同功能乃是一种主导性协同功能。

1. 主导性协同功能及承担主体分析

在社会管理系统中，主导性协同功能也可以理解为主导性协同职能或主导性协同作用。主导性协同功能是一个相对概念，具体指的是在社会管理系统中，那些具有特别突出的社会作用和社会影响的子系统所发挥的具有主导性、支配性、调控性的协同功能。主导性协同功能的概念是基于在社会管理系统中，不仅存在着"主导性"协同功能，也存在着"次导性"协同功能，甚至存在着"被导性"协同功能而提出的。在现实的灾变危机管理社会协同系统中来理解这一概念也许会更易明白。比如在我国，参与灾变危机管理社会协同的社会主体很多，尽管大家在法律地位上平等，但其功能作用却不一样。我们很容易看到，在我国灾变危机管理社会协同系统中，可以起到并能发挥主导性、支配性、调控性等协同功能的是党政部门（也包括党领导的军队、政府管理的公共部门）。

确立主导性协同功能的基本科学依据是协同学中系统参量的快弛豫参量和慢弛豫参量分类。快弛豫参量是指"仅在短时间起作用，它们临界阻尼大、衰减快，对系统的演化过程、临界特征和发展前途等不起明显作用"；慢弛豫参量"只有一个或者少数几个，它们出现临界无阻尼现象，在演化过程中从始至终都起作用；并且得到多数子系统的响应，起着支配子系统行为的主导作用，所有系统演化的速度和过程都由它决定"①。根据这一

①　曾健、张一方：《社会协同学》，科学出版社2000年版，第19页。

原理并结合我国灾变危机管理体制改革的实际，我国灾变危机管理社会协同必须有效确立慢弛豫参量，这一慢弛豫参量就是党政部门的主导作用，或者说"党委领导，政府负责"，承担我国灾变危机管理主导性协同功能的主体就是各级党委组织和政府部门。

协同学的目的虽然是要建立一种用统一的观点去处理复杂系统的概念和方法。[1] 但是，协同并不是排斥差异，相反，它特别重视差异；统一并不意味着一统，相反，它特别鄙视一统。主导性协同功能的概念并不是排斥差异，也并不是强调一统。相反，主导性协同功能正是在承认差异、反对一统的科学认识基础上确立的一个协同学概念，它不仅明确了多主体参与的重要性，而且也看到多主体之间的功能差异。因此，在社会协同学看来，不仅那种死抱政府包揽体制的做法是有违科学规律的，而且那种认为确立党政主导性协同功能就是排斥其他子系统功能的说法也是没有科学依据的。主导性协同功能是灾变危机管理社会协同系统中必须具有的一种协同功能。这在社会学和管理学中都可找到科学依据，更何况是作为一门系统科学的协同学所揭示的慢弛豫变量规律的客观支配。

从现实的角度来讲，在灾变危机管理乃至所有社会管理中，确立主导性协同功能及其承担主体，对于整个社会协同系统的有效建构和整体协同功能的有效发挥都具有重要的理论意义和现实作用。具体到我国的灾变危机管理中，确立主导性协同功能及其承担主体的重要意义主要体现在四个方面：第一，有利于明确我国党政部门在灾变危机管理高阶社会协同中的职能和责任，具体来讲就是"党委领导，政府负责"；第二，有利于我国党政部门充分发挥对参与灾变危机管理社会协同的其他社会主体的主导与引领作用，以提升灾变危机管理社会参与的有序度，减少灾变危

---

① 曾健、张一方：《社会协同学》，科学出版社 2000 年版，第 19 页。

机管理系统中的"熵增"现象①；第三，有利于我国党政部门深入认识其他参与灾变危机管理社会协同的子系统存在与发展的必要；第四，有利于吸引各种社会力量采取合法方式充分地参与到灾变危机管理中来，并根据各自的功能类型和优长之处在党政部门的主导和引领下发挥重要作用。

2. 党政部门主导性协同功能的含义

党政部门主导性协同功能的确立，在我国灾变危机管理社会协同体制的建构中是一个非常重要的问题。当然，这还只是属于灾变危机管理社会协同体制建构的一个环节。我们还需要具体确定党政部门主导性协同功能的含义。确定党政部门主导性协同功能的含义，就是要明确：党政部门的主导性协同功能到底包括哪些实实在在的内容，或者有哪些实实在在的功能属于党政部门的主导性协调功能？根据协同学关于慢弛豫变量的界定，主要有以下几个方面：

首先，党政部门主导性协同功能包括领导功能。领导功能就是引领和指导的功能。这表明，作为承担灾变危机管理社会协同主导性协同功能的党政部门，必然负有引领和指导灾变危机管理及其社会协同的职责。按照我国社会管理格局的规定，我国灾变危机管理的领导功能是由党委承担。这是我国的一个特色，也是我国的一个优势。实际上，在我国，无论是社会管理或者是灾变危机管理，都必须坚持党的领导。历史的经验证明，是否坚持党的领导是我国各项事业能否成功的关键。之所以在汶川大地震的抗灾救灾中，许多灾民喊出了"中国共产党万岁"的口号，其主要原因就在于我国灾变危机管理坚持党的领导。

---

① 在热力学第二定律中，"熵"是系统的热力学参量，它代表了系统中不可用的能量，用以衡量系统产生自发过程的能力。熵增加，系统的总能量不变，但其中可用部分减少。同时，孤立系统的熵不会减少。在信息论等学科中，"熵"通常是用来表示事物无序、模糊和不确定性的一个物理量。"熵增"（正熵）表示事物的无序性、模糊性和不确定性增强；"熵减"（负熵）表示事物的有序性、清晰性和确定性增强。

其次，党政部门主导性协同功能包括担责功能。灾变危机管理不仅是一种社会权力，更是一种社会责任。作为承担灾变危机管理社会协同主导性协同功能的党政部门，必须切实地承担这份责任。按照我国社会管理格局的规定，在我国灾变危机管理中，这份责任的承担者已明确为政府部门。也就是说，政府部门必须在党委的领导下，担负起灾变危机管理的具体责任。事实上，任何责任政府都必须为灾变危机管理担责，也必须对灾变危机管理的社会协同负责。政府部门是否能够全面负责，或政府部门能否真正负责，是灾变危机管理能否取得成功的关键所在，也是我国灾变危机管理社会协同能否实现的政治基础。

再次，党政部门主导性协同功能包括组织功能。组织功能作为主导性协同功能的一部分，是指通过一定的组织方式引导参与灾变危机管理的各类社会主体共同实现灾变危机管理及其社会协同目标的作用。组织功能的具体内容是：制定灾变危机管理及其社会协同目标；进行灾变危机管理及其社会协同的整体策划；明确各类社会主体在灾变危机管理中的基本分工和协同合作方式；开展组织激励，出面表彰和奖励有功人员，强化协同合作行为等。在我国灾变危机管理社会协同系统中，党政部门有着灾变危机管理的丰富经验，并有着强大的组织优势，作为主导性协同功能的承担者既是义不容辞，也是当仁不让的。

最后，党政部门主导性协同功能包括协调功能。协调功能的基本意思是指系统在运行过程中多个子系统共同参与并相应配合、相互协和的能力。在灾变危机管理的社会协同系统中，协调功能作为主导性协同功能的一部分，是指主导性协同功能的承担者主动采取有效措施，增进和提升参与灾变危机管理的各个子系统之间的共同参与、相互配合、功能互补、相互协和的职能和作用。具体来讲，就是要对参与灾变危机管理的各个子系统的行为进行引导、调节与控制，确保其功能的输出有利于灾变危机管理及其社会协同目标的实现。作为灾变危机管理主导性协同功能的承担者的党政部门，完全应当负起这一责任。

二　企业组织的支助性协同功能

在近些年来的赈灾晚会上，人们不仅会对文艺界演出的节目有兴趣、受感染，而且更会对赞助赈灾晚会的企业和在赈灾晚会上慷慨解囊支援灾区的企业产生浓厚的兴趣，并受到这些企业的深深鼓舞。其实，这只不过是对企业组织参与灾变危机社会协同管理、发挥支助性协同功能的一种直接感受。如果我们深入实际，收集更多的关于企业组织参与灾变危机社会协同管理的相关资料，仔细加以研判，你会发现企业组织也是担负灾变危机管理重要协同功能的社会主体，并成为灾区渴望、社会期盼、政府鼓励、公众注目的重要对象之一。

1. 支助性协同功能及承担主体分析

支助就是支持与帮助，是一个具有主动性取向的词汇，意思是某人给他人以支持与帮助。在灾变危机管理系统中，所谓支助性协同功能，就是指灾变危机管理的社会协同主体（党政部门除外）在物质、技术、财力等方面为灾区、灾民和灾变危机管理活动给予支持和帮助的功能。在灾变危机状态下，受灾变或灾害的影响，灾区经济受到严重摧毁，灾民生活陷入困境，然而抗灾救灾需要物质技术条件、恢复重建需要资金支持，这些物质、技术和资金从何而来，成为灾区的一个重大问题。解决这一问题的通常途径有两条，一是依靠政府拨款，二是依靠社会支助。支助性协同功能就是社会主体建立在社会支助行为基础上的一种协同功能。这种社会协同功能是社会力量参与灾变危机管理的重要成果，它对于灾区、灾民和灾变危机管理活动来讲，都是一种雪中送炭的善举。

通常来讲，如果不计较支助性协同功能的大小，那么，我们社会中能发挥一定支助性协同功能的社会主体应该是很多的。社会中的各条战线、各个系统、许多组织、许多人群，都能发挥一定的支助性协同功能。在汶川大地震的抗震救灾最关键的时候，我们曾经在电视中看到一个乞丐将讨来的钱捐助四川灾区的举动，这一举动深受社会认同，备受社会赞赏。然而，我们在这里讲的支助性协同功能，不是普通人的个人善心表达，而是指社会的经济系统尤其是企业组织具有的强力支助义举。具体一点来说，这里的支助性协同功能，乃是指社会中的企业组织在物质、技术、财力等方面为灾区、灾民和灾变危机管理活动给予强而有力支持和帮助的功能。根据这一界定，我们可以具体明确下来，在灾变危机管理社会协同系统中，承担支助性协同功能的社会主体主要是企业组织。

企业组织作为承担支助性协同功能的重要社会主体，不仅是社会应急的需要，也是自身发展的需要。从社会应急的角度来讲，灾变是突如其来的狂野现象，它给灾区带来的是经济的破坏、社会的悲惨、人群的痛苦。面对这突如其来的惨状，政府当然不会不管，但政府可以用于应急管理的财力毕竟有限，这时，就必须启动社会应急机制，希望社会上的各种社会主体（包括组织和公众）伸出热情之手，给灾区、灾民和灾变危机管理活动以支持和帮助。在这些组织和公众中，首先应该考虑的就是企业组织，因为这种支持与帮助对于企业组织来讲，通常是可以实现得了的。具体来说，企业组织是国家经济建设的主力军。改革开放30多年来，我国企业得到了快速发展，创造了大量的社会经济价值，取得了良好的经济效益，将企业组织作为支助性协同功能的承担主体是完全可行的。

从企业自身发展的需要来看，则如前面所提到的，具体体现在两个方面：一是企业社会责任承担的需要。企业社会责任（CSR—Corporate Social Responsibility）讲的是"企业在创造利润、对股东利益负责的同时，还要承担对员工、对社会和环境的社会责任"①。世界银行把企业社会责任定义为：企业与关键利益相关

---

① 丁晓光：《从抗震救灾看企业社会责任》，《企业研究》2008 年第 6 期。

者的关系、价值观、遵纪守法以及尊重人、社区和环境有关的政策和实践的集合。它是企业为改善利益相关者的生活质量而贡献于可持续发展的一种承诺。企业社会责任的内容很多，诚信经营、关心社会是其两项核心内容。怎么去关心社会呢？这也有许多方面，但在灾变危机的情况下，给予灾区、灾民和相应的灾变危机管理活动以物质、技术和财力等的支持和帮助，应该是关心社会的重要表现形式，这在企业社会责任理论中有明确的表述。①

二是良好企业形象塑造的需要。企业是经济组织，主要以生产经营产品获得经济效益实现其自身的价值。然而，在市场经济中，社会竞争日益激烈，一个没有良好社会形象的企业很难在社会中打开局面，主动塑造良好的企业形象成为企业市场竞争的法宝。灾变危机的到来，客观上为塑造良好企业形象带来了机会，也为企业的发展带来了机会，高明的企业家绝不会放过这一机会。在当今社会信息化背景下，不同企业的技术、产品、服务的差别越来越小，企业想完全依靠这些要素来参与市场竞争已困难重重，这时，企业形象便成为参与市场竞争的重要因素。形象就是竞争力，形象就是文化软实力。至于为企业发展带来机会，美国管理学大师彼得·德鲁克则有言：把社会问题转化为企业发展的机会可能不在于新技术、新产品、新服务，而在于社会问题的解决，即社会创新。②

2. 企业组织支助性协同功能的表现

企业组织的支助性协同功能确定之后，我们还有必要看看企业组织支助性协同功能的具体表现。在现实中，企业组织支助性协同功能的具体表现多种多样。这与企业组织的组织目标、产业类型、主导产品、企业实力、经济效益、领导偏好都有密切的关系，同时与灾变危机状态下灾区、灾民和灾变危机管理活动向企业组织显示

---

① 张春华：《减灾救灾产业链上企业不可或缺》，《WTO 经济导刊》2009 年第 1 期。
② 丁晓光：《从抗震救灾看企业社会责任》，《企业研究》2008 年第 6 期。

的具体支持和帮助的需求也有密切的关系。从以往的情况来看，企业组织支助性协同功能的具体表现大致在于以下四个方面：

第一，慷慨给予赈灾资金支助。企业组织作为经济组织，通常具有雄厚的经济实力。尤其是一些大型企业组织，有的经济实力在世界上都能排得上名。在灾变危机管理中，不少企业组织借助自身的优势，根据灾区和灾民的急需，慷慨向灾区或有关机构直接给予赈灾资金支助。例如，2008 年 2 月 3 日，中国海洋石油总公司向南方 8 个省（区）捐款 3200 万元。① 2008 年 5 月 18 日由央视举办的"爱的奉献——2008 抗震救灾募捐晚会"，共筹集资金达 15.14 亿元。其中，王老吉以 1 亿元人民币的捐款成为国内单笔最高捐款的企业。② 企业组织的慷慨解囊，不仅为灾区作出了重要贡献，也为企业塑造了良好形象。

第二，及时提供物质技术支助。向灾区抗灾救灾工作提供物质技术支助，也是企业组织发挥支助性协同功能的一种重要表现。尤其是一些与抗灾救灾密切相关的生产型企业，它们所生产的产品或所掌握的技术本身就与抗灾救灾密切相关，并且这些产品也正是灾区之急需，在这种情况下，便采取及时提供物质技术支助的方式参与灾变危机管理。这类案例很多，如在汶川大地震的灾变危机管理中，前面提到的中兴、爱立信、摩托罗拉等通信设施生产企业，就是以及时提供物质技术支助为主来发挥支助性协同功能的。此外，一些生产帐篷、板房、食品、药品、医疗器械等的企业，也采取了提供相关产品的赈灾方式。

第三，建立灾害应急救助基金。我国一些实力雄厚的企业，除了通过捐资捐物赈灾的方式来发挥支助性协同功能外，还拿出钱来专门建立灾害应急救助基金，以作为企业在灾变危机管理中

---

① 新浪财经：《中国海油为南方冰雪灾区捐款 3200 万元》（2008 - 2 - 4），http：//finance. sina. com. cn/g/20080204/10374490284. shtml。

② 灾害管理公共合作项目专家组：《企业参与灾害管理手册》（2008 - 6 - 1），http：//www. amcham-china. org. cn/amcham/upload/wysiwyg/Disaster%20Management-cn. pdf。

发挥支助性协同功能的一种长效机制。例如，玉树大地震后的 2010 年 4 月 30 日，"三一重工"等单位在北京钓鱼台举行仪式，宣布捐资 1510 万元，与民政部紧急救援促进中心湖南分中心和广东分中心共同发起设立"中国三一灾后孤儿救助基金会"。据了解，这是中国第一个灾后孤儿救助基金会。成立该基金的目的，就是更好地支持中国灾后孤儿的救助、教育及培训，建立救助生活基地和幼儿园、学校、医院等相关机构。①

第四，捐建急需公共服务设施。在震灾、洪灾等重特大灾害中，不仅民居易损，而且公共服务设施也易毁。在汶川大地震中，各地损毁的公共服务设施很多。有的公共服务设施，如学校、医院等，乃是灾后急需的公共服务设施。针对这种情况，不少企业在灾变危机管理中根据自身的特点，选择了为灾区捐建急需公共服务设施的方式来发挥自身的支助性协同功能。其中，万科集团就是如此。2008 年 7 月，万科集团与绵竹市政府签署协议，为绵竹市的遵道镇无偿捐建九年制中心学校、幼儿园、医院和便民服务中心等公共建筑。为了使这些建筑达到永久建筑标准，万科还采用了广州大学的抗震防灾技术。

三　信息机构的通联性协同功能

在 20 世纪 80 年代初，当国外学者讲当今所处的时代是信息时代、当今所处的社会是信息社会的时候，我国绝大多数人可能不知所云。就是到了 21 世纪初，笔者在进行"信息分化"调查时，不少人还是感到疑惑，这其中主要是一些"文盲"或"信盲"，也即"不具备信息知识和信息技能的人"②。然而，近 30 年来，我们已经快步进入信息社会。信息社会的一个重要特点是，

---

① 中国经济周刊：《三一重工发起设立"灾害孤儿救助基金"》（2010 - 5 - 4），http：//www. ceweekly. cn/Html/magazine/201054/94554. html。

② 谢俊贵：《信息的富有与贫乏：当代中国信息分化问题研究》，上海三联书店 2004 年版，第 356 页。

信息成为管理决策的重要依据。在灾变危机管理中，信息具有比在一般社会条件下更加重要的意义和作用。美国学者约翰·奈斯比特 1982 年就明确指出："信息时代的生命线是通讯。"① 这里的通讯即通信，就是信息互联互通。可见，在灾变危机管理中，信息机构所具有的功能、所担负的职能和责任是何等重要。

1. 通联性协同功能及承担主体分析

这里采用的"通联"一词，就是信息互联互通的意思，其深层的含义就是社会主体之间保持及时的信息联系，以达到相互之间的全面了解和有效沟通。在灾变危机管理中，所谓通联性协同功能，就是指一定的灾变危机管理社会协同主体通过信息采集、信息加工和信息服务，为所有参与灾变危机管理和关心灾变危机管理的人们提供信息互联互通的功能。这里所讲的一定的灾变危机管理社会协同主体，具有两层含义：一是泛指所有实际参与灾变危机管理的社会主体，因为所有参与灾变危机管理的社会主体都应具有这种功能；二是特指参与灾变危机管理的信息机构，他们是实际承担灾变危机管理中信息互联互通的专业机构。从灾变危机管理的角度考虑，这里的信息机构主要包括：通信运营企业、新闻传播机构、政府信息部门等。这些机构实际构成通联性协同功能的承担主体。

上述信息机构之所以能够作为灾变危机管理社会协同系统中的通联性协同功能的承担主体，比较容易理解的是劳动社会分工的原因，当然也是灾变危机管理的需要。从劳动社会分工的原因来讲，当今信息社会的劳动社会分工已发生重要变化，过去，人们往往各自承担自己的信息活动，现在，信息活动已经有专门机构和专业人员承担，社会中分化出一个庞大的信息产业或信息部门，专业化地从事海量信息的收集、加工、传输和服务，这种信

---

① ［美］约翰·奈斯比特：《大趋势——改变我们生活的十个新方向》，梅艳译，中国社会科学出版社 1984 年版，第 21 页。

息产业或信息部门带来的信息活动的专业化发展，使信息部门具有了承担通联性协同主体的能力。从灾变危机管理的需要来讲，在灾变危机状态下，灾区的信息系统遭到严重毁坏，"往往容易出现信息匮乏现象"①，而灾变危机管理的应急决策和协同决策都需大量即时信息的支持，这就更增大了信息机构承担通联性协同功能的必要性。

当然，在灾变危机管理中，从社会协同的角度来看，要真正实现各参与主体之间的社会协同，所有社会协同主体都有必要加强信息的互联互通。社会协同学认为，信息在协同学中是至关重要的，此时信息由系统的合作性产生。② 实际上，还不仅如此，若要全面地理解信息互联互通在社会协同中的重要作用，至少还得补充一句话，即：此时，系统的合作性由信息的互联互通产生。实际上，在灾变危机管理中，参与灾变危机管理的各种社会协同主体，如果不能做到信息的互联互通，它们之间就有可能"各吹各的号，各唱各的调"，整个灾变危机管理系统就有可能进入混乱无序的状态，根本无法实现有效的社会协同。有的专家和重要人士毫不隐讳地表示，南方冰雪灾害抗灾救灾过程中出现的某些无序状态，与各部门之间"缺乏沟通与协调，缺乏信息共享"③ 是有着密切关系的。

2. 信息机构通联性协同功能的区分

从上述讨论可以看到，承担通联性协同功能的社会主体具有较强的离散性。也就是说，在我国，目前的信息机构并不是一个相对完整的系统，而是多种不同的从事信息活动的组织机构的在学术意义上的"拉配式整合"。它们之间虽然有分工也有协作，但分工往往强于协作。它们还得要进行功能区分，当然要在功能区分的基

① 段华明：《城市灾害社会学》，人民出版社2010年版，第352页。
② ［德］H. 哈肯：《高等协同学》，郭治安译，科学出版社1989年版；参见曾健、张一方《社会协同学》，科学出版社2000年版，第29页。
③ 段华明：《城市灾害社会学》，人民出版社2010年版，第225页。

础上加强协同合作，才能充分发挥作为整体的信息机构相对于灾变危机管理社会协同系统的通联性协同功能。①它们之间必要的功能区分是：

第一，通信运营企业保障灾区通信顺畅。通信运营企业包括电信、移动、联通等企业。这些企业在灾变危机管理中，主要是通过保障灾区信息传递，让灾区及其参与灾变危机管理的各种社会协同主体能够做到通信畅通。我们已经明确知道，在一些重特大灾变危机中，灾区的通信线路容易被灾变摧毁，如一些地震、洪灾、泥石流等方面的重特大灾变，最易为摧毁灾区生命线之一的通信线，灾区可能变成"哑子"、"聋子"。通信不畅，则会影响各种社会协同主体的应急决策和协同决策。面对如此情况，通信运营企业重点就是要想方设法接通通信线路、保证通信设施的正常运行。在南方冰雪灾害和汶川大地震中，通信运营企业就碰到这样的严重问题，它们在这方面积极应对挑战，解决了这一问题。

第二，新闻传播机构传播抗灾救灾新闻。新闻传播机构包括报纸、杂志、广播、电视、网络媒体等。这些新闻传播媒体主要是通过采写、编辑、传播新闻来为社会提供信息。所谓新闻，就是具有传播价值的最新信息。在灾变危机管理中，新闻传播机构具有非常重要的作用，这种作用主要体现在，通过抗灾救灾一线记者的采访，较快地获得通信设施受损地区的灾情，客观地反映灾变危机管理各类参与主体的最新情况；及时地报道抗灾救灾的进展及涌现出的好人好事；迅速传播主导性协同功能的承担主体——党政部门的应急管理重大决策。网络媒体还能通过网友互动来传播受灾地区难以通过其他途径传播的重要信息。②

---

① 功能区分并非坏事，它是协同合作的基础。通常来讲，功能区分讲求效率，协同合作讲求效益。
② 网络媒体在南方冰雪灾害、汶川大地震、玉树大地震等重特大灾害中所发挥的作用，已经引起了学界、政界和社会各界的重视。有关这方面的具体情况，将在下文中有详细说明。

第三，政务公开系统发布政府权威信息。政务公开是我国近年来实行的一个重要政府行政管理措施。各级政府部门都建立有政务公开系统，具体包括新闻发言人制度、政务公开网络和栏目等。政务公开系统能够代表政府发布权威信息，有利于灾变危机管理参与主体以及广大社会成员准确掌握有关信息，保证灾变危机管理及其社会协同的顺利推进。有关人士认为，在2008年汶川大地震的灾变危机管理中，我国政务公开系统起到了关键性的通联性协同作用。这主要包括：地震几分钟之后就发布了有关地震信息；两小时后就召开了新闻发布会；后来各种政府信息网站都及时发布了有关灾变危机管理中其他政务信息。

第四，灾害管理部门提供应急决策信息。在我国，根据不同的灾种，设立了不同的专业化的灾害管理部门。这些部门对专业范围的灾害深入了解，能够提供灾变危机管理中的重要决策信息。例如，2008年的南方冰雪灾害，国家气象局提供了重要气象信息；汶川大地震，国家地震局通过调用灾区专题地图和汶川地震灾区地理信息系统，明确地震发生地点、救援进展情况、救援队伍及灾区分布状况等，对指挥救灾、调度人员及物资等活动起到了重要支撑作用，为地震灾区群众转移安置和恢复重建提供了有效的信息支持。同时，通过对地震信息的分析，还为灾后重建的选址和抗震强度的设计提供了科学的参考依据。[1]

第五，档案管理部门开展灾害档案服务。灾害档案是在灾害发生及其应急管理过程中形成的各种原始记录的总称。[2] 灾害档案因其具有灾变记忆功能，从而可以在灾变危机管理及其社会协同中发挥决策咨询作用、评估依据作用和科研助手作用。正因为如此，档案管理部门也就成了参与灾变危机社会协同管理一个重

---

[1] 信息化研究部：《从汶川地震开信息工作的重要性》（2012-1-2），http：//222.66.64.131：8080/xxzx/main? main_ colid=10 & top_ id=10 & main_ artid=1590。

[2] 谢俊贵、马驰：《灾害应急管理：档案工作的功能与档案部门的参与》，《广州大学学报》（社会科学版）2011年第6期。

要的信息服务协同主体。尤其是对于某一特定灾害的多发地区来说，档案管理部门的作用更为明显。主要的有：一是可以为灾变危机管理提供涉灾档案服务；二是能够为灾变危机管理搜集现行灾情资料；三是可以为日后参考建立灾变危机管理专题档案。所以，档案部门参与灾变危机管理同样值得重视。

四　社会组织的联动性协同功能

近年来，无论国外还是国内，对社会组织参与灾变危机管理的重视程度都在日益提高。无论从日本阪神大地震救援、美国卡特里娜飓风灾害救援、我国台湾"9·21"地震救援的情况来看①，还是从我国汶川大地震救援的情况来看，都充分表明了社会组织参与灾变危机管理的重要性和有效性。为此，深入分析社会组织在灾变危机管理中的组织优势和重要作用，探讨社会组织子系统在灾变危机管理社会协同系统中可能承担的协同功能，是很有必要的事情。

1. 联动性协同功能及其承担主体分析

联动一般是指若干个相关联的事物，一个运动或变化时，其他的也跟着运动或变化，即联合行动。在社会系统中，社会联动是指基于某种社会关联而形成的社会联合行动。至于联动性社会协同，在此则有特定含义，它是指通过在政府机构与广大社会公众之间建立起一种中介性或过渡性联动机制，以沟通政府与广大社会公众，服务政府与广大社会公众，确保灾变危机管理的社会效应全面增强的社会协同。联动性社会协同功能也就是指在灾变危机管理中，具有这种联动作用的社会子系统所具有的沟通政府与广大社会公众，服务政府与广大社会公众的功能。国内外学术界通常认为，能够有效承担联动性协同功能的社会主体是社会组织。这里的社会组织，在国内以往也叫作民间社会组织；在国外

---

① 参见张建伟《自然灾害救助管理研究》，中国商业出版社 2011 年版，第 160—173 页。

则有中介组织、中介机构、第三部门、非营利组织、非政府组织等许多种说法。

社会组织之所以能够在灾变危机管理中承担联动性协同功能，首先是因为社会组织在国家社会管理系统中本身就具有中介地位与中介作用。通常来讲，社会组织是在"政府失灵"、"市场失灵"而引起某些"社会真空"的情况下，为填补社会真空而崛起的一类新的组织。它的崛起，不仅实际地促进了社会公众之间的社会团结，而且成为了政府与社会链接和沟通的中介，成为了社会与市场链接与沟通的中介。在西方，当一些福利国家放弃"全能政府"管理模式的情况之下，社会组织不仅获得了合法的中介地位，而且在国家社会管理中起到了重要的中介作用。尤其在灾变危机管理中，社会组织"参与灾害救援行为越来越受到各界的重视"①。在我国，社会组织近来的发展也表明，政府和社会都对社会组织的中介地位与中介作用越来越认可，并在想方设法大力发展社会组织。

社会组织之所以能够在灾变危机管理中承担联动性协同功能，其次是因为社会组织具有承接某些政府职能，服务广大社会公众的服务能力。王名认为，社会组织具有动员社会资源、提供公益服务、社会协调与治理、政策倡导与影响四种功能。② 社会组织通过广泛的社会动员，可以汇集大量的社会资源，这些资源包括人力资源、经济资源、社会资源和文化资源，同时以其资源动员方式、资源使用效率、社会敏感特性、制度创新能力等形成了较强的参与社会管理与社会服务的优势。③ 在国家主张社会管理服务改革创新的情况下，社会组织很快便受到了政府的青睐，从而在原有依靠自身力量主动服务广大社会公众的基础上，又增加了承接政府有关社会管理与服务职能的工作。在灾变危机管理

---

① 张建伟：《自然灾害救助管理研究》，中国商业出版社 2011 年版，第 160 页。
② 王名：《非营利组织的社会功能及其分类》，《学术月刊》2006 年第 9 期。
③ 康晓光：《NGO 扶贫行为研究》，中国经济出版社 2001 年版，第 109 页。

中同样如此，社会组织担负的各种社会服务，更体现出它强劲的联动性协同功能。

2. 社会组织联动性协同功能的体现

关于社会组织的联动性协同功能，在我国还是一个较新的话题。社会组织因其具有社会联系广泛、社会沟通力强、所从事工作社会取向明显等特点，具有承担社会管理乃至灾变危机管理系统中联动性协同功能的能力，这一点是完全可以肯定下来的。我国目前正在加快构建的社会管理格局，其中也作出了相应的明确表述，即"社会协同"，并在相应的社会管理与社会服务实践中得到了具体的落实。但是，社会组织的联动性协同功能具体体现在哪些方面呢？

首先，体现于社会关顾之中。社会组织成员的基本来源的是草根来源。"草根"（Grassroots）在社会学中是指基层群众或百姓。依此可以认为，绝大多数的社会组织乃是生发于基层群众和百姓之中的一类社会自组织。这类组织从社会中来、在社会中长，对社会十分了解，尤其对基层群众和平头百姓十分了解，社会中出现的社会发展问题、社会管理问题、社会服务问题等，它们最先感受，并能通过社会组织对基层群众和平头百姓表达各种社会关注、社会关怀、社会照顾、社会支持，具有很强的社会关顾优势。这种社会关顾优势，事实上可以转化为一种社会联动，而成为社会组织承担联动性协同功能的重要基础。

其次，体现于社会集聚之中。社会集聚是相对于公众参与而言的。灾变危机管理需要社会公众热情关心、积极参与和慷慨支助。我国社会管理格局就将公众参与视为重要组成部分。然而，社会公众在客观上是"一袋马铃薯"，他们没有具体的组织，没有集体的行动，直接参与抗灾救灾具有很大随意性、盲动性和危险性。为了解决这一问题，社会组织完全可以采取办法满足广大社会公众的参与愿望，实现社会公众的参与性协同功能。这个办法就是，通过社会组织的动员与引导，让广大社会公众集聚起来，以志愿者或义工团队的方式参与到社会组织当中，这不仅能满足社会公众的愿望，还能增强社会组织的力量。

再次，体现于社会合作之中。在"全能政府"管理模式得到创新后，社会组织实际上成了"上联政府、下联百姓、遍联市场"的一种社会主体。它们社会联系广泛、社会沟通与社会协调作用颇强，易于与社会中的社会主体打交道。同时，由于它们具有弱经济、强社会的基本属性，且制度创新容易、管理机制灵活、社会反应快速、运作效率较高，这些恰恰是政府和市场主体均所需要的，因此，它们更能得到政府和市场主体的理解和重视，从而在社会管理中能更好地实现与政府和市场主体的合作或协作。尤其是在灾变危机管理中，社会组织的社会合作优势更为明显，这一点可从汶川大地震抗震救灾的经验加以证实。

最后，体现于社会服务之中。根据国内外社会组织的发展历史，社会组织乃主要源于社会公众的自我管理与自我服务，社会组织与生俱来的社会作用之一便是能为社会公众提供社会服务，尤其是为基层民众和弱势群体提供社会服务。国内外的社会实践证明，社会组织确实具有显著的社会服务优势。而正是因为社会组织具有显著的社会服务优势，它不仅能获得广大社会公众的好感，而且能获得政府部门的信任，从而才有可能在社会管理乃至灾变危机管理中承担联动性协同功能。当然，社会组织承担联动性协同功能之后，政府部门更有可能大量向其委托或购买社会服务，这样，它们的联动性协同功能将不断增强。

第三节　社会协同结构的网络架构

社会协同结构讲的是社会协同系统的结构。社会协同系统的结构体现在静态和动态两个方面。一般来讲，静态结构就是社会协同的组织结构；动态结构则是社会协同运行过程中所需要或体现出的结构，如社会协同动员所需要的结构、社会协同通信所需要的结构、社会协同维系所需要的结构等。然而，社会协同结构在总体形式上应该是何种架构呢？笔者认为，社会协同结构在总体形式上并非科层制的构架，而是一种网络构架。站在社会协同的高度来讲，尽管所有参与社会协同的组织系统，其自身内部都可能存在或者本身就是科层制组织，但由它们所构建的社会协同系统，其基本架构并非科层制的架构。在社会协同运行中，各个运行过程所需要的架构也不是科层制的构架，而是一种网络架构。

一　社会协同组织的网络架构

社会协同系统从社会组织学的角度来看也是一种社会组织，是一种特殊的社会组织，可以称为社会协同组织。作为一种特殊的社会组织，它也有其自身的组织结构。社会协同组织的组织结构是一种怎样的组织结构，要回答这个问题，还得回到社会协同的实质上来。社会协同的实质是什么呢？社会协同的实质就是社会的自组织。根据这种说法，我们可以做出一个基本的解答，即社会协同组织的组织结构乃是一种协同学中所说的自组织结构。换句话来说就是，社会协同组织实际上是指由在人格和法律上具有平等地位，而在能力和社会功能上具有明显差异的若干子系统通过社会自组方式而形成的一个自组织结构，是一种具有自稳定、自调节、自适应、自修复、自完备、自复制特征的自组织结构。它是在任何单一子系统都无法独自适应现代社会的自然环境和社会环境的情况下通过各子系统之间的协调、协商、协力、合作而形成的自组织结构。

正如上一章所揭示的，社会自组织往往都是一种网络组织。网络组织的原初意义乃是指一群地位平等的"节点"①，依靠其目

---

① 王林：《现代人本化趋势下的组织变革》（2009 - 10 - 14），http：//group. vsharing. com/Article. aspx? aid = 1433475。

标或兴趣自发聚合起来而形成的社会组织。以最简单的说法来定义网络组织，那就是指所有具有网络结构的组织。站在社会协同学的角度上讲，所谓网络组织，意思就是若干在人格和法律上具有平等地位的社会主体通过社会自组而形成的社会自组织。网络组织通常具有如下特征：一是平等，即网络组织中的每一个社会主体在人格和法律地位上都具有平等性；二是开放，即网络组织是开放的组织，社会中的各种社会主体都可以自愿加入到这种组织中来，并且这种组织的成长也是依靠其开放特性而实现的；三是分权，即网络组织中的社会主体没有固定的上下级之分，只有自身能力和社会功能之别，在网络组织中如果非要分出个差别不可的话，那就是，谁的能力和社会功能最强，谁就可能顺利成为网络组织中的"南坦"①。

由上可知，社会协同组织是一种网络组织；社会协同组织的组织构架是一种网络构架；社会协同组织作为一种网络组织，没有固定的层级之分，但可以根据参与社会协同的社会主体的能力与社会功能的不同，确定社会协同组织的"南坦"或承担主导性协同功能的社会主体。具体从灾变危机管理社会协同系统来讲，它的组织形式也是一种自组织形式，它的组织类型也是一种网络组织，具有一种网络结构。在灾变危机管理社会协同系统中，各种参与社会协同的社会主体同样也无层级之分，但可以根据参与社会协同的社会主体的灾管能力与社会功能的不同，确定灾变危机管理社会协同组织的"领袖"或承担主导性协同功能的社会主体。这里值得指出的是，在我国灾变危机管理社会协同系统中，最具灾管能力和社会功能的社会协同主体当是党政部门，这也正是我们在上一节中将党政部门确认为灾变危机管理主导性协同功

---

① "南坦"源于《海星与蜘蛛》中描述海星模式所用的一个例子。说的是阿帕奇人——印第安人的一支，他们采用分权体系，称部落的临时"领袖"为南坦，作为一个部落精神与文化的领头人，南坦通过示范来领导，本身没有强制权力。南坦的产生要依靠各种社会主体的信任。

能的承担者的主要原因。

　　当然，在灾变危机管理中，我们谋求建立的社会协同体制，并不能一味强调社会协同组织的自然科学要求，还得重视社会科学和现实社会的要求。比如，按照协同学的要求，我们建立社会协同组织系统应是一种纯粹的自组织系统。但自然科学中的自组织系统乃是自发形成的，而在现实社会中则不然。人是有意识的高级动物，人有极强的策划能力，在尊重科学或尊重协同学所揭示的科学规律的基础上，注意发挥人的主观能动性，有意识地建构符合现实要求的灾变危机管理社会协同组织系统，将会产生更好的社会协同功效。再如，社会协同学特别讲究社会协同组织系统的网络结构，这是对的。但如果我们一味强调参与主体之间无差异的协同合作，这就无视了现实社会的客观情况和政治学、行政管理学的要求。须知，在我国，党委领导不可否认，政府负责必须坚持。我国所要建立的灾变危机社会协同体制，当是以党政部门主导的社会协同体制。

二　社会协同动员的网络架构

　　在灾变危机到来时，尽管由于社会关联的社会动力机理、社会参与的社会行动机理、社会自组的社会组织机理的多重社会作用，各种社会主体都可能积极参与到灾变危机管理之中，并在灾变危机管理中协同合作，发挥灾变危机管理的社会协同效应，但是，这只是一种学理上的理论解释，并非全都是现实社会中的实际状况。况且，各种社会主体由于对灾变危机发生的信息接触、信息接受、信息理解以及行为反应等方面存在的各种差异，也许有的社会主体并不能及时了解、理解并及时反应过来，迅速采取相应的行动参与到灾变危机管理之中，并按照灾变危机管理的共同目标，发挥自己的功能，作出自己贡献。根据这种情况，在灾变危机管理中，切实开展社会协同动员，显然是必要的。也就是说，要使各类社会主体能够进入灾变危机管理社会协同系统之中，并在社会协同系统中发挥各自的功能并形成社会协同效应，就有必要高度重视社会协同动员。

所谓社会协同动员，顾名思义，就是社会协同行动中的动员，也即为了实施某种社会协同行动而有效动员各种社会主体参与实施行动的过程与方式。在灾变危机管理中，所谓社会协同动员，就是一定的社会主体通过各种有效的动员方式，使有可能加入灾变危机管理社会协同系统的各类社会主体（包括各级党政部门、各类事业单位、各类企业组织、各类信息机构、各类社会组织、各类群众团体和广大社会公众），积极加入到灾变危机管理中来，在灾变危机管理中有效发挥各自的功能作用，并形成良好的社会协同效应的过程与方式。社会协同动员通常包含两层含义：一是借助于社会动员的方式，激发各类社会主体的灾害救助行为，使各类社会主体（包括组织、群体和个人）加入到灾变危机管理中来；二是借助于社会动员的方式，动员各类社会主体根据灾变危机管理的共同目标，做到切实合作与协作行动，高度重视社会主体之间整体社会协同功效的获得。

社会协同动员最基本的方式是社会动员，或者可以这样认为，社会协同动员的实质就是社会动员。社会动员与我国过去一直采用的政治动员方式有着明显的区别。具体来讲，政治动员通常是通过政治组织借由政治组织系统和行政组织系统，通过行政力量和行政关联，动员系统内部的成员积极参与某项事务和活动。社会动员则是各种社会主体利用社会影响力，通过社会力量和社会关联，动员各种社会组织和社会公众积极参与某项事务和活动。政治动员的方式是一种科层制方式，具有明确清晰的层级架构。社会动员方式则是一种社会网络方式，体现出一种社会网络架构。政治动员通常必须按照部门、系统、行政区划等来组织实施。社会动员则可以不分部门、不分系统、不分组织、不分区划，甚至不分国别组织实施。从某种角度来讲，社会协同动员具有社会动员的一般性质和全部特征，尤其在动员体系的构架上，更为明显地表现出一种完整的网络构架。

当然，有必要说明的是，在灾变危机管理的特定情况下，社会协同动员也不是一味地排斥政治动员的方式。政治动员也有它的优势。这些优势在于：第一，政治动员的政治性强，在一定的政治架构中具有较高的动员效率；第二，政治动员组织性强，具有一定的组织体系作为实施的保障；第三，政治动员规制性强，能够保证所要实施的行动的具体落实。因此，在灾变危机管理管理中，社会协同动员也需借鉴政治动员的方式。比如，对政府系统内部各个不同层级的动员、对军队系统参与灾变危机管理的动员等，更多就是采取政治动员的方式，而非社会动员的方式。从这个角度来讲，社会协同动员又不是单纯的社会动员。社会协同动员是以社会动员为主，在应急管理情况下充分吸收政治动员的优长之处，使更多的社会主体能够迅速地加入到灾变危机管理中来的一种综合性动员，这种综合性动员方式的结构图景，乃是一种立体的多层次的网络结构图景。

三　社会协同通信的网络架构

通信就是互通信息。互通信息是人类社会的基本需求之一，也是人类社会的基本特征之一。若不能互通信息，人类社会就不成其为人类社会，或者说人类就不能构成社会。社会协同作为人类社会的协调行动和良性运行方式，对互通信息有着更高的要求。没有互通信息，就不可能形成有效的社会协同，甚至不可能形成社会协同。社会协同实际上是不同社会主体之间的一种具有合作性质的自组织社会行动，这种自组织合作行动是在各种社会主体之间信息互通的基础上来建立协同目标、实施合作行为、协调各方行动，进而形成良好的社会协同效应来实现社会系统功能放大的目标的，它显然离不开信息的互通或信息的交流。我们怎么也不可能凭空假设，在各种不同的社会主体之间，如果没有信息的互通或信息的交流，在相互之间信息阻隔的情况下，也即互不沟通、互补了解、互不理解、各自为政的情况下，可以实现社会行动的合作、协调和步调一致。

由上可知，在各种社会主体参与的社会协同行动中，保证有效的信息互通是一项重要的基础工作，是实现社会协同的必要条件。然而，值得进一步明确的是，这种信息互通还不是一般的信息互通，它特别强调参与社会协同的各种社会主体之间都要做到信息互通，也就是任何两个参与社会协同的社会主体之间都能及时进行有效的信息传递和信息交流，任何两个参与社会协同的社会主体之间都要通过信息互通实现相互了解、相互理解，同时还要通过对协作协调情况的把握，及时得当地调整各自的社会行为，保证相互之间能够真正做到协调运行，步调一致，从而产生良好的协同效应，产生更大的社会功能。由此看来，在社会协同系统中，社会协同通信的总体架构应当是一种网络架构，而不是一种科层制式的架构。因为只有网络架构，才能保证参与社会协同的任何两个社会主体都能实现信息互联，并能根据情况的变化，及时地传输、接受和反馈有关信息。

在现代社会中，由于通信技术的发展，包括移动通信、互联网络的发展，互通信息的通信网络构架在技术设施上已经完全得以实现。特别是移动互联网的出现及其广泛的社会利用，已经使得众多的社会主体之间有了多方即时互通信息的条件，人们之间已不缺乏互通信息的技术设施。现在关键的问题倒是，人们能否利用现有的信息传输设施尤其是信息网络设施，有效地开展实质性的社会协同通信。具体到灾变危机管理中就是，参与灾变危机管理的各种社会协同主体，能否充分认识信息互通的重要功能和价值，将灾变危机管理的各种信息进行及时的收集、整理，及时地发送、传递，及时地反馈、交流。若能这样，社会协同通信的实质性的网络构架就能真正形成，并对灾变危机管理的社会协同产生重要作用。否则，如果我们表面上拥有各种先进的信息网络，而各种社会主体没有互通信息的意识，或还在搞信息垄断，那又能起到什么实际的作用呢?!

　　所以，在灾变危机管理社会协同通信中的网络架构的建立，其重要实务包括两项：一是要在物质设施层面建立完备信息网络架构。通常来讲，这一点在灾害预防过程中就要考虑并切实做到，尤其是一些灾害易发地区，更要完善各种通信设施。当然，重特大灾害的到来，往往会对通信设施带来巨大的影响和破坏，在这种情况下，通信机构应当特别注意发挥其通联性协同功能，要在最短的时间内恢复通信网络，保证灾变危机管理社会协同对信息互通的需要。二是要在思想意识层面高度重视信息互联互通。要充分利用包括互联网络在内的各种信息设施，建立起实质性的信息互通关系和信息网络，保证灾变危机管理社会协同系统各类信息的畅通和共享，而不能隐瞒信息，搞信息独享，或者传输部分信息，垄断关键信息。为了避免这些不良情况的出现，在灾变危机管理系统中，建立一项信息互通制度和一个信息互通中心，不失为一个非常重要的选项。

四　社会协同关系的网络架构

　　在社会领域，所谓关系也就是社会关系，它是指两个或两个以上的社会主体之间通过相互影响、相互作用等而建立的具体社会联系。这种关系可以是协同关系，也可以是冲突关系。也就是说，只要两个或两个以上的社会主体通过相互影响、相互作用等建立了具体的社会联系，不管它是协同还是冲突，都被称为形成了某种关系或社会关系。在社会学中，通常认为，社会协同关系是一种正向社会关系，它是几乎所有的社会主体都意欲建立的一种社会关系；而社会冲突关系则是一种逆向社会关系，它是社会主体在一般情况下都试图回避的一种社会关系。在社会协同学中，人们对社会协同关系的理解与社会学的一般理解有所不同。在社会协同学看来，所谓社会协同关系，乃是指参与社会协同行动的社会主体之间的关系。比如，在社会管理的社会协同系统中，那些参与社会管理社会协同行动的主体（组织、群体和个人）之间的关系就叫社会协同关系。

具体到灾变危机管理中，参与社会协同行动的各种社会主体之间也构成多种多样的社会协同关系。从前述的多种社会协同主体来看，我们也可以列举出很多的社会协同关系，比如，企业组织与政府机构的社会协同关系、社会组织与政府机构的社会协同关系、信息机构与政府机构的社会协同关系、社会公众与政府机构的社会协同关系；政府机构与企业组织的社会协同关系、社会组织与企业组织的社会协同关系、信息机构与企业组织的社会协同关系、社会公众与企业组织的社会协同关系；政府机构与信息机构的社会协同关系、企业组织与信息机构的社会协同关系、社会组织与信息机构的社会协同关系、社会公众与信息机构的社会协同关系；政府机构与社会组织的社会协同关系、企业组织与社会组织的社会协同关系、信息机构与社会组织的社会协同关系、社会公众与社会组织的社会协同关系等。可见，灾变危机管理中的社会协同关系具有多样性。

社会协同关系在本质上属于一种公共关系。这种公共关系，首先体现的是在灾变危机管理社会协同系统中，各种社会参与主体之间的平等沟通、团结互助、协调合作的社会关系，也就是社会学中与社会冲突相对立的那种社会协同关系。其次体现的是某一社会主体在作为灾变危机管理的社会主体时，与其他参与灾变危机管理的社会主体之间建立的平等沟通、协调合作的社会关系。我们知道，在公共关系学的视野中，各种社会主体的公共关系构架都是一种立体网络构架。所以，我们在此更可以认为，在灾变危机管理的社会协同系统中，由各种社会协同主体的网络化的公共关系关系叠加而成的社会协同关系构架，显然也是一种网络构架。深入揭示和充分理解灾变危机管理社会协同系统中社会协同关系的网络构架，不仅有利于各类社会协同主体自觉参与建构完备的灾变危机管理社会协同系统，而且有利于指导各类社会协同主体妥当协调各种公共关系。

目前，我国各种灾变危机管理的社会参与主体在社会协同关系的处理上虽然正在不断取得新的进步，但仍存在一些比较严重的问题。有的社会主体过分强调组织自身形象的塑造，而忽视在灾变危机管理的整体社会协同系统中与其他社会主体之间的社会协同关系的构建，结果往往导致灾变危机管理社会协同系统难以从整体上形成良好的社会协同关系，从而妨碍了整体社会协同功效的发挥。例如，在 2008 年南方冰雪灾害中，某些部门在面对冻雨雪灾带来的灾变危机的关键时刻，其行为更多地表现为一种突出组织自身社会作用和良好形象的现象，这就有碍于灾变危机管理整体的社会协同关系的建构，结果受到社会的许多诟病。所以，无论何种参与灾变危机管理社会协同的社会主体都应当明白，社会协同系统的社会协同关系，并非某一社会主体在平时所面对的组织公共关系①，而是他们在灾变危机管理社会协同系统中所要构建的多样化的社会协同关系。

---

① 组织公共关系与社会协同关系既有联系也有区别，在此不展开论述，留待另题讨论。

第六章 灾变危机管理社会协同运行

    灾变危机管理的社会协同，既是一种灾变危机管理的理念升华，也是一种灾变危机管理的实践创新。也就是说，灾变危机管理的社会协同本身就是一种管理实务，也可称为灾变危机社会协同管理，它涉及灾变危机管理过程中的社会协同运行问题。灾变危机管理社会协同运行，就是基于社会协同的理念，按照社会协同的思路、运用社会协同的方式，从事灾变危机管理的相关事务。要使灾变危机管理社会协同运行得以顺利，确保所有参与灾变危机管理的社会协同主体在灾变危机管理中真正做到协同一致，全面合作，形成多元主体的强大合力，产生管理功能的放大效应，必须确立灾变危机管理社会协同运行的科学过程，并根据社会协同管理的有关需求，具体提供各种物质的、制度的和精神的保障，方能较好地达到灾变危机管理的目的。否则，灾变危机管理的社会协同就只会是一种美好的愿望而难以真正得以实现，甚至还有可能成为一套好听但不中用的空话，甚至干扰实际工作中已经形成的灾变危机管理系统的正常运行。

第一节 灾变危机管理社会协同运行过程

    正如社会协同学的建立者所认识的那样："在很多方面，协

同已经不仅是一种思想，而且是一种实践，一种可操作的方
法。"① 或许我们也可以这样认为，社会协同既是一种科学规律也
是一种科学方法。作为科学方法，它在实践中往往表现为一个科
学的过程。所谓过程，通常是指事物运动或事情进行的完备的先
后次序，它所强调的是事物运动的基本逻辑和事情进行的分步特
性。灾变危机管理社会协同运行具有过程性，这种过程性也即它
所具有的清晰可辨、十分完备的运作程序所显示出的一种特性。
灾变危机管理社会协同运行非常重视运作过程的分步特性，按照
严格的科学时序逻辑安排推进的过程和运作的步骤，有一整套的
科学运作程序。这种科学运行过程主要可以划分为以下七个具体
的步骤：

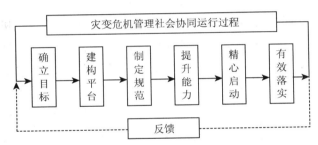

图6-1　灾变危机管理社会协同运行过程示意

一　社会协同目标的确立

　　社会协同是由多种社会主体（如政府机构、企业单位、社会
组织等）参与的社会行动。大凡多种社会主体参与的社会行动，
要顺利进行且获得成功，都更为强调各种社会主体行动目标的一
致性。通常来讲，各种社会主体只有具有一致的行动目标，才会
具有真正实现社会协同的可能。这里所说的一致的行动目标，从
社会协同学的角度来讲，也就是所谓社会协同目标，即参与社会

---

① 曾健、张一方：《社会协同学》，科学出版社2000年版，第27页。

协同的多种社会主体所需共同实现的目标。不可想象，在社会协同系统中，各种社会主体没有一致的行动目标可以实现有效的社会协同。事实告诉我们，各种社会主体如果没有一致的行动目标而进入到同一社会系统中，它们只会给这一社会系统"添乱"，降低甚至抵消社会系统的正功能，增大或强化社会系统的负功能。从学术理论的高度来讲，也就是只会造成社会系统的紊乱和无序，带来社会系统的"熵增"，从而严重影响社会系统的协同运行。在灾变危机管理中，要求得社会协同的正常运行，首要的环节就是认真确立灾变危机管理的社会协同目标。

　　社会协同目标是建立在特定的社会需要基础上由一定的社会协同主体（通常是主导性社会协同主体，如党政部门）通过理性选择，并在广泛征求其他参与社会协同的社会主体意见的基础上确立的一种具有一致性的行动目标。社会协同目标的确立，首先是由特定的社会需要决定的。也就是说，特定的社会需要引出特定的社会协同目标。在灾变危机管理中，一般小灾中灾，以政府的能力足可以解决问题，社会协同的必要性就不显得怎么强烈；而对于巨灾或重特大灾害，单纯的政府之力不足以解决或更好地解决问题，这时，社会协同的必要性就大得多。社会协同目标的确立，其次对主导性社会协同主体具有较强的依赖性。在社会协同目标的确立过程中，主导性社会协同主体通常就是社会协同的"发起人"。这种"发起人"应该是既有责任也有能力提出和确定社会协同目标的。例如，在我国，灾变危机管理中的主导性社会协同主体是我国的党政部门，那么，我国党政部门为了战胜灾害，就有必要或有责任明确提出社会协同目标。

　　当然，社会协同目标也可能并非只由某一个社会协同主体来提出，而是由两个或多个的社会协同主体共同提出。也就是说，社会协同目标的"发起人"在有的时候并非只有一个，而是有两个或者多个。比如，在某些情况下，灾变危机管理社会协同的发起人除了党政部门外，还有社会组织；在某些情况下，灾变危机管理社会协同的发起人除了党政部门外，还有企业组织和传播媒介；也有的时候，灾变危机管理社会协同的发起人除了党政部门外，可能还是社会中各种社会力量的汇聚。同时，社会协同目标也可能并非党政部门最先提出，而是各种社会力量（包括企业组织、社会组织和其他社会力量）最先提出的。例如，日本在阪神地震中，公益组织参与抗灾救灾的行动就不是由政府而是由公益组织或社会组织提出的。[1] 针对上述这些情况，我们认为，作为主导性协同功能的承担者的我国党政部门，在灾变危机管理中甚至在灾变危机到来之先，很有必要采取积极主动的措施，邀集各种灾变危机管理参与主体通过协商方式精心定夺。

在灾变危机管理中，社会协同目标通常可以分为社会协同行为目标和社会协同协合目标两类。社会协同行为目标是指社会协同行为具体要实现的目标。如在灾变危机管理社会协同中，社会行为目标就是灾变危机管理通过社会协同所要达到的灾变危机管理目标，这种目标通常以灾变危机的化解程度表示。社会协合目标是指社会协同行为所要达到的社会协同协合水平，这种目标通常以社会协同程度表示。当然，这两类社会协同目标之间有着不可分割的关系。具体地说，社会协同行为目标对社会协同协合目标往往起支配和引导作用，社会协同协合目标对社会协同行为目标起保障和促进作用，或者说，社会协同协合目标的实现要为社会协同行为目标的实现服务。为此，在灾变危机管理中，社会协同目标的确定，应当包括这两类社会协同目标。当然，具体社会协同目标的表述则应根据不同的情况来进行，既可以将两类不同的社会协同目标分别表述，也可以将两类不同的社会协同目标综合表述，从而形成一个总体上的社会协同目标。

按照我国灾变危机管理实践的一般情况，人们往往将两类不同的社会协同目标加以综合表述。这种综合表述通常是将社会协

---

① 唐晓强：《公益组织与灾害治理》，商务印书馆 2011 年版，第 69 页。

同行为目标等同于灾变危机管理的目标，也就是灾变危机管理最终要达到的管理目的；而将社会协同协合目标转换成一种实现社会协同行为目标的保障措施或灾变危机管理目标的实现手段，进而巧妙地嵌入到社会协同整体目标的表述之中。当然，在灾变危机管理实践中，究竟采用何种形式来加以表述，并不显得特别重要，它只是一个形式上的或结构上的问题。真正关键的问题是，要通过适当的表述，有效体现社会协同行为目标和社会协同协合目标。根据我国灾变危机管理的实践经验，以及我国文字表述的一般习惯，灾变危机管理社会协同目标的表述大致可以是：在党政部门的主导下，充分发挥各种社会力量和广大人民群众的积极性，团结一致，同心协力，共同战胜自然灾害（或灾变危机），以最大限度地减少受灾地区和灾民的生命财产损失，确保受灾地区的社会生产正常进行，居民的社会生活和谐有序。

二　社会协同平台的建构

我们知道，在社会协同管理中，没有多种社会主体的加入，就没有社会协同的存在；没有多种社会主体的参与，也无法谈及社会协同的问题。协同学的创始人德国功勋科学家哈肯认为，如果一个群体的单个成员之间彼此合作，他们就能在生活条件的数量和质量的改善上，获得在离开此种方式时所无法取得的成效。① 由此可知，单个成员的行动没法谈及社会协同。社会协同实际上应该是在多个的"单个成员"共同参与、彼此合作的基础上才能实现的。这就告诉我们，要求得社会协同，就必须设法形成由多个不同社会主体共同参与、彼此合作的统一的社会协同平台。所谓社会协同平台，就是由参与社会协同的多种社会主体共同组成一个看似相对松散，但彼此之间能够为着实现共同目标而团结合

---

① ［德］赫尔曼·哈肯：《社会协同学》，序言 A，科学出版社 1989 年版；曾健、张一方：《社会协同学》，科学出版社 2000 年版，第 i—iii 页。

作的社会协同团体或组织。正因为如此，在灾变危机管理中，最为关键的一环就是要形成一个由不同社会主体参与的彼此合作的灾变危机管理社会协同平台。

灾变危机管理社会协同平台是灾变危机管理中的一种特殊社会组织形式。这种社会组织形式乃是一种社会协同组织，一种社会网络组织。尽管一般社会组织的内部也有一个社会协同的问题，也需要强调组织系统内部各子系统之间的协同合作，也需要建成网络型、协同型的社会组织，但作为社会协同组织的社会协同平台与一般的社会组织比较，显然有它的某些不同特征：第一，社会协同平台并非一定是独立的社会组织，它是一种由多种社会组织或社会组织系统参与其中并彼此合作的社会网络组织形式；第二，社会协同平台的建构并非要成立一种科层制的社会组织或集团型的社会组织，而是要通过多个社会组织或社会组织系统之间的彼此合作来谋求社会协同功能的实现；第三，建构社会协同平台的目的并非为了应对一般的社会问题和日常事务，而是为了应对那些由单一的社会组织无法应对或难以应对的复杂问题而建构的一种特殊的合作组织形式。

在灾变危机管理中，社会协同平台的建构是构建灾变危机管理社会协同系统、确保灾变危机管理社会协同正常运行的重要一环。可以这样说，如果没有一个能够应对复杂问题的规模宏大的社会协同平台，那么，就难以形成灾变危机管理的社会协同系统，并从组织资源、人力资源，甚至经济资源等方面保证灾变危机管理社会协同的有效运行。正因为如此，在某些发达国家，他们在应对各种灾变危机、开展灾变危机管理的过程中，特别重视社会协同平台的构建。例如，美国在 2006 年卡特里娜飓风灾害后，对 FEMA 的职能进行了全面扩充，其中包括充分调动公众、志愿者和非营利组织等多种力量参与灾害应急管理。日本在阪神地震后，及时总结公益组织参与灾变危机管理的经验，并通过《特定非营利活动促进法》的制定，肯定了公益组织的作用，为公益组织参与灾害治理提供了法律性的制度平台。[1] 这些经验，应该说是很值得我们认真吸取的。

依据灾变危机的特征以及灾变危机管理的需要，灾变危机管理社会协同平台的建构，必须考虑两个重要的问题：一是何种社会主体应当进入的问题；二是社会协同平台的梯队建设问题。在灾变危机管理中，究竟何种社会主体应当进入社会协同平台，这是一个极为重要的问题。过去，我国的灾变危机管理实行的是政企社合一的"政府包揽"体制，国家与社会统为一体，根本就谈不上社会协同。改革开放以来，我国政企分离，政企之间的协同问题首先提了出来，并开始逐步推行。后来，社会组织发展导出"第三部门"，政企社三者之间的协同又受到重视。同时，广大社会公众在抗灾救灾中的作用很大，由广大社会公众组成的志愿者队伍同样也被视为社会协同平台之上的重要力量。当然，根据具体情况做具体分析是必要的，但上述社会主体通常都应考虑合法进入灾变危机管理的社会协同平台，从而成为灾变危机管理社会协同系统中的重要参与因素。

灾变危机管理社会协同平台的建构也需要考虑社会协同平台的梯队结构问题。我们知道，社会协同也可以区分为不同的协同层次或协同层面，一味强调社会协同系统中各子系统的平列性并不能取得社会协同的良好效果。这就要求我们，将灾变危机管理社会协同平台区分为不同的层次。这种层次至少可以从两个方面加以区分：首先从管理层级区分，具体包括三个层次：一是灾害应急决策层面的社会协同平台层次。二是灾变危机管控层面的社会协同平台层次；三是抗灾救灾执行层面的社会协同平台层次。其次从阵式布局区分，具体包括三个层次，即一线抗灾层次、临阵保障层次、外围支援层次。其中外围支援层次主要指不亲临现场，而给予抗灾救灾以支援的层次。当然，这种社会协同平台的

---

① 唐晓强：《公益组织与灾害治理》，商务印书馆 2011 年版，第 69 页。

区分只是一种相对意义上的划分，实际上都属于同一个灾变危机管理社会协同系统，况且不同层次的社会协同平台或团队之间也有一个社会协同的问题。

三　社会协同规范的制定

有人认为，社会协同乃是一种志愿行动，并不需要严格的规范。这种说法存在偏颇。社会协同是一种多种社会主体之间的合作行动，在一定意义、范围和程度上也是一种集体行动。作为一种合作行动和作为一种集体行动，要获得顺利的推进和取得良好的收效都不能没有统一的规范，都不能没有适当的约束。有社会协同学者明确指出："任何社会系统，甚至全人类作为一个整体，都要求系统中的成员必须用'自我约束'来代替无情的'自行其是'。"[①] 这正是讲的社会协同规范的必要性和重要性问题。到底什么叫社会协同规范呢？所谓社会协同规范，就普泛的意义来讲，就是用于指导参与社会协同行动的各种社会主体的行为规制和合作原则。具体来讲，就是指对参与社会协同行动的各种社会主体在社会协同行动中，应该如何行动、不应该如何行动的一些规则性的条规。这些条规是任何参与社会协同行动的社会主体为了实现社会协同目标必须遵循的。

灾变危机管理社会协同行动更加需要强调社会协同规范。这是因为，第一，灾变危机管理的社会协同行动是在重特大灾害情况下的社会协同行动。在重特大灾害导致的灾变危机状态下，尤其在灾区，社会成员心理往往遭到严重创伤，社会组织体系往往遭到严重破坏，"树倒猢狲散"、"大难临头各自飞"是一种本能体现，为此，只有制定相应的社会协同规范，才能汇集力量，凝聚人心，把大家引向共同战胜灾难的轨道。第二，灾变危机管理的社会协同是多种社会组织要素之间的协同。多种社会组织要素

---

① 曾健、张一方：《社会协同学》，科学出版社 2000 年版，第 187 页。

之间的社会协同具有合作不易、协调复杂的特征，要取得有效的社会协同，单纯依靠各种不同社会主体自身的"意愿"很难形成社会协同的状态，取得社会协同的实效。为此，在灾变危机管理中，要求得多种社会主体之间社会协同的实现，必须制定统一的社会协同规范。即使是通常的志愿行动，"志愿行动也必须遵循紧急状态下的某些特定规范"①。

　　社会协同规范的制定有几个关键的问题需要解决。首先是由谁来组织制定的问题。这一问题的提出，在于社会协同是多种社会主体之间的社会协同，这些不同的社会主体往往都有各自不同的资源、不同的功能、不同的作用，而且还具有不同的组织管理特色。要通过某种规范将其捏合到一起，乃是一件不大容易的事情。那么，在社会协同规范的制定中，到底由谁来承担规范制定者的角色呢？通常认为，这种角色应该是一种集体角色，也就是参与社会协同行动各方的代表组成的一个社会协同组织。在这个社会协同组织中，社会协同行动各方的代表都应是参与制定这种社会协同规范的人。不过，这里值得说明的是，在社会协同系统中，确立一种社会协同的主导系统不仅是必要的，而且这种社会协同主导系统本身也是客观存在的。因此，作为社会协同主导系统的一方，理应担负起制定社会协同规范的主导责任。当然，其他的社会协同主体也当积极参与。

　　社会协同规范的制定需要解决的另一个问题是涉及哪些内容的问题。一项社会协同规范到底应该涉及哪些方面的内容，这是我们在建立灾变危机管理社会协同体制和实施灾变危机管理社会协同运行过程中必须关注的一个问题。根据灾变危机管理社会协同体制的特点和灾变危机管理社会协同运行的需要，大致可以确定以下一些事项作为灾变危机管理社会协同规范的内容：一是灾

---

① 谢俊贵、叶宏：《灾害救助中的志愿行动规范——基于网上记实的思考》，《湖南师范大学社会科学学报》2011 年第 6 期。

变危机管理社会协同参与主体的资质规范，也就是要确定何种社会主体可以进入和如何进入灾变危机管理领域；二是灾变危机管理社会协同参与主体的职责规范，即根据社会协同原则确定这些社会参与主体应当履行何种职责，应当做什么，不应（或不必）做什么；三是灾变危机管理社会协同参与主体的行为规范，具体来讲就是参与社会协同的社会主体应当如何按照社会协同的要求实施灾变危机管理行为，真正发挥其作为灾变危机管理社会协同系统某一子系统所应发挥的功能。

社会协同规范的制定需要解决的再一个问题是谁来主导执行的问题。从学理上来讲，社会协同在其基本的意义上肯定是一种自组织行为。然而，在灾变危机管理中，由于面对的社会状况相对来讲比较特殊且非常复杂，这时的社会协同乃是一种在危机或紧急状态下的社会协同，因而完全意义上的自组织可能难以应对危机局面和紧急状态。于是，在灾变危机管理社会协同系统中，确定谁来主导执行灾变危机管理协同的规范，就显得比平时具有更大的必要性。按照前面所讨论的社会协同主导系统的概念，我们认为，在灾变危机管理社会协同运行中，必须确定一个社会协同主导系统，而这个主导系统就应当是社会协同规范的主导执行者。可以明确的是，按照我国社会管理格局确立的制度化要求，这一主导系统就应当是党政系统，或者说就是"党委领导，政府负责"。因而，灾变危机管理社会协同规范的主导执行者，理所当然地也就是我国的党政系统。

四　社会协同能力的提升

通常来讲，社会协同可以理解为协调整合社会各方面的资源，一致地完成某一特定社会目标的社会过程。事实上，社会协同不仅体现为一种社会过程，而且也体现为一种社会能力。这种社会能力也可以明确地表述为社会协同能力。所谓社会协同能力，就是指一定的社会主体在从事有关社会活动的过程中所具有的整合社会各方面的资源，并与其他社会主体团结协作，共同一致地完成某一社会目标的能力。社会协同能力的大小，不仅影响社会协同的水平和社会协同的效果，而且决定社会协同的运行和社会协同的实现。具体来讲，在某一社会管理活动中，如果参与社会协同的社会主体具有较强的社会协同能力，那么，就能保证社会协同管理的正常运行，实现社会协同管理的目标，反之，则可能影响社会协同管理的正常运行，给社会协同管理带来某些麻烦，甚至起着某种阻碍作用或产生某种负面影响，不利于社会协同过程的推进和社会协同目标的实现。

任何社会协同主体都有一个社会协同能力的提升问题。社会协同能力的提升正是相对于社会协同主体而言的。它包括两个层面的内容：一是单个社会协同主体社会协同能力的提升；二是整个社会协同系统整体协同能力的提升。单个社会协同主体社会协同能力的提升，乃是整个社会协同系统整体协同能力提升的基础，没有单个社会协同主体社会协同能力的提升，在很大程度上就谈不上整个社会协同系统整体协同能力的提升。举例来说，过去，我国对社会组织不甚重视，对社会组织社会功能的发挥限制颇多，给予社会组织参与社会管理的机会较少，社会组织发育程度极低，参与实践历练不够，管理服务能力不强，社会协同管理的经验缺乏，同政府机构和企业单位相比，通常只能起到一些拾遗补阙的作用，这不仅使社会组织自身的社会协同能力不强，而且也影响了我国整个社会协同系统整体社会协同能力的增强。这一点很值得我们加以认真反思。

就整个社会协同系统整体协同能力的提升而言，这是在灾变危机管理中必须高度重视的一个问题。在很多时候，我们整体应对灾变危机的能力之所以不强，并非单个社会协同主体的基本能力不强，而是我们没有将单个社会协同主体的基本能力转化为单个社会协同主体的社会协同能力，更没有将单个社会协同主体的社会协同能力聚合成整个社会系统的整体协同能力。2008 年的

"南方冰雪灾害",给人印象非常深刻的事情就是如此。面对"南方冰雪灾害",由于社会协同意识的缺乏,我国某些部门为了部门的利益,基本上没有将本部门的实际能力转化为社会协同能力。在冰雪灾害之初,一些部门虽在使劲,但劲却没有往一处使,更没能在较高的层面上将各个部门或各种社会主体的社会协同能力聚合为整体的社会协同能力。在某些部门相互拆台而非相互补台的折腾中,我国应对南方冰雪灾害的社会协同运行迟迟没有进入正轨,造成了许多次生灾害。

以上表明,要提升灾变危机管理社会协同的能力,保证整体社会协同系统的正常运行,首先必须在平时就对灾变危机管理的社会协同主体进行培育。我们说要在平时对灾变危机管理的社会协同主体进行培育,主要的意向在于:一是要对现有的体制内的灾变危机管理组织机构进行社会协同能力的培育;二是要大力培育和发展作为第三部门的社会组织。社会组织是扎根于社会、成长于社会、运行于社会,并为社会直接提供服务的民间组织。大力培育和发展作为第三部门的社会组织是我国社会管理和社会建设的基础一环,也是我国灾变危机管理社会协同体制建设的题中应有之义。各级党政部门及其所属的事业单位,都应切实做好培育和发展社会组织的工作,要给社会组织生长的土壤,要给社会组织成长的空间,要给社会组织以启动之力,要给社会组织以用武之地,要把社会组织锻炼成我国灾变危机管理社会协同系统不可或缺和不可忽视的关键力量。

要提升灾变危机管理社会协同的能力,保证整体社会协同系统的正常运行,其次必须在战时有效整合多种社会协同主体的社会协同能力。正如前述,单个社会主体的实际能力必须转化为社会协同能力才能有利于社会协同的正常运行,同时单个社会主体的社会协同能力也只有聚合为整个社会协同系统的整体协同能力才能获得好的社会协同收效。为此,要保证整体社会协同系统的正常运行和取得好的社会协同收效,必须在较高的层面上有效整合多种社会主体的社会协同能力，要把多种社会主体的社会协同能力聚合为宏大集体、宏大团队的社会协同能力。这需要社会协同主导系统努力做好工作。在我国，党政部门作为灾变危机管理社会协同系统中的主导系统，必须切实改变过去那种"独打鼓，独划船"的状态，要将工作重点放在有效发挥"凝神聚力"作用上来，将多种社会主体的社会协同能力有效聚合，使之在应对各种灾变危机中产生聚合效应。

五 社会协同运行的启动

所谓社会协同运行启动是指在灾变危机管理中，参与灾变危机管理的社会主体进入变危机管理过程，开始真正的社会协同运行的环节。一般来讲，灾变危机管理社会协同运行的启动环节，在时间上与灾变危机应急管理或灾害应急管理的启动时间同步。也就是说，灾变危机应急管理何时开始，灾变危机管理社会协同运行就在何时启动。举例来说，假如灾变危机应急管理是从灾变危机预防过程开始，那么，灾变危机管理社会协同也就是在灾变危机预防过程启动。假如灾变危机应急管理是从灾变危机应急过程开始，那么，灾变危机管理社会协同运行也就是在灾变危机应急过程启动。强调这一时间问题，主要目的是要保证灾变危机管理过程中全程协同的实现。当然，在具体实践中，灾变危机管理社会协同运行的启动时间也可能与灾变危机应急管理的时间并不同步，通常是滞后于灾变危机应急管理的某一时段，这也并不碍事，只是无法做到全程协同而已。

灾变危机管理社会协同运行的启动，参考电器系统的启动方式，理论上也可以分为冷启动和热启动两种。在电器系统中，冷启动就是在未进行预热的情况下的启动。我们知道，任何电器加电启动时，所有电子元器件都必须经受一次大电流冲击。加电冷启动时，电器内的每一个电子元件在很大冲击电流的作用下都会由室温开始骤然加热而使温度急剧上升，这种大的温差、时间差都可能使电子元件的老化加速。每次断电后的再加电,这个过程都是必经的。频繁地开关机器会让机器的使用寿命大为降低,这是应尽量减少或避免的。灾变危机管理社会协同运行的启动也有大致相同的情况,每次启动基本上都是冷启动。这是因为,重特大灾害的发生具有偶发性,人们应对灾变危机的社会协同运行实际上也是偶尔出现的事情或间时发生的事情,因而,冷启动确实具有一种必然性。而这种冷启动往往会使灾变危机管理社会协同系统难以较好地实现它的功能。

为了避免冷启动带来的某些负面影响,我们就得想些办法,使灾变危机管理社会协同运行的启动尽量实现热启动,或者尽量接近热启动。在电器系统中,所谓热启动,就是电器在适当预热之后启动。之所以要尽量实现热启动,主要的目的在于两个方面:第一,尽量避免"冲击电流"对各种电子元件造成的冲击;第二,尽量保证电器启动后能够较好地实现其功能。我们之所以讲要使灾变危机管理社会协同运行尽量实现热启动,或者尽量接近热启动,也是出于与电器热启动大致相同的目的。当然,灾变危机管理社会协同运行的热启动有它明显的副作用,也就是说,灾变危机事件是一种突发性事件,紧急事件,甚至对绝大多数人来说是属于人命关天的事件。在这时候,最需要的就是冷启动,也即需要参与灾变危机管理社会协同的各种社会主体迅速奔赴抗灾救灾战场,协同配合地开展各项灾变危机管理工作。热启动自然就有延误抗灾救灾最佳时期的可能。

那么,怎样才能保证灾变危机管理社会协同运行启动既能做到热启动或接近于热启动,而又不会延误抗灾救灾的最佳时期呢?这里,我们可以采取这样一种办法,就是做好灾变危机管理社会协同运行的准备工作,把灾变危机管理社会协同运行的基础工作延伸至灾变危机发生之前。采取这种办法的具体措施通常有两种:一是硬措施。即建立灾变危机管理预案制度,做好应对灾变危机的各种物质的和人员的准备工作,加强灾变危机管理社会协同团队的平时训练；二是软措施。也就是要做好前面提到的四个步骤的工作，具体包括社会协同目标的确立，社会协同平台的构建，社会协同规范的制定，社会协同能力的提升。这当中也包括灾变危机管理社会协同的平时训练。有了这两大措施，实际上就可以较好地保证灾变危机管理社会协同运行的启动由冷变热，既能迅速发挥参与灾变危机管理社会协同的社会主体的功能，又能保证其不受到过度的启动冲击。

灾变危机管理社会协同运行的启动，除了要考虑启动时机和启动类型外，更重要的一个方面是，要切实做好灾变危机管理社会协同运行启动环节的信息发布、社会动员和相关引导工作。灾变危机一旦到来，就要向各种不同的可能参与社会协同的社会主体发布灾变危机信息，同时，要根据灾变危机管理对人、财、物等的具体需要做好社会动员。在特定的情况下，还要做好前来参与灾变危机应急管理者的引导工作。在"汶川 8.0 级大地震"中，我们的引导工作感性化，做得不够好，导致灾区出现了"人满为患"的不良状况。而在玉树地震中，无论信息发布、社会动员还是相关引导工作都落实得比之前好，灾变危机管理的有序度相对要高。当然，到底应由谁来领头做这些工作呢？总的说法是应根据情况而定。在通常情况下，则应由承担灾变危机管理主导性协同功能的党政部门来领头做此工作。同时，党政部门也要本着社会协同的理念，充分发挥各种社会力量的作用，以期协同配合地做好灾变危机管理社会协同运行的启动工作。

六　社会协同行动的落实

所谓社会协同行动也称为社会协同行为，是指参与灾变危机管理社会协同的社会主体（包括政府机构、企业单位、社会组织等）以实际行动开展合作，形成合力，共同协作开展灾变危机管理活动。社会协同既是一种社会理念，更是一种社会行动。在灾变危机管理中，形成社会协同理念固然非常重要，但付诸社会协同行动更显十分必要。在我国，政府包揽灾变危机管理全部事务的体制延续时间较长，形成了一种惯性。直到现在，某些政府官员实际上还不真正了解社会协同的含义与作用，在实际工作中仍然抱残守缺，存在一种明显的"路径依赖"①。在这种情况下，强调灾变危机管理社会协同理念的形成确有很大必要。然而，观念层次的东西如果不付诸实施，不仅不能在实际中收到好的效果，反而可能在实战中造成灾变危机管理的混乱情势，给灾变危机管理带来更大损失。为此，将灾变危机管理社会协同落实于行动，付诸实践，乃是理之所在。

灾变危机管理社会协同行动的落实是一种理论付诸实践的过程，事实上也就是通过良好的社会协同方式和措施而进行灾变危机管理的过程，它是按照社会协同的原理和原则，所从事的先进的、务实的灾变危机管理活动。要有效保证灾变危机管理社会协同运行的先进性和务实性，关键要做到：

第一，要重视科学分工。社会协同是"以社会分工的发展为纽带的社会有序结构的进化"②。没有社会分工，就没有社会协同。社会协同行动是一种既有分工又有合作的社会行动，它是建立在社会分工基础上的一种先进管理方式。在灾变危机管理中，参与灾变危机管理的各种社会主体并非要形成一个没有分工的组织形态，相反，他们之间的分工倒是一种必要条件。当然，这种分工不是分心，它特别强调分工基础上的合作，也就是要既有分工又有合作，真正做到"形散神聚"。具体来讲，也即要求参与灾变危机管理的各种社会主体依据自身具有的基本社会功能，按

---

① 路径依赖（Path - Dependence），又称为路径依赖性，其含义是指过去的选择对现在和将来会产生影响，类似物理学中的"惯性"，一旦进入某一路径就会沿着该路径一直发展下去，并锁定在该路径上。第一个使"路径依赖"理论声名远播的是道格拉斯·诺斯，由于用"路径依赖"理论成功地阐释了经济制度的演进，道格拉斯·诺斯于1993年获得诺贝尔经济学奖。参见时晓虹等《"路径依赖"理论新解》，《经济学家》2014年第6期。
② 曾健、张一方：《社会协同学》，科学出版社2000年版，第81页。

照灾变危机管理的社会协同目标，在特定灾变危机状态下，主动担负起作为社会协同管理系统中相应子系统的责任，有效发挥作为社会协同管理系统中相应子系统的作用。这是一种协同理念指导下的分工，它特别强调社会协同主体各司其职，各负其责，充分发挥多种社会协同主体的潜能。

第二，要强调团结协作。"团结就是力量"，这是我国几代人百唱不厌的一首歌曲。事实上，虽然社会协同要以社会分工为基础，但光有社会分工并不等于就有了社会协同，只有在社会分工的基础上能够实现团结协作，才算有了真正的社会协同。团结协作是社会协同的真谛，是保证参与灾变危机管理的多种社会主体能够在灾变危机状态下相互支持、相互配合，更好地形成强大功能的关键。为此，可以这样认为，必须在社会分工的基础上切实强调团结协作，尤其是道德层面的团结协作，才能求得灾变危机管理社会协同的实现，才能达到灾变危机社会协同管理的目标。人们不可能想象，依靠某种类似"市场调节"的效应而完全达到灾变危机管理社会协同的目标。即使是社会学功能论的代表人物迪尔凯姆，在他提出"有机的社会团结"的时候，也并未完全否定通过道德取向的团结协作来促进和实现"社会团结"，相反，他对此还表示出高度的重视。

第三，要发挥聚合效应。聚合效应的思想最早来源于物理学中的"合力"理论，是指作用于某一物体的各种作用力是一种矢量，真正改变物体运动状态的力是各种分力构成的合力。作用于物体的力有多种，这其中有作用力也有反作用力，有同向作用力也有异向作用力，有力量较大的力也有力量较小的力，这些不同方向和不同大小的力的合成——合力，才是决定物体运动状态（包括运动方向与运动速度）的终极力量。灾变危机管理社会协同系统是由多种社会主体构成的子系统组合成的大系统，各种社会主体都有着相应的"力"施加于灾变危机管理的对象。然而，各种社会主体的力量是如何施加到灾变危机管理对象上的，这对实现灾变危机管理的目标具有决定性的作用。按照物理学中力的合成原理，只有同一方向的多个分力的合力为最大。这就给我们一个启示，在灾变危机管理社会协同行动中，关键的是要求我们按照统一目标行动，以形成聚合效应。

总之，灾变危机管理社会协同行动的落实，关键要在有科学合理的社会分工的基础上在协同行动上狠下功夫，这样才能保证参与灾变危机管理的每一个社会主体都能团结一致，心往一处想，劲往一处使，围绕同一个社会管理目标或社会协同目标，做好各自分内的事情。在这一过程中，任何参与灾变危机管理的社会主体，当然不能不出力使劲，遇险即躲，临阵脱逃；也不能包揽一切，舍我其谁，不给别的主体留下发挥作用的空间；更不能各思其利，各想其益，置他人的存在于不顾。2008年我国"南方冰雪灾害"，当时的应急管理中存在的某些系统或部门"各吹各的号、各唱各的调"的灾变危机管理乱象，带来的某些惨痛教训是深刻的，值得我们吸取。它明确地告诉我们，如果我们再不强调灾变危机管理的社会协同行动，我们就会在将来还要吃更多的苦头，受更多的痛楚，给人民生命财产造成更大的损失，给国家长治久安带来更多的隐患和麻烦。

七　社会协同运行的反馈

反馈又称回馈、回授，是控制论中的一个基本概念，是指将系统的输出返回到输入端并以某种方式改变输入，进而影响系统功能的过程。社会协同运行反馈是指在社会协同运行系统的运行过程中，社会协同运行的输出端将社会协同运行的结果向社会协同的输入端传递信息，以对社会协同运行起调节控制作用的过程。社会协同反馈是社会协同运行的一个特殊的运行环节，当然，也是一个不可缺少的运行环节。哈肯所创立的协同学就特别重视反馈。德国学者克劳斯·迈因策尔就认为，哈肯的协同学"存在一种反馈：复杂系统的集体序是通过其元素的相互作用

（自组织）而产生的"①。事实上，社会协同不仅从其运行过程来看存在一种反馈，而且在整个社会协同系统来看都存在着反馈。社会协同正是在参与社会协同的各种社会主体之间不断地进行的反馈中有效实现的。

任何灾变危机管理系统都有一个反馈问题，任何一个社会协同运行系统也有一个反馈问题。灾变危机管理社会协同运行系统的运行过程同样有一个反馈的问题，相对于一般系统中的反馈而言，这种反馈的必要更加紧迫，意义更加重大。准确、及时、有效的反馈，是灾变危机管理能够实现社会协同运行的基本条件之一。这是因为，在灾变危机管理社会协同运行中，其社会协同系统是一个复杂系统，它由多种因素构成，包括党政部门、驻地部队、政府主办的事业单位、企业组织、社会组织、信息机构、志愿团体等，它们构成一个复杂的超越组织机构的"大集体"。这一复杂的"大集体"要求得协调一致的运行，没有相互之间的信息沟通，没有相互之间的反馈机制，那是无论如何都难以实现的，它必然地会使社会协同的各种社会参与主体的社会行动带来盲目性和盲动性。

历史的经验和教训都是值得注意的。历史的教训更加值得注意，它是我们积极改进工作的视点和着力点。2008 年"南方冰雪灾害"抗灾救灾、灾变危机管理中的教训，不仅是抗灾救灾过程中的社会参与度低的问题，更为严重的是在这种较低社会参与度的情况下，各种参与主体之间由于某些利益的问题而导致的社会协同表现颇差的问题。这次灾变危机管理社会协同表现颇差，与各种参与主体之间缺乏及时有效的信息沟通和信息反馈有着很大的关系。从当时某些部门应对灾害的有关行为和某些措施来看，在本次抗灾救灾过程中，可说是明显存在着互不通气，各吹各的

---

① ［德］克劳斯·迈因策尔：《哈肯、协同学与复杂性》，斯平译，《中华读书报》2000年 9 月 27 日。本文作者克劳斯·迈因策尔为奥格斯堡大学科学哲学教授，德国复杂系统和非线性动力学学会主席。

号，各唱各的调的情况，从而给是次灾变危机管理带来了很大的被动，甚至导致了一些严重的次生危机和连续危机，给国家和人民群众的生命财产安全造成了严重的损失。这种教训很值得我们认真吸取。

灾变危机管理社会协同运行系统中的反馈，与一般社会组织运行系统中的反馈既有相同的方面，也有不同的方面。相同的方面主要在于：这两种反馈都属于信息反馈，实质上是各种社会主体之间的信息联系和信息沟通。不同的方面则在于：一般社会组织系统中的信息反馈最主要的是一种上下级之间纵向的信息反馈，它是基于一种组织制约力来实现的信息反馈；而灾变危机管理社会协同运行系统中的反馈最主要的是一种不同社会参与主体之间横向的信息反馈，它是基于一种协作亲和力来实现的信息反馈。值得注意的一点是，这种横向的信息反馈往往由于组织制约力的微弱甚至缺乏而不大容易实现。正是因为如此，在灾变危机管理社会协同运行系统中，我们更有必要强调反馈的重要性，要采取各种有效措施，切实加强灾变危机管理社会协同运行系统的信息反馈。

加强灾变危机管理社会协同运行系统的信息反馈，关键要做好以下几件事情：第一，要着重强调灾变危机管理社会协同目标的明晰性。尤其是灾变危机管理社会协同中的主导性协同系统，要切实担负起明确灾变危机管理社会协同目标的责任，不仅要使主导性系统内部明确目标，而且要使其他的功能系统也明确目标，从而推动各系统之间加强目标实现度情况的反馈。第二，要着重强调灾变危机管理社会协同道德的高尚性，各种参与主体都应从国家和人民利益出发，来确保社会协同的实现，提升灾变危机管理效益。第三，要着重强调灾变危机管理社会协同行动的协调性。在灾变危机管理中，各种社会参与主体协同行动的协调性如何，会直接影响灾变危机管理社会协同运行的情况，强调社会协同行动的协调性，目的就是要推动各系统之间加强行为协调度情况的反馈。

第二节　灾变危机管理社会协同运行条件

社会管理的经验表明，任何社会管理的社会协同都需要一定的条件作为保障。灾变危机管理社会协同运行更加需要良好的条件作为保障。在灾变危机管理中，所谓社会协同运行条件乃是指用于保障社会协同运行有效实现的各种组织资源、人力资源、物力资源、信息资源、文化资源等基本条件的总和。社会协同运行不只是一种管理理念，也是一种管理实务。作为一种管理实务，灾变危机管理社会协同的正常运行和功能发挥始终离不开一个强有力的条件保障系统的支持。这个强有力的条件保障系统，具体来讲，主要涉及五个重要方面的资源，即组织资源、人力资源、信息资源、物质资源、文化资源（见图6-2）。

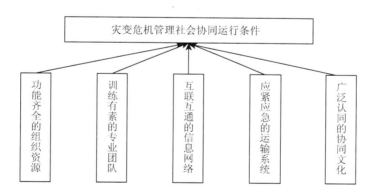

图6-2　灾变危机管理社会协同运行条件示意

一　功能齐全的组织资源

灾变危机管理社会协同运行的基本条件之一是具有功能齐全的组织资源。这一说法应该不难理解。在灾变危机管理中，组织资源是社会协同系统最重要的结构因素，也是社会协同运行最重要的组织保证。尽管社会协同系统被视为一种自组织系统，但如果没有各种各样的结构因素，没有各种各样的组织资源，就等于没有可以参与灾变危机管理社会协同的多种相应的子系统，也就没有办法构建灾变危机管理的社会协同系统，当然也就遑论灾变危机管理的社会协同问题。举例来说，在一个国度里，如果灾变危机管理所依靠的组织资源缺乏，或者仅仅只有一种政府组织资源的存在而没有其他的组织资源，都难于谈及灾变危机管理真正的社会协同问题。同时，这种组织资源还应该是功能齐全的组织资源。如果没有功能齐全的组织资源，也会导致社会协同功能因素的缺陷，从而在应对各种灾变危机的过程中乏力，如一个国家社会组织发育不良就会如此。

在灾变危机管理中，具有功能齐全的组织资源是一种理想状态，这种理想状态既是一个数量的概念，也是一个质量的概念，还是一个聚合化的整体概念。也就是说，一个国家或地区在灾变危机状况下，要求得灾变危机管理社会协同的良性运行，必须具有数量和质量都能满足一定运行要求的可资利用的组织资源。这些可资利用的组织资源，从数量上来说，应当是两种及两种以上的组织资源，单一的组织资源是不够的，况且也不符合社会协同系统的结构要求。从质量上来说，它要求每一类组织资源都具有自身的功能。当然，这里并非要求每一类组织资源都必须做到功能齐全，相反，按照功能互补原理，这些组织资源应当是各自具有各自不同的功能，也就是所谓的专能，只需要它们聚合成一个协同系统后可以实现功能齐全即可。按照这样的道理，从灾变危机管理社会协同系统最一般的结构要素作分析，这种社会协同系统最好应包括三类组织资源。

一是功能强劲的政治组织资源。政治组织资源主要是指政党、政府等组织资源。在灾变危机管理社会协同运行中，政治组织资源是一种不可或缺的组织资源。之所以有如此一说，主要是因为：一方面，灾变危机是一种严重的社会危机，这种危机可以造成社会的严重失序和严重失范，甚至引发社会的严重冲突和严重不安，这就需要功能强劲的政治组织资源有效介入其中，以确保社会的安全与稳定；另一方面，灾变危机的社会协同管理是由多种社会主体参与或多种社会资源介入的灾变危机管理，这种由多种社会主体参与或多种社会资源介入的灾变危机管理，如果没有一种具有功能强劲的政治组织发挥主导作用，各种社会主体或社会资源就难以有效整合，更难起到功效放大的作用。由此可以认为，要保证灾变危机管理社会协同的良性运行，必须具备功能强劲的政治组织资源。具体就我国来讲，就是要高度重视党政系统作为政治组织资源的主导作用。

二是财力充实的经济组织资源。灾变危机管理作为在重特大灾害下进行的一种特殊的社会管理，需要耗费大量的资金，如果没有雄厚的财力作为保障，就难以供养大量的抗灾救灾人员进入灾区战胜灾害，就难以尽快搞好灾区的恢复重建，就难以解决灾区广大人民群众的生产和生活问题。基于此，在灾变危机管理中，要确保灾变危机管理社会协同的良性运行，必须有财力充实的经济组织资源的参与和介入。这里所说的经济组织资源，除了政府的经济部门外，尤指企业这种组织资源。我们知道，政府的经济部门当然是提供灾变危机管理资金的基本渠道，但面对各种重特大灾害，政府的财力往往不足以解决全部的资金需求，这就有赖于充分调动各种企业的积极性，借助于企业这种丰厚的经济组织资源来解决灾变危机管理的经济基础问题。正因为如此，我国无论在何时都必须高度重视企业组织的发展，并合理引导其参与和介入灾变危机管理之中。

三是积极参与的社会组织资源。这里所讲的社会组织主要是指作为"第三部门"的非营利组织、公益组织。经验表明，非营利组织、公益组织等，在社会管理与社会建设中，都是一种重要的社会组织资源。在灾变危机管理中，没有这些社会组织的参与和介入，没有对这些社会组织资源的充分利用，灾变危机管理的

社会协同就存在巨大缺陷。例如，日本的社会组织或曰公益组织
在阪神地震之前是没有受到重视的。由于社会组织资源的缺乏，
日本灾害应对系统存在很大缺陷，导致历次应对灾害措施不力，
效果不佳。后来，也就是在阪神地震中，作为社会组织资源的公
益组织自发地出现了，正是因为这些公益组织的出现并参与和介
入灾害管理，才保证了阪神地震抗灾救灾的顺利进行。所以，日
本通常将 1995 年称为"日本志愿行动元年"①。我国过去对社会
组织资源也重视不够，从而造成了灾变危机管理的许多真空。对
此，我们必须加以认真反思。

二 训练有素的专业团队

灾变危机管理的实践经验告诉我们，任何一次重特大灾变危
机的出现，都会带来许多的专门问题。例如，在严重地震灾害的
情况下，抢救因建筑物坍塌被活埋的遇险人员、建筑物坍塌地区
生命迹象的探测、遇难人员的发现与安葬；遇险伤员的急救与诊
治、受灾地区的防疫与疾控，灾民的安抚与心理治疗；灾区的工
程抢险与修复，灾区次生灾害的防范与控制，灾区应急住房的修
建与灾民安置，灾区生活物资的运输与供应；灾区重建规划的制
定与实施，灾区社会的重建与社会工作的开展等，这些都是专业
性较强的灾变危机管理任务。在遭受严重冰雪灾害的情况下，交
通运输的指挥与疏导、供电设施的安全与运行、受损路面的处理
与修复等，这些也是专业性较强的灾变危机管理问题。要较好地
完成这些专业性较强的灾变危机管理任务，没有懂得专业技术的
人员加入不行；面对重特大灾变危机的到来所造成的严重破坏，
若不组建相应的专业团队也不行。

所谓专业团队，是指掌握专门的技术方法、能够处理面临的
某种专门问题的专业人员队伍。在灾变危机管理中，专业团队是

① 唐晓强：《公益组织与灾害治理》，商务印书馆 2011 年版，第 59 页。

应对灾变危机的支柱，是保证灾变危机管理取得成功的关键。专业团队的建立既是处理各种专门问题的现实需要，也是求得社会协同良性运行的基本条件。从某种意义上来说，灾变危机管理之所以需要广泛的社会参与和社会协同，其原因之一就是灾变危机管理面对的专门问题太多，单一的社会主体根本没有办法胜任如此众多的专门问题的处理职责。只有让更多的社会主体参与其中，借由"人上一百，武艺周全"的优势，才能达到有效解决各种专门问题的目的。当然，参与灾变危机管理的人员众多并非就一定能实现灾变危机管理社会协同的良性运行，甚至可能还会出现各种"添乱"的情况。为此，按照专业化的要求，通过各种专业化的社会协同子系统，组建一些训练有素且具有协同意识的专业团队，乃是一种可行办法。

组建训练有素且具有协同意识的专业团队，第一方面的要求是技术比较专业。目前，世界许多国家和地区都建立了一些应对灾变危机的专业团队。其中，组建应对各种火灾的消防队、组建应对抢险任务的军队、组建专业化的灾害救援队等是世界各国的通行情况。我国目前的灾变危机管理主要依靠三支队伍："一是公安、防汛抗旱、抗震救灾、森林消防、铁路事故救援、矿山救护、核应急、医疗救护、动物疫情处置等专业队伍，他们是我国应急救援的基本力量；二是企业事业单位专兼职队伍、应急志愿者，他们是应急救援的辅助力量；三是中国人民解放军、中国人民武装警察部队和民兵预备役部队，他们是应急救援的突击力量。"[①] 应该说，这三支队伍在我国灾变危机管理中均发挥了重要的作用。但是，如何从专业化的角度进一步加强和提升，并继续组建一些新型的应对某些新出现的专门性问题的专业团队，仍然是值得我们高度重视的事情。

组建训练有素且具有协同意识的专业团队，第二方面的要求

---

① 王宏伟：《应急管理理论与实践》，社会科学文献出版社 2010 年版，第118 页。

是真正训练有素。所谓真正训练有素的团队，就是通过较长时期在灾变危机管理实战或灾变危机管理模拟中受过艰苦训练的团队。应该说，我国现有的灾害救援团队，其中不少是既受过严格训练也参加过多次灾变危机管理实战的专业团队，甚至有的还是为专门灾种的灾变危机管理成立的专业救援团队，这部分专业团队，理当是真正训练有素。可是，另有一些灾害救援团队，如某些企事业单位和社会组织组建的灾害救援团队，则是依靠临时调遣或应时成立的救援团队，尽管它们中的某些团队成员在专业技术方面不成问题，但就整个团队来看，他们应对灾变危机局面的经验却很缺乏。在实践中，一些临时调遣的医疗救护队、工程抢险队，以及由企事业单位、公益组织等临时组织的志愿团队等，大都表现出这一特征。为此，切实加强灾变危机管理专业团队的平时训练是一件必要的事情。

　　组建训练有素且具有协同意识的专业团队，第三方面的要求是具有协同意识。在心理学中，意识被定义为人所特有的一种对客观现实的高级心理反映形式。所谓协同意识，在这里也即社会协同意识，它是指人对社会协同敏锐的感受力、判断力、洞察力和执行力。社会协同意识在具体表象上也即人的社会协同敏感，它是人们对社会中的各种现象、行为、活动等都从社会协同的角度加以理解，感受和评价。人的社会协同意识越强，那么，他就越能按照社会协同的要求来从事各种社会活动，实现社会协同的目标；反之，则越不容易做到社会协同。"在社会协同层次中，最高层次的就是社会的不同'群体意识规范'之间的整合协同。"① 这就告诉我们，在组建灾变危机管理社会协同专业团队的过程中，必须重视这些专业团队协同意识的培养，要设法使这些专业团队的成员都具有强烈的社会协同意识，从而保障其能在灾变危机管理中按社会协同要求行事。

---

① 曾健、张一方：《社会协同学》，科学出版社2000年版，第78页。

三　互联互通的信息网络

我们所处的社会是一个典型的信息社会。① 在信息社会中，灾变危机管理社会协同运行的一个重要条件是具有互联互通的信息网络。按照信息社会学家的说法，当代信息社会是一个社会信息高速流动的社会，也是一个信息网络高度发达的社会。在这种社会中，一方面信息技术的迅速发展使信息的高速流动成为可能，从而更有利于各种社会管理活动的顺利开展，另一方面信息的社会作用的全面放大则使社会管理活动对信息交流的依赖性日益增强，从而也造成了社会管理活动对信息条件保障的要求不断升级。可以这样说，在现代社会管理中，信息条件的缺乏或信息交流的不畅，都有可能带来社会管理的困难，都有可能造成社会运行的不顺。在灾变危机管理中，准确及时的信息传递一方面显得更加重要，但另一方面也越有实现的难度。所以，在灾变危机管理中，就社会协同的良性运行来讲，切实保障信息互联互通的信息网络条件更是一个关键所在。

灾变危机管理社会协同运行作为一种特殊状况下的社会管理运作，其对信息交流条件的依赖性要比一般社会管理活动更强。这主要是因为：第一，灾变危机是在重特大自然灾害状态下出现的社会危机，重特大自然灾害往往对国家和人民群众的生命财产安全具有严重的破坏性，要保障灾变危机状况下应急救援工作的正常进行，必然需要尽快获得各种灾害信息，这就提出了对信息

---

① "信息社会"和"网络社会"都是在我们所处的当代社会中十分流行的概念，两者既有联系又有区别，我们比较主张将当代社会称为信息社会。所谓"信息社会"，按照约翰·奈斯比特的理解，就是"大部分人从事信息工作，社会中最重要的因素转变为知识的社会"。按照笔者的理解，所谓信息社会，或称为信息化社会，是与工业社会相对应的一种新的社会发展阶段或新的社会存在形态的称谓，意即以信息技术为基础，以信息产业为支柱，以信息资源的全面开发和广泛利用为标志的新型社会。在信息社会中，信息主义范式成为社会发展与社会生活的普遍范式，网络逻辑成为社会结构和社会运行的基本逻辑。参见谢俊贵《信息的富有与贫乏：当代中国信息分化问题研究》，上海三联书店 2004 年版，第 6 页。

交流的及时性和顺畅性的要求。第二，重特大灾害对灾区的通信系统或信息网络往往具有严重的破坏性，网络不通、通信中断的情况非常普遍，这对灾变危机状况下的应急救援工作的开展是一种严重的障碍，必须以特殊的方式解决灾变危机状况下的信息互联互通问题。第三，灾变危机管理社会协同运行是不同社会主体之间的一种协作活动，信息交流的准确、及时、顺畅、有效是其最基本的要求，如果满足不了这些方面的要求，灾变危机管理社会协同的良性运行就难以实现。

从上述分析可知，面对灾变危机的特殊状况，要实现灾变危机管理社会协同的正常运行，就必须在灾变危机的特殊情况下采取特殊的措施，设法解决灾区内部以及灾区与外界的通信，或者说就是要设法建立互联互通的信息网络。正如科技部副部长刘燕华所说："防灾减灾是一项跨部门、多学科的综合性工作，加强信息共享，对于开展跨部门、多学科的综合性科技攻关尤其重要。"要"进一步加强各有关部门的协调联动和互联互通的灾害信息共享的机制，加强灾害应对工作的协调联动"[①]。而要建立互联互通的信息网络，关键应做到：

首先，及时掌握灾区通信的现有情况。正如前述，在各种重特大灾害中，灾区的通信畅通是至关重要的应急管理条件，也是至关重要的灾变危机管理社会协同运行条件。但灾区的通信系统容易遭到损毁，信息网络容易出现中断。例如，水灾火灾、冰雪灾害、地震灾害、地质灾害等都可能彻底损毁灾区的通信系统。这种情况不仅不利于抗灾救灾工作的顺利开展，而且还可能由此造成某些次生灾害和引发某些连锁危机。美国"9·11事件"发生后，300多名警察和消防队员迅速冲进被撞击的世界贸易组织大楼中进行救援。在大楼倾斜时，外面的救援人员万分焦急，却

---

① 刘燕华：《加强防灾减灾科技支撑提高我国风险管理能力》，中国灾害防御协会：《防灾减灾文集》，新华出版社2007年版，第18页。

无法与里面的人员取得联系，原因是内外的通信工具不兼容。结果 300 多名最初响应者不幸遇难。① 这告诉我们，在重特大灾害发生时，通信部门有责任及时了解灾区通信的现有状况，具体包括灾区主要通信设施是否完好，基本通信设施的类型和制式，辅助通信设施的可资利用情况等。

其次，尽快恢复灾区的应急通信设施。通畅的应急通信是灾变危机管理的"千里眼"和"顺风耳"。没有通畅的应急通信，灾变危机管理就无法顺利进行，灾变危机管理社会协同就难以实现。所以，我国《突发事件应对法》第 33 条规定："国家建立健全应急通信保障体系，完善公用通信网，建立有线与无线相结合、基础电信网络与机动通信系统相配套的应急通信系统，确保突发事件应对工作的通信畅通。"② 然而，在灾变危机状况下，灾区的基本通信设施极易受损，很多社区可能变成"信息孤岛"，进而使救援团队无法了解这些社区的危机状态。这就要求通信管理部门一方面应迅速恢复灾区的应急通信，另一方面要设法修复灾区的基础通信设施。在基础通信设施一时无法修复的情况下，更要采取可行的措施，优先保证应急通信落实到位。无线通信和机动通信是灾区应急通信的有效手段，采用无线通信和机动通信等可使灾区应急通信形成"立体化"构架。③

再次，有效保证灾区内外的信息交流。灾区内外的信息交流是保证灾变危机管理相关社会主体迅速及时地获得有关灾害信息和灾变危机管理信息，及时参与和介入灾变危机管理的基本条件。灾区的通信中断和信息交流缺乏，不仅可能使灾变危机管理难以顺利进行，而且可能招来许多给抗灾救灾添乱的情况。2008 年的"南方冰雪灾害"、"汶川特大地震"和 2010 年的"玉树地震"，事实上都

---

① 王宏伟：《应急管理理论与实践》，社会科学文献出版社 2010 年版，第 125 页。
② 中华人民共和国突发事件应对法（2007 - 8 - 30），http：//www. gov. cn/ziliao/flfg/2007 - 08/30/content_ 732593. htm。
③ 范一大等：《重大自然灾害空间信息协同服务机制研究》，《遥感学报》2011 年第 5 期。

因为受灾地区通信不畅和灾区内外信息交流缺乏，而导致了全国各地某些志愿者盲目进入灾区，从而在一定的程度上给灾区"添乱"这种不良现象的出现。甚至有的志愿者由于不了解灾区情况，盲目进入灾区，险些丢了性命。① 灾区内外畅通的信息交流以及参与抗灾救灾主体之间的互联互通是保证灾变危机管理社会协同良性运行的重要条件，通信部门以及新闻媒体都有责任保证灾区内外信息交流的正常进行，并以此促进灾变危机管理社会协同的有效实现。

四 应紧应急的运输系统

"一方有难，八方支援"作为灾变危机管理社会协同最贴切的口号，已在我国社会中真正达到耳熟能详。它不仅表明了灾变危机的应对需要多方社会主体的积极参与和广泛介入，而且也反映出参与灾变危机管理的社会主体不光只是灾区本土的社会主体，更多的可能还是来自灾区之外的五湖四海、四面八方的多种社会主体。那么，在灾变危机状况下，他们如何得以进入灾区，并在灾区得以顺利通行呢？这就存在着一个交通运输条件的问题。众所周知，在灾变危机状况下，尤其在水灾、冰雪灾害、地震灾害、地质灾害等各种重特大灾害中，灾区的道路、桥梁等往往容易遭到巨大破坏，交通运输往往容易发生中断，这就给灾变危机管理中的人员、物资、设备的应急运输工作造成巨大障碍。这种情况既不利于及时抢救灾区群众的生命财产，也不利于推行灾变危机的社会协同管理。于是，人员、物资、设备等的交通运输问题成为必须重点解决的问题之一。

在灾变危机管理中，交通运输系统作为灾变危机管理社会协同系统中的应急保障系统之一，它主要承担着三方面的运输任务，即人员运输、设备运输和生活物资运输。人员运输涉及多种

---

① 谢俊贵、叶宏：《灾害救助中的志愿行动规范——基于网上记实的思考》，《湖南师范大学社会科学学报》2011 年第 6 期。

人员类型，主要的是两类：一是灾民的运输。灾民要尽快脱离危机险境，就要通过运输系统尽快地将他们运送到安全的地点，这是人员运输中最基本的运输任务。在灾变危机管理中，交通运输部门理应克服一切困难，尽快打通灾区的生命通道，尽量选用有效的运输工具，将灾民运送到安全的地点。尤其对于灾民中的伤病员，更应将其及时送到能够得到紧急救治的地点。二是救援者运输。灾变危机的救援者往往分散于全国各地，必须通过交通运输系统将其运送到灾区的一定地点，才能真正发挥应急救援的作用。救援者的运输应区分轻重缓急，对于各种应急救援团队和医疗救护团队，必须在第一时间得到运送，对于其他参与灾害救助的人员，则可以暂时留后运送。

设备运输是重特大灾害中需要切实做好的运输工作。在许多的重特大灾害的应急管理中，往往需要一些大型的设备。例如，在"南方冰雪灾害"中，一些路面除雪除冰的机械，一些输电线路的除雪除冰设备，一些应急供电、通信的网线和设施，就需要进行紧急运送。在"汶川特大地震"中，被埋人员的生命探测设备、医疗救护中的医疗器械、堰塞湖防险抢险的设备、打通生命通道和抢险通道的工程设备等，都需要尽快运送到位。就是在其他的重特大灾害中，设备运输也是必不可少的。例如，在洪水灾害中，舟桥工程需要大量的舟桥设备设施，排洪工程需要大量的排水设备；在泥石流灾害中，对各种工程设备也有着特殊需要。应急救援设备是开展重特大灾害应急救援工作必不可少的手段，交通运输部门必须优先安排运送。否则，应急救援团队可能因为设备的缺乏而无法施展救援能力，这会给应急救援工作及整个灾变危机管理带来巨大的阻碍。

生活物资运输也是重特大灾害中必须高度重视的运输工作。灾区的居民和应急救援的人员都必须天天吃饭、喝水、睡觉，这是人的最基本的需求。这就需要粮食、菜蔬、燃料、饮用水、帐篷、床铺、棉被、衣物等各种各样的生活物资的运输。灾区的伤病员要得到救治，必须有医药的保证，这是"救死扶伤、治病救人"之急需。这就需要医疗设备和药品的运输。在灾变危机管理中，生活物资的运输决不能被丝毫轻视。须知，在重特大灾害中，一方面灾区的人口与平时相比，不是在减少，而是大量增加。这些增加的人口主要是应急救援人员以及四面八方涌来的志愿者和灾民的亲戚朋友。另一方面，灾区不仅伤病员比平时迅速增加，疾控防疫的任务也陡然加重。这些变化也增加了灾区对医用物资的需求。俗话说："兵马未动，粮草先行"。交通运输部门应切实做好生活物资的运送工作，努力保障灾区的所有人在危机状态中也能过上较为得体的生活。

在现代社会中，社会的流动性增强，各种人流、物流络绎不绝，交通运输的压力很大。在灾变危机状态下，由于"一方有难，八方支援"等协同文化的作用，大量的人流物流涌向灾区，更加增添了灾区交通运输的紧张和繁忙。在这种情况下，交通运输系统必须采取断然措施，切实保障灾区交通运输的畅通。要满足这样的要求，必须正确把握两条基本原则：一是交通畅通原则；二是救灾优先原则。交通畅通原则主要指的是，要采取切实有效的办法迅速恢复灾区的交通运输通道，其中要把灾区"生命线"的打通放在第一位，该抢修道路的要抢修道路，该架设桥梁的要架设桥梁，该采取空中运输的要采取空中运输。救灾优先原则主要是指在安排整体的交通运输任务的时候，要以重特大灾害的应急抢险和应急救助为第一要务，除了国防事务方面的特急任务外，其他各种运输任务都不得插队，以免影响应急救灾人员、设备和生活物资的紧急运送工作。

五　广泛认同的协同文化

从文化学上来讲，协同乃是人类在认识自然、改造自然，认识社会、改造社会的过程中所创造的一种先进文化，这种文化即称为协同文化。在灾变危机管理中，协同文化具有多种有效的社会功能。首先，协同文化具有社会导向功能。它不仅可以使我们能够利用协同文化在灾变危机面前动员各种社会力量积极参与灾变危机社会协同管理，而且可以促使参与灾变危机管理的多种社会主体秉承协同文化，为了实现灾变危机管理的社会协同目标，尽心尽力地担负起自己的社会责任，从而保证灾变危机管理社会协同功能的有效实现。其次，协同文化具有社会凝聚功能。借由协同文化的传播，可以在不同社会组织和社会公众之间凝聚力量，凝聚人心，促使广大的社会成员共同应对各种灾变危机；再次，协同文化具有社会协调功能。各种社会组织和社会公众都有各自的利益，甚至有时还会产生矛盾和冲突，但通过协同文化，可以实现有效协调，有效化解。

　　我国是一个特别重视和强调协同文化的文明古国。在我国的文化宝库中，自古以来就有大量协同文化的积淀，并以诗文、谚语、成语等多种形式在民间得以流传。如"天时不如地利，地利不如人和"，"一架犁耙三个装，一个好汉三个帮"，"声律相协八音生"，"众人拾柴火焰高"，"统筹兼顾"，"同舟共济"，"同甘共苦"，"同心协力"，"聚沙成塔"，"道归于和"，"政通人和"等。在灾变危机到来时，则有"一方有难，八方支援"的说法。很多的人正是在这种协同文化的熏陶下，形成了强烈的社会协同意识，并在各种社会活动中，尤其在应对灾变危机的抗灾救灾活动中，养成了良好的社会协同习惯，规范着自身的社会协同行为。切实继承上下五千年形成的协同文化并使之发扬光大，不仅是我国文化建设对优秀民族文化传承创新的一般需要，而且是我国社会管理（包括灾变危机管理）充分利用和发挥协同文化重要社会功能的现实需要。①

　　拉兹洛指出："如果社会的信息库（广义的'文化'）是赶上时代的和合用的，那么，生产和消费系统就能恰当地发挥功能并

① "协同文化"是最近出现的一个新的概念，在我国，它是古代和合文化的发展，很值得我们深入研究。参见李晓明《培育协同文化　提升大学科技园创新绩效》，《中国高等教育》2014年第18期。

把社会维持在它的环境中。"① 尽管我国自古以来就有着良好的社会协同文化传统，但在新的社会历史时期里，新的社会协同文化的建构或创新仍是值得我们高度重视的。事实上，我国经历了 20 世纪以阶级斗争为纲和以经济建设为重的两个时期，这两个时期对我国传统的社会协同文化都显得无暇顾及。以阶级斗争为纲，在很大程度上是肯定政治竞争而否定社会协同，轻视不同社会群体之间合作的意义和价值。以经济建设为重，虽然目的是通过市场竞争发展我国经济，但对人们之间的社会合作有所忽视。现在，我国的工作重心逐步转向社会建设，社会协同体系的建构成为社会建设的重要内容。所以，在我国优秀社会协同文化的基础上，根据新的社会历史时期的需要，构建和创新社会协同文化，乃是我们义不容辞的社会责任。

应该懂得，在当今社会中，协同文化已成为灾变危机管理社会协同运行的重要条件之一。它是一种社会氛围，能使处于灾变危机情况下的任何相关人士形成强烈的社会协同意识，产生浓郁的社会协同意向，并积极参与到灾变危机管理之中，充分发挥自己作为社会一员的作用。它也是一种社会认知，能使处于灾变危机状况下的任何相关人士都明白，面对灾变危机的出现和灾变危机对灾区人民的肆虐，作为社会的成员，谁都有必要根据自身的能力参与到灾变危机管理之中，做自己力所能及的事情。同时，还应按照社会协同运行的目标，遵循社会协同规范的要求，切实提升自己的社会参与和社会协同能力，从而为灾变危机管理作出更大的贡献。它还是一种社会目标，能使我们的社会在整体上更加团结和谐，社会成员更加相互关心，各种组织更加紧密合作。在灾变危机到来的时候，更能自觉地同舟共济、同心协力，众志成城，取得良好的抗灾救灾实效。

协同文化作为一种社会文化，应当成为一种在我国社会广泛

---

① ［美］E. 拉兹洛：《进化——广义综合理论》，闵家胤译，社会科学文献出版社 1988 年版，第 104 页。

认同的先进文化。这里的广泛认同，不仅应该是党政部门的认同，而且应该是包括事业单位、企业组织、社会组织以及广大人民群众的认同。这就需要我们在建构新的社会协同文化的过程中，要努力为最广泛的人民群众着想，要凸显各种社会主体的积极作用，要保证最广泛的社会同盟和社会合作的形成。具体来讲，新的社会协同文化应当是一种以人为本的文化，以德为先的文化，以和为贵的文化，以诚为金的文化，以行为重的文化，以效为实的文化。通过这种新的社会协同文化的有效构建，能够充分调动社会各界的积极性和主动性，从而在灾变危机状态下，真正凝聚人心、凝聚力量，确保各种社会主体在危难之时做到开阔眼界，深明大义，团结一致，共同应对；能够抛弃自身利益，讲求社会效益，努力战胜灾害，协力化解危机，以利实现灾变危机管理社会协同的良性运行和良好效益。

第三节　灾变危机管理社会协同运行制度

　　灾变危机管理的社会协同，尽管从协同理论的基本层面上表明，它是通过一种自组织的方式来获得和实现的，但这种自组织方式并非自然科学中所揭示的那种"物竞天择"的生发方式，也不是自由主义者所奉行的那种"放任自流"的行为方式，而是一种比通常的社会组织方式更为高级的协同组织方式。灾变危机管理社会协同要达到科学运行、良性运行、高效运行的目标，必须在构建一定的社会协同管理体制的基础上，建立一定的社会协同运行制度，以作为灾变危机管理社会协同良性运行的保证。这些社会协同制度其实就是社会协同组织系统的一种慢变量，它对各种快变量起支配作用。① 社会协同运行制度很多，从功能区分角

----

① 李健行：《系统科学原理与现代管理思维》，湖南师范大学出版社 1994 年版，第 242 页。

度来讲，主要包括：社会协同组织制度、社会协同沟通制度、社会协同激励制度、社会协同培训制度、社会协同保障制度、社会协同监督制度等。

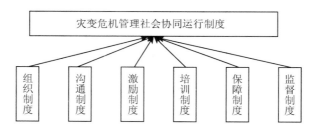

图6-3　灾变危机管理社会协同运行制度示意

一　社会协同组织制度

　　社会协同在协同学中虽然被视为一种社会自组织机制，但社会自组织并非不是社会组织，或者说社会自组织也并非不要进行组织。社会自组织从类型学上来看也是一种社会组织。它乃是一种超级社会组织，是社会组织的一种高级形式。社会自组织也需要透过某种社会动力学机制来进行组织，只不过这种组织是各种社会主体在特定情况下自觉进行的社会协作和社会整合。事实上，人类社会的各种社会协同活动都存在一定的社会组织形式，或者都建立了一定的社会协同组织，或者其背后都有某种社会协同组织的支撑。像国际上的"21世纪议程"、"十年减灾规划"、"气候变化框架公约"等社会协同活动都是由联合国有关组织推动的，且通常都建立有一定的组织管理机构。美国的"登月工程"，我国的"南水北调工程"等也同样建立了相应的社会协同组织。可见，在组织层面上，社会协同乃是推进多种社会主体协同合作的一种社会组织形态。

　　社会协同作为一种社会组织形态，按照组织社会学和组织管理学的观点，它同样要建立一定的组织制度，这种组织制度称为社会协同组织制度。很明显，社会协同组织制度属于组织制度的范畴，它是指各种社会主体在组成社会协同系统时，用以规范系统的结构与功能，规制系统的分工与合作，保证系统的良性运行和协调发展的一类组织制度。在国际社会中的国家与国家之间，或者在一国之内的不同地区之间，社会协同组织制度通常以公约、协定、议定书等的形式加以体现。如国家与国家之间的《京都议定书》、美国整合各州和各种政府组织与非政府组织的《国家响应框架》，美国南部各州之间的《南部地区应急管理援助协定》等即是。而在同一大系统的不同子系统之间，社会协同制度多以规划、计划、议程等的形式加以表述，如以上所提到的由联合国发起的各种社会协同活动，其社会协同制度便有《21世纪议程》、《十年减灾规划》等。

以一定的组织形式出现并建立相应的组织制度是社会协同区别于自然界的各种协同现象的显著标志之一。它明确显示，社会协同并非那种借由"物竞天择"的自组织方式所形成的自然协同，也非那种借由"行政权力"的行政组织方式所形成的被动协同，而是经过人主动的理性选择和精心撮合的自组织方式所实现的社会协同。作为一种区别于自然协同和被动协同的显著特征，社会协同是由有意识的人按照社会发展与社会管理的一般规律，借由社会自组织的机制和方式而主动发起的有目的、有计划、有组织、有管理的社会协同。依据这样一种认识，我们认为，在灾变危机管理中，社会协同同样需要采取一定的组织形式加以表现，同样需要建立相应的组织制度以对参与灾变危机管理的多种社会主体的协调合作行为加以引导、加以整合、加以激励和加以规范，从而保证灾变危机管理社会协同的良性运行，取得灾变危机管理社会协同的良好收效。

灾变危机管理中的社会协同组织是多种多样的，可以从不同的角度加以划分。目前对灾变危机管理社会协同组织的主要划分方法有综合角度的划分和专业角度的划分两种。从综合角度的划分来看，灾变危机管理的社会协同组织主要是国际层面的社会协同组织、国家层面的社会协同组织、地区层面的社会协同组织、社区层面的社会协同组织等。从专业角度的划分来讲，灾变危机管理的社会协同组织主要有应急救援方面的社会协同组织、医疗救护方面的社会协同组织、灾区重建方面的社会协同组织、志愿服务方面的社会协同组织、社会捐助方面的社会协同组织等。从综合角度来讲，笔者觉得，我国很有必要由政府牵头，建立从国家到社区的有名有实的灾变危机管理社会协同组织，真正"把施加给系统'外部力'而使系统形成组织的实力者也作为整个系统的一部分"①，从而更完整地建立由各种组织机构参与的我国灾变危机管理的社会协同体制。

灾变危机管理中的社会协同组织制度是灾变危机管理社会协同运行制度中最基本的组成部分。它是保证灾变危机管理社会协同正常运行最重要的制度设置。作为灾变危机管理中的社会协同组织制度，它所涉及的内容是多方面的，一项综合性的组织制度通常应该包括如下内容：第一，灾变危机管理社会协同组织的固定名称；第二，灾变危机管理社会协同组织的基本性质；第三，灾变危机管理社会协同组织的组织结构；第四，灾变危机管理社会协同组织的常设机构；第五，灾变危机管理社会协同组织的目标任务；第六，灾变危机管理社会协同组织的议事规定；第七，灾变危机管理社会协同组织的运行规则；第八，灾变危机管理社会协同组织的协同措施；第九，灾变危机管理社会协同组织的其他约定。灾变危机管理社会协同组织制度通常要由主导性的子系统（党政系统）牵头，其他参与子系统（企事业单位、社会组织、公众代表）参与制定。

二 社会协同沟通制度

社会协同学的研究表明：社会协同"不可能是理想化的完全类似激光的协同"。"社会协同是一种存在差异，甚至对立的协

---

① 曾健、张一方：《社会协同学》，科学出版社 2000 年版，第 36 页。

同。它是为了整个社会系统的生存、发展的求同存异。""社会协同是经过协商、平衡，从彼此或大多数对象的利益出发，合理地进行协调，达到协作、协力、和谐、一致。"① 从这一角度来看，社会协同与有效沟通理当具有密不可分的某种关系。这种密不可分的关系就是：社会协同需要沟通，"沟通是合作与协调的基础"②，是社会协同的重要手段，是求得社会协同良性运行的关键保障措施。参与社会协同的各种社会主体之间如果没有有效的沟通，或者说不积极地开展参与社会协同的各种社会主体之间的有效沟通，就不可能实现真正意义上的社会协同。正因为如此，在灾变危机管理中，以至在其他的社会管理中，建立可行的社会协同沟通制度，实施有效的社会沟通与社会协调，是确保社会协同良性运行的一种重要机制。

所谓社会协同沟通制度，是指由社会协同组织建立或制定的旨在加强社会协同组织内部或社会协同组织内外信息交流与沟通协调的各种制度性规范。社会协同沟通制度的建立对于社会协同组织来说乃是一件非常必要的事情。缺少社会协同沟通制度，就难以保证社会沟通和社会协调的正常进行，由此便可能造成信息不通、协合不灵的局面，影响社会协同的正常运行，甚至给社会管理带来诸多的麻烦。在灾变危机管理社会协同运行中更是如此。美国学者麦克恩泰尔在评论沃斯堡飓风灾害应急管理的失误时就明确地指出了其沟通协调缺失的问题，并认为，本次沟通协调缺失的原因在于：信息不充分、不完整、不准确或过量；最初响应者与应急管理人员缺少沟通；缺少应急通信设备；应急响应者与灾民之间存在语言障碍；个别灾害响应人专横跋扈，独导一切。③ 可见，不建立一种可行的社

① 曾健、张一方：《社会协同学》，科学出版社 2000 年版，第 48 页。
② 王宏伟：《应急管理理论与实践》，社会科学文献出版社 2010 年版，第 282 页。
③ D. A. McEntire, *Disaster Response and Recovery: Strategies and Tactics for Resilience*, John Wiley & Sons Inc., 2002. 参见王宏伟《应急管理理论与实践》，社会科学文献出版社 2010 年版，第 282 页。

会协同沟通制度，灾变危机管理的社会协同就无法得以实现。

建立社会协同沟通制度，首先是要建立基本的信息制度。信息是沟通的基本条件，沟通是信息的双向交流。协同学的创始人哈肯认为，信息对现代社会极有意义，社会的正常职能依赖于信息的产生、转移和加工过程。它表现出的循环因果特点，导致集体状态。控制论的创始人 N. 维纳也指出："为了社会繁荣，内部通讯的完整和健全是必不可少的。"① 根据这些认识，在灾变危机管理社会协同运行中，很有必要建立社会协同的基本信息制度。借由这种基本信息制度，一方面可以促进灾变危机社会协同系统各子系统之间信息的交流，保证各子系统在任何时间、任何地点都能相互了解对方所处的状态和情形，从而有利于作出协同运行的决策，采取协同运行的措施。另一方面，可以促进灾变危机管理社会协同系统中各子系统将自身掌握的内外部信息进行及时的发送和交换，以使灾变危机管理社会协同系统更好地适应内外部环境的各种变化。

建立社会协同沟通制度，其次是要建立正常的会商制度。会商最基本的意思就是通过会议的方式商量事情。会商制度是社会协同沟通制度的重要内容，是尊重和保证参与社会协同的各种社会主体知情权、参与权、决策权至关重要的措施，也是调动参与社会协同的各种社会主体的积极性、主动性，发挥参与社会协同的各种社会主体的创造性的有效机制。在灾变危机管理社会协同运行中，建立正常的会商制度，通过会议的形式商量重要的问题、作出科学的决策显得很有必要。原因在于：一是灾变危机管理中遇到的某些问题往往比较特殊，甚至比较复杂，需要通过会商对这些问题加以深入分析，以提出有效解决这些问题的办法。二是灾变危机管理中的社会协同是一种应急协同，作为应急协

① ［美］N. 维纳：《控制论》，郝季仁译，科学出版社 1963 年版。转引自曾健、张一方《社会协同学》，科学出版社 2000 年版，第 174 页。

同，往往可能由于经验缺乏，难以真正达到步调一致，沉着应对，需要通过会商解决协同主体应对灾变危机经验不足、磨合不够的问题，以取得社会协同的最佳效果。

建立社会协同沟通制度，再次是要建立全面的协调制度。沟通的目的在于协调，协调本就是沟通的高级形式。灾变危机管理社会协同是由多种社会主体参与和介入的。各种社会主体各自都有其自身的行为目标、利益要求、文化背景和行为习惯，这些都可能影响到灾变危机管理社会协同的良性运行。为此，通过建立一种全面的协调制度，沟通上下，协调左右，可谓非常必要。在灾变危机管理社会协同系统中，通过协调制度的建立，主要应解决以下几方面的沟通协调问题：一是部门之间的协调问题。如民政部、交通部、铁道部、气象局、地震局、水利部、农业部等的协调问题。二是条块之间的协调问题。也即中央各部与地方政府之间的协调问题。三是地域之间的协调问题。如"南方冰雪灾害"中贵州、湖南、广东、广西等地方的协调问题。四是军民之间的协调问题。五是组织系统的协调问题。也即政府组织、企业组织和社会组织之间的协调问题。

三　社会协同激励制度

激励在中文中有"激发"和"鼓励"的意思。但到底什么是激励呢？美国管理学家贝雷尔森（Berelson）和斯坦尼尔（Steiner）给激励下了这样一个定义："激励是人类活动的一种内心状态"，"一切内心要争取的条件、希望、愿望、动力都构成了对人的激励"[①]。人的一切行动都是由某种动机引起的，动机是一种精神状态，它对人的行动起激发、推动、加强的作用。激励可以看作是激发人的行为的一种心理诱导过程。激励这个概念过去通常用于企业组织管理之

---

① ［美］贝雷尔森、斯坦尼尔：《人类行为：科学发现成果》，吴雯芳译，科学出版社1996年版，第66页。

中，是指通过各种办法去激发员工的工作动机和工作热情，也即以各种有效的方法去调动员工的积极性和创造性，使员工努力完成组织的任务，有效实现组织的发展目标。有效的激励可以点燃员工的激情，促使员工的工作动机更加强烈，让员工产生超越自我和超越他人的强烈欲望，并将潜在的巨大的内驱力得以释放出来，为组织目标的实现奉献自己的满腔热情，付出自己的更大努力。

激励是任何管理活动过程中不可或缺的环节和活动。它不只是企业组织管理的需要，也是国家、政府以及各种社会组织甚至社会协同组织从事管理活动的必需。在社会协同组织的管理中，有效的激励可以成为调动社会各方面的力量参与社会协同的重要动力，有效的激励可以成为社会各方面的力量协力实现社会协同目标的得力措施。在灾变危机管理中，为了调动各种社会主体和社会力量积极参与灾变危机社会协同管理，同样需要建立一种社会协同激励制度。要通过建立这种社会协同激励制度，从制度上塑造一种激发各种社会主体参与灾变危机管理的积极性的良好环境和有效机制，使各种社会主体自觉自愿地投入到灾变危机管理中来，并在参与和介入灾变危机管理的活动中不仅充分显示和发挥自身的功能和作用，而且能够与其他参与和介入灾变危机管理的社会主体紧密团结、协调配合，且从社会协同组织或系统整体的高度，作出自己更大的贡献。

建立社会协同激励制度首先要建立社会协同目标激励制度。目标是行动所要得到的预期结果，是满足人的需要的对象。目标是一种刺激，是满足人的需要的外在物，是希望通过努力而达到的成就和结果。任何行为都是为了达到某个目标。目标同需要一起调节着人的行为，把人的行为引向一定的方向。目标本身是人的行为的一种诱因，具有诱发、导向和激励人的行为的功能。因此，适当地设置目标，能够激发人的动机，调动人的积极性。在现代人事管理中，各种组织系统往往通过目标的设置来激发人们的动机，诱导人们的行为，使个人的需要与组织的目标结合起来，以激励他们的积极性和主动性。这种通过目标来对组织成员进行激励的组织制度就叫作目标激励制度。在灾变危机社会协同管理中，为了求得各种社会主体的积极参与和有效合作，同样需要建立一种目标激励制度。要通过这种目标激励制度，把社会主体真正引向协同合作的宽阔道路。

建立社会协同激励制度其次是要建立社会协同奖惩激励制度。所谓奖惩激励制度是对人的某种行为给以肯定或予以否定的制度。它分为奖赏激励制度和惩戒激励制度两种。奖赏激励制度是对人的某种良好行为给予某种肯定，使人继续保持这种行为的激励制度。奖赏是对人的行为的一种正强化。奖赏作为激励的一种手段，如能在实践中使用得当，可以进一步调动人的积极性，激发人们自我完善、自我促进、自我提升。奖赏激励包括物质奖励、精神奖励，以及物质与精神结合的奖励。惩戒激励制度则是对人的某种不良行为予以适度否定，使人弱化或停止某种行为的制度。惩戒是对人的行为的一种弱化或负强化。在灾变危机管理社会协同运行中，通常需要以奖赏激励为主，以惩戒激励为辅。当然，在十分紧急的危难状态中，惩戒激励可能变得更有收效，尤其是对于一些协同不力的政府部门、官方组织及有关人员，惩戒激励往往起着非常直接有效的作用。

建立社会协同激励制度最后是要建立社会协同政策激励制度。所谓政策激励制度，是政府部门或社会协同组织，通过一定社会政策的制定和实行，来引导和激励各种社会主体积极参与到灾变危机管理中来。在引导和激励各种社会主体参与灾变危机社会协同管理方面，最常见的社会政策有引导鼓励政策、财政资助政策、税收减免政策等多种。目前，我国在鼓励灾变危机管理的社会协同与社会参与方面，大致执行了两类政策：一是新建社会组织财政资助政策。例如，我国在"汶川8.0级地震"后，为了引导和鼓励社会力量进入汶川灾区开展社会服务，有关省市为新建社会组织提供了大量的财政支持。第二，税收减免政策。主要是对积极参与灾变危机社会协同管理，或为灾区抗灾救灾、恢复重建提供各种慈善资助和社会服务的企业组织、社会组织和公民个人减免相应的税收，从而引导和激励各种社会主体积极参与到灾变危机管理的社会协同中来。

四　社会协同培训制度

灾变危机管理社会协同的科学运行、良性运行和有效运行，有赖于各种社会参与主体具有强烈的社会协同意识，掌握过硬的灾害应急本领，形成强大的社会协同能力，发挥有效的社会协同作用。然而，在现实的灾变危机管理中，参与灾变危机管理的各种社会主体，总体上来讲都存在着这样的或那样的缺陷，很难保证灾变危机管理社会协同的科学运行、良性运行、高效运行。这就给我们提出了一个值得认真思考的新的问题，即灾变危机管理社会协同参与主体（或参与者）的培训问题。我们知道，在军事领域，协同作战是要经过严格的军事训练的，所以几乎所有的军队都建立了协同作战训练制度，并进行严格的协同训练。这种作法完全可以移植到灾变危机社会协同管理领域。具体来讲，就是参照军队协同作战训练的办法，建立灾变危机管理社会协同培训制度，认真开展灾变危机管理社会协同的培训，以增强灾变危机管理参与主体的社会协同能力。

建立灾变危机管理社会协同培训制度，首先要明确培训的目标。灾变危机管理社会协同培训的目标，是由灾变危机管理社会协同运行的要求所决定的。通常来讲，无论是一个国家、一个地区还是一个社区，总是希望所有的社会组织和社会成员在灾变危机管理中能够实现社会协同，并希望这种社会协同能够做到科学运行、良性运行和高效运行，目的是充分调动社会各方面的积极性、充分发挥各种社会力量的作用，借由政府部门、企事业单位、社会组织和广大社会公众的团结协作，全面战胜各种重特大灾害，为受灾地区的抗灾救灾、恢复重建与和谐发展作出贡献。

根据这样的要求，灾变危机管理社会协同培训的目标就应该是，通过组织各种社会协同培训，使有可能参与灾变危机社会协同管理的团队和人员都能形成强烈的社会协同意识，获得参与灾变危机社会协同管理的本领，并能够在灾变危机管理中通过团结协作，更好发挥自身的社会协同作用。

建立灾变危机管理社会协同培训制度，其次要明确培训的主体。明确灾变危机管理社会协同培训的主体，实际上也就是明确灾变危机管理社会协同培训的责任单位。通常来讲，政府应该是灾变危机管理社会协同培训的基本主体，也就是说，政府应该是灾变危机管理社会协同培训的基本责任承担者。各级政府及其涉及灾变危机管理的部门，都应该成为灾变危机管理社会协同培训的主体和责任单位。除此之外，从社会协同的角度来讲，所有的事业单位、企业组织、社会组织、基层社区、各类学校、有关部队等也应承担灾变危机管理社会协同培训的职责或任务。至于学校，更是灾变危机管理社会协同培训不可忽视的主体之一。学校一方面要努力承担政府委托的灾变危机管理社会协同培训的任务，另一方面要对全体学生进行灾变危机社会协同的教育，让所有学生从小就开始懂得灾变危机管理社会协同的重要性，养成强烈的灾变危机管理的社会协同意识。

建立灾变危机管理社会协同培训制度，再次要明确培训的对象。灾变危机管理社会协同培训的对象，总体上应该是一个国家的所有公民，甚或还包括在一个国家工作和居住的所有外籍人员。当然，灾变危机管理社会协同培训对象的确立也可以区分为不同的类型，从而对不同类型的对象开展不同的培训。对于一个国家或地区的所有公民和外籍人员，通常需要开展的是一种灾变危机管理社会协同基本知识的培训，如面对灾变危机的发生，作为居民应当如何共同应对等，主要目的是培养他们的社会协同意识，使他们在灾变危机到来之际，能够按照自己的能力以可行的方式参与到灾变危机管理之中。对于灾变危机管理的专业应急队伍，则不仅要切实培养他们的社会协同意识，而且要扎实培养他们应对灾变危机的专门知识与专门技术，以及应对灾变危机的技术协同方法。对于灾变危机管理的组织指挥人员，则还要进行应急管理政策与决策等的培训。

建立灾变危机管理社会协同培训制度，最后要明确培训的方法。灾变危机管理社会协同培训的方法可以多种多样，关键要看培训的对象、培训的内容以及培训的效率要求。对于一个国家或一个地区的所有居民（包括公民和外籍人员），因其属于基本知识层次的培训，所以培训的方法既可以是社区集中讲授培训，也可以是网络培训和其他方式的培训。对于灾变危机管理的专业应急队伍，则应根据不同的情况采用不同的方法。例如，对于应急救援的专业队伍和组织指挥人员，通常不仅应有课堂讲授培训、远程教学培训、网上自修培训等，更为重要的是要有灾变危机管理社会协同的模拟训练甚至实战训练。另外，还特别值得注意的是，灾变危机管理社会协同的培训特别强调的是协同工作或协同应对，所以，政府有关部门还应主动牵头组织一些规模较大的集中训练。这种集中训练要对灾变危机管理社会协同进行全景模拟，以全面锻炼协同应急的人员队伍。

五   社会协同保障制度

所谓保障也称为保证，是指对一定的人类实践活动起保证作用的事物。在灾变危机管理中，社会协同保障也即对社会协同运行起保证作用的事物。我们知道，灾变危机管理社会协同的运行，必须依赖于一定的起保证作用的事物的支持，这些起保证作用的事物，就是灾变危机管理社会协同运行的保障，简称社会协同保障。社会协同保障有广义与狭义之分。从广义上来讲，社会协同保障是保证灾变危机管理社会协同正常运行的一切措施和行为的总和。从狭义上来讲，社会协同保障主要是指保障和支撑灾变危机管理社会协同的某些物质技术条件。在本课题研究中，主要采用的是社会协同保障的狭义，即物质技术条件或物质技术保障，具体从内容上来做一定细分，则可以分为物质保障、资金保障、技术保障、信息保障四大类型。为了确保上述四大社会协同保障的落实到位，有必要建立相应的制度以有效规范，这种相应的制度就概称为社会协同保障制度。

建立社会协同保障制度，首先要重视社会协同物资保障制度。我国灾害社会学专家段华明指出："储备充足的应急物资，在风险袭来时确保相应的物资供应，是成功地应对风险的一个重要条件。"① 确实，在灾变危机管理中，我们必须将保证物资供应作为第一保障，这是因为，在灾变危机状态中，由于灾害对各种物资的损毁造成的物资短缺与由于社会协同所汇聚的庞大人群的物资需求之间的矛盾，如果不能得到有效解决，将可能导致灾变危机管理社会协同的不良运行状况的出现，甚至造成争抢物资的局面和灾区社会秩序的混乱，而这种现象的出现是与灾变危机管理社会协同格格不入的。为了保障物资的充足供应，就应该建立社会协同物资保障制度。这种物资保障制度应该包括三个方面：一是国家应急物资储备制度；二是社会救灾物资捐献制度；三是抗灾救灾物资速运制度。要通过这些制度的实施，从而保障灾区的各种物资供应尽快走向正常。

建立社会协同保障制度，其次要重视社会协同信息保障制度。在当代各种经济活动中，信息就是金钱，信息就是财富，这是深为人们所理解的一个道理。然而，站在灾变危机管理或灾变危机管理社会协同运行的角度，更需我们深入理解的一点是，在灾变危机管理或灾变危机管理社会协同运行中，信息就是呼救信号、信息就是生命延续、信息就是应急指令、信息就是协同纽带。确保信息的畅通、准确、快捷，是灾变危机管理及时到位的前提，是灾变危机管理社会协同良性运行和有效实现的基础，当然也就是挽救人民群众的生命财产于危难之中的动员令和冲锋

① 段华明：《现代城市灾害社会学》，人民出版社 2010 年版，第 383 页。

号。为了确保信息的畅通、准确、快捷，同样也要建立一种社会协同的信息保障制度。这种社会协同的信息保障制度，其具体内容大致包括：灾变危机信息监测制度、灾变危机信息首报制度、灾变危机信息传输制度、灾变危机信息反馈制度、灾变危机信息沟通制度、灾变危机信息共享制度等。

建立社会协同保障制度，再次要重视社会协同技术保障制度。灾变危机管理需要技术的保障。在灾变危机到来之前，需要灾害监测技术和防灾技术作为减灾的支撑；在灾变危机到来之际，需要抗灾技术和探测技术参与到灾变危机应急管理之中；在灾变危机肆虐之后，需要工程技术和其他技术进行灾后恢复重建的工作。我们不会忘记，在汶川大地震的抗灾救灾过程中，各种技术实际上起到了非常重要的灾变危机管理及其社会协同的支撑作用。没有生命探测技术，就不能挽救生命于垂危之际；没有新型爆破技术，就不能解决堰塞湖的次生灾害问题；没有建筑抗震技术，灾区建筑的恢复重建就无法提高抗震系数。然而，一些关键的技术往往掌握在少数人的手里，有的可能还处于保密状态之中，这就需要建立一些相应制度，一方面使抗灾救灾过程中充分利用有关技术，克服盲干的做法；另一方面使一些处于保密状态或保护状态的新技术能够得以应用。

建立社会协同保障制度，最后要重视社会协同资金保障制度。灾变危机管理也需要资金的保障。没有资金作为保障，灾民的救济就没有办法；没有资金的保障，抗灾救灾和灾后恢复重建就无从谈起。当然，要保障资金的到位，同样需要建立灾变危机管理及其社会协同运行的资金保障制度。通常来讲，灾变危机管理及其社会协同运行的资金保障制度主要包括两项制度：一是政府救灾资金投入制度。过去，我国由于受预算体制的约束，救灾资金来源没有固定渠道和稳定预算，保障程度较低。[1] 在当今灾

---

[1]　段华明：《现代城市灾害社会学》，人民出版社 2010 年版，第 384 页。

害频发的社会里，政府应建立灾变危机管理储备金，有灾救灾，无灾盘活升值。二是社会救灾资金接收与使用制度。在灾变危机管理的社会协同体制中，各种社会组织、企业单位和社会公众往往可能捐出大量的资金来救灾，国家应针对这种社会资金建立接收和使用制度，这种制度一方面要管好用好这批资金，另一方面要有效调动各方面的捐资积极性。

六　社会协同监督制度

所谓监督，意指对现场或某一特定环节、过程进行监视、督促和管理，使其结果能达到预定的目标。灾变危机管理社会协同运行为何也需要监督呢？其实，原因可谓非常简单。在灾变危机管理中，社会协同的自组织特性并非只有好的一面，而没有不好的一面。事实上，社会协同的自组织特性也可能给不法者钻空子、搞名堂提供借口和由头。例如，有的人或有的组织打着社会参与、社会协同的幌子，堂而皇之地进入灾变危机管理的行列，实际上他们却在行一些非法的勾当。有的以为灾区募捐为由，骗取他人钱财，行中饱私囊之实；有的虽确实在参与灾变危机管理，但却利用灾害应急忙乱之际，贪污救灾财物。这些情况，在灾变危机管理中可说是屡见不鲜的。为了加强灾变危机管理，尤其是保证灾变危机管理社会协同的良性运行，防止社会自组产生的负面效应，必须建立一种社会协同监督制度，对灾变危机管理社会协同的参与者实行必要的监督。

建立社会协同监督制度，首先必须重视道德的监督作用，实行道德监督。道德监督是借由道德对人们行为的规范作用，通过道德评价的方式对人们产生某种监督效果。道德监督是一种虽然非常传统但却历久弥新的监督方式，在当今社会中，仍然成为现代社会监督的重要组成部分。当然，道德监督乃是一种无形的监督，没有法律效力和强制性，要靠人本身素质的提升和觉悟的提高才能获得好的监督效果。正因为如此，道德监督必须从宣传教育工作上做文章，既要广泛宣传社会主义道德观，也要宣传基本的做人的良心。尤其是面对灾变危机的到来，面对灾区百姓的痛苦，更要向参与灾变危机管理的个人和组织宣传德性德行的重要性，宣传良心善心的必要性。同时，还要广泛宣传那些德高望重、贡献卓著的灾变危机管理的参与者，号召人们虚心向他们学习。而对于那些道德低下，没有良心的人，要进行道德谴责，甚至呼吁有关组织永世不得任用。

建立社会协同监督制度，其次必须重视法律的监督作用，实行法律监督。法律监督是通过法律法规的制定和执行，依法依规对灾变危机管理中各种社会参与主体严重违反国家法律法规的情况所进行的监督。通常来讲，法律监督是代表国家实施的一种监督，是最具权威性和强制性的监督。在灾变危机管理中，国家的法律法规就是参与灾变危机管理的各种个人和组织机构的行为规范。任何个人和任何组织的任何践踏法律的行为都将有可能受到法律的制裁。当然，法律监督也有其特点：首先，法律监督是一种专门性监督。法律监督是检察机关的专门职责，监督的手段也是专门的手段。其次，法律监督是一种程序性监督。法律对这种监督规定了一定的程序规则。最后，法律监督是一种事后监督。只有当法律规定的属于法律监督的情形出现以后，检察机关才能启动监督程序。基于此，在灾变危机管理中，法律监督虽具有重要作用，但它也有其局限性。

讲到法律监督，我们不禁联想到法律制度的建立问题。具体来讲，灾变危机管理社会协同运行的法律监督所讲的只是一种运用法律来进行监督的制度，而未讲到法律制度本身的建设问题。我们注意到，最近党的"十八大"报告在党的"十七大"报告的基础上进一步提出了我国的社会管理体制是"党委领导，政府负责，社会协同，公众参与，法治保障"①。其中，

① 胡锦涛：《坚定不移沿着中国特色社会主义道路前进为全面建成小康社会而奋斗——在中国共产党第十八次全国代表大会上的报告》，人民出版社2012年版，第34页。

"法治保障"是一个新的提法。灾变危机管理社会协同运行要真正实现"法治保障",不仅要高度重视法律监督,而且更要重视法律制度的建立。道理是,第一,如果不建立完善的法律制度,灾变危机管理社会协同运行就失去法律的指导与规范;第二,如果不建立完善的法律制度,法律监督就没有依据,可能成为一句空话。为此,这里必须强调灾变危机社会协同运行的法治保障问题。尤其要特别重视法律制度的建立,使灾变危机管理社会协同运行真正做到有法可依,且真正实现依法监督。

建立社会协同监督制度,再次必须重视社会的监督作用,实行社会监督。社会监督是通过社会公众、社会团体和社会舆论等来进行的监督。社会公众监督主要是指社会公众通过批评、建议、检举、揭发、申诉、控告等基本方式对有关当事人和组织机构的权力行使行为的合法性与合理性进行监督。社会团体监督主要指各种社会组织和利益集团通过选举、请愿、对话、示威、舆论宣传等形式对有关当事人和组织机构进行监督。社会舆论监督是指社会利用各种传播媒介和采取多种形式,表达和传导倾向性意见和看法,以实现对有关当事人和组织机构的监督。社会舆论监督当前最有效的应该是媒体监督,尤其是网络媒体监督。网络的快速发展和广泛应用,已使得大多数的公民都可以利用网络来开展社会监督。前两年在网络上爆出的"郭美美事件"等,就是网络监督的重要实例。[①] 当前,最重要的是建立广泛的社会监督网络,形成完善的社会监督机制。

在灾变危机管理社会协同运行中,除了道德监督、法律监督、社会监督等方式外,参与灾变危机管理社会协同的各种社会主体之间的互相监督也是一种十分重要的监督方式。社会协同学的研究表明:"从法律的角度看,互相监督是一种促进的协同。"[②]

---

① "郭美美"引发信任危机,中国红十字会逐条回应(2011 - 6 - 28),http://news. xin-huanet. com/politics/2011 - 06/28/c_ 121597354. htm。
② 曾健、张一方:《社会协同学》,科学出版社 2000 年版,第 173 页。

所谓"促进的协同"也就是指，一方面，参与灾变危机管理社会协同的各种社会主体之间的相互监督，本身就是社会协同的重要内容或社会协同的重要体现；另一方面，参与灾变危机管理社会协同的各种社会主体之间的相互监督，更能实现接近监督和现场监督，从而促进社会协同的强化，提升社会协同的层次，体现社会协同的水平，取得更好的社会协同效果。这提示我们，在灾变危机管理社会协同系统中，尤其是在灾变危机管理社会协同组织内，建立各种社会参与主体之间相互监督的机制很有必要，它不仅有利于灾变危机管理社会协同的良性运行，而且有利于提高灾变危机管理社会协同的水平。

第七章　结语

经过多年的努力，应该说，课题组已较好地完成本课题的研究任务。基本情况是：建立了灾变危机管理社会协同概念体系，对灾害、灾变、灾变危机、灾变危机管理、社会协同管理、社会协同主体、社会协同对象、社会协同体制等进行界定和解释；探索了灾变危机社会协同生成机理，提炼出社会关联机理、社会参与机理和社会组织机理三大机理，同时揭示了社会关联的影响相关与同一群体效应、利益相关与利益驱使效应、情感相关与情感支配效应、环境相关与责任共担效应、文化相关与文化整合效应等五种社会相关效应；分析了灾变危机管理社会协同系统架构，从社会协同主体的多元架构、社会协同功能的多元架构、社会协同结构的网络架构三方面进行了整体建构；讨论了灾变危机管理社会协同运行问题，从运行过程、运行条件和运行制度三方面对灾变危机管理社会协同运行开展了详细策划。当然，本课题还有值得研究的问题，也有值得努力向实践转化的操作。笔者拟在此增加一定篇幅，加以概括、加以补述，以供参考。

第一节　本研究的若干重要观点

大凡专家学者看研究成果，通常习惯先看两项内容：一看研究问题，二看研究结论。至于中间研究过程，则是在深入审视时来细察慢看的。本课题的研究问题，笔者在绪论中已作表述，即：在灾害多发但因市场经济造成的单位制解体而带来了灾变危机管理协调难度增加的情况下，我国如何通过社会协同机制的建立来提高我国灾变危机管理的能力、水平和效益，以确保灾变危机状况下我国的社会稳定与良性运行的问题。至于研究结论，虽然在每一章节中都有所表述，但要整体上给人一种清晰的印象，则仍有必要在此提炼出来，以综合呈表。

一　基本认识方面

我国是一个灾害多发的国家，2008 年以来发生的重特大灾害（也即巨灾）就有"南方冰雪灾害"、"汶川 8.0 级地震"、"玉树特大地震"、"舟曲泥石流灾害"等。任何重特大灾害的发生都可能严重危及受灾地区人们的生命财产安全，引发社会结构的变异和社会运行的偏差，从而导致社会无序和社会恐慌，甚至激化社会矛盾，造成社会冲突，出现严重社会危机。灾变危机是一种因灾而起的社会危机。面对这种社会危机，任何组织和个人都没有袖手旁观的理由，无论是国家和地区，还是社区和组织，甚至每一位公民，都应高度重视，积极行动，同心协力地切实加强灾变危机管理，确保社会良性运行与和谐发展。

尽管我国对灾变危机管理一直以来都非常重视，并在很大程度上发挥了社会主义制度的优越性，取得了显著的成绩，为国内外各方面的人士所称道。但是，我国现行的灾变危机管理体制具有明显的"一元性与分散性"、"固化性与临时性"、"举国性与行政性"等某些矛盾表现。通常来讲，具有这样一些矛盾表现的灾变危机管理体制在运行中会存在这样或那样的缺陷，主要是：缺乏综合的决策管理机构；缺乏有效的功能整合机制；缺乏完备的灾管法律体系；缺乏明确的社会参与渠道；缺乏社会的保障支撑系统；缺乏良好的人才成长环境。我国的政界、学界都应充分认识这种状况，并高度重视灾变危机管理的体制创新。

灾变危机管理由多种要素组成。按照管理学史的说法，最早人们普遍认为人、财、物是构成管理的三个基本要素，后来人们又将时间要素、信息要素、无形资源等列入管理要素。目前，灾害管理学更将管理要素分为人员、资金、物资、文化、技术、信息、时间、组织、环境、社会关系 10 个要素。然而，管理要素如此的零散，并不利于从整体上把握管理活动，尤其在灾变危机管理中，这种局限更为明显。为此，建立灾变危机管理社会协同体制，有效整合包括政府机构、驻地部队、事业单位、企业单位、信息机构、社会组织、志愿人士等各种灾变危机管理要素和功能，以协同发挥各种资源的作用，显得很有必要。

我国社会是一个灾害多发的社会，也是一个城市化迅速发展、市场化快速推进的高速流变、急剧转型的社会，由复杂灾害造成社会灾难、引发社会危机的可能性日益增大。而在我国，市场经济条件下的"政企分离"和社会转型中单位制弱化或"政社分开"，虽给社会全面发展注入了活力，但社会结构的离散程度却在不断增大，从而又进一步增加了应对复杂灾害的困难，以至于在当前的复杂灾害来临时出现了大量的伴生性社会问题和许多难以克服的实际困难。在这种情况下，关键的策略是要与时俱进，积极引入社会协同管理机制，全面建立社会协同管理制度，以切实提高我国的复杂灾害因应能力和管理水平。

二　机理探索方面

本课题在机理探索方面，重在以社会协同管理为目标的社会协同机理的探索。所谓社会协同，是指经过协商、平衡，从彼此或大多数对象的利益出发，合理地进行协调，达到协作、协力、和谐、一致。社会协同管理则是指运用协同合作的理论与方法对社会系统及其社会问题与社会事务进行管理。社会协同管理是一种创新性管理理论，它解释了众多社会主体参与社会管理的必要性和可行性问题，同时也解决了众多社会主体在参与管理中为实现统一的管理目标所需具有的协调合作行动，是一种处理复杂社会问题和社会事务的方法。这种方法非常适用于灾变危机管理，有利于实现灾变危机管理中的社会协同。

灾变危机管理社会协同的形成机理首先是社会关联的社会动力机理。社会关联的社会动力机理是指灾变危机管理社会协同是在灾变危机状态下由于特定的社会关联生发出来的。社会关联既是一种社会联系和社会纽带，也是一种社会相关和社会联结。没有特定的社会关联，就不可能形成社会协同。在灾变危机管理中，社会关联转化为社会协同是建立在五种社会关联及其动力效应基础上的，即：影响相关与同一群体效应、利益相关与利益驱使效应、情感相关与情感支配效应、环境相关与责任共担效应、文化相关与文化整合效应。这一结果表明，单纯"利益相关者"视角不足以解释灾变危机管理社会协同的动力问题。

灾变危机管理社会协同的形成机理其次是社会参与的社会行动机理。社会参与是不同社会主体通过合法途径参与到社会事务之中的一种社会行动。作为一种社会行动，社会参与是建基于社会关联的社会动力作用下的合作行动。社会参与机理则是指灾变危机管理社会协同是在灾变危机状态下由于广泛的社会参与生发出来的。不同社会主体通过合法社会途径，参与到国家和地区的社会事务之中，实际介入和影响社会事务，有利于协力推进社会的良性运行。在灾变危机管理中，社会参与转为社会协同的机理是：群聚行为与集群应对效应、共同目标与五湖四海效应、志愿行动与自觉调适效应、美誉获得与社会认同效应。

灾变危机管理社会协同的形成机理再次是社会自组的社会组织机理。社会自组是指社会系统中的社会主体，朝着共同的社会目标，在不受外部强制干预的情况下，依靠其成员之间的某种默契和自觉行动，形成一种自我组织、自我整合、自我调适、自我成长、自我发挥，具有特定社会功能的社会结构的过程。社会协同本身也是一种社会组织结构或社会组织结构过程，这种社会组织结构或社会组织结构过程是通过社会主体的自组而形成或推进的。在灾变危机管理中，社会自组转化为社会协同的机理来自于：社会竞争与社会合作效应，社会开放与组织成长效应，社会分工与有机团结效应，社会差异与功能互补效应。

三　实现策略方面

从某种意义上来说，社会协同也是由多种社会主体组构而成的一种特殊社会形态，科学建构灾变危机管理社会协同的基本架构是实现灾变危机管理社会协同的重要一环。科学建构灾变危机管理社会协同的基本架构，首先是要有多元社会主体参与到灾变危机管理中来。从近年来开展的一些重特大灾害的应急管理情况看，参与我国灾变危机管理社会协同的主体应该包括党政机关、驻地部队、事业单位、信息机构、企业组织、社会组织、社会公众等，在发生某些重特大灾害的情况下，甚至还要有国际社会和国际公众的积极参与和大力支持。

科学建构灾变危机管理社会协同的基本架构，其次是要构建灾变危机管理社会协同系统的功能架构。灾变危机管理社会协同系统功能是由各子系统的社会功能有机构成的。只有整合灾变危机管理社会协同系统中各子系统的社会协同功能，才能使整体功能得以放大。因此，有必要在我国灾变危机管理现有体制的基础上，切实加强体制创新，按照高阶社会协同要求，强化和发挥四大子系统的社会协同功能：一是党政系统的主导性协同功能，二是企业组织的支助性协同功能，三是信息机构的通联性协同功能，四是社会组织的联动性协同功能。

科学建构灾变危机管理社会协同的基本架构，再次要构建灾变危机管理社会协同的网络架构。社会协同在结构形式上并非科层制的架构，而是一种网络架构。尽管所有参与社会协同的组织系统，其自身内部都可能存在或本身就是科层制组织，但由它们所构建的社会协同系统，其基本架构并非科层制架构而是网络架构。这种网络架构需要以社会协同组织的网络架构、社会协同动员的网络架构、社会协同通联的网络架构、社会协同关系的网络架构为基础。事实上，在网络社会中，我们还可参照和依靠当代网络技术，来建构和优化这种网络架构。

要有效实现灾变危机管理社会协同，还必须高度重视社会协同的正常运行。社会协同的正常运行，既要重视科学指导，也要重视条件保障，还要重视制度规范。因此，必须全面谋划灾变危机管理社会协同的运行过程、运行条件和运行制度。讲究社会协同目标的确立、社会协同平台的构建、社会协同规范的制定、社会协同能力的提升、社会协同行动的落实的循序渐进过程；讲究功能齐全的组织资源、协同有力的专业团队、互联互通的信息网络、应紧应急的运输系统、广泛认同的协同文化等条件的创造，同时，还应建立一定的制度作为保证。

第二节 需要进一步深化的内容

灾害偶发性强，来去匆匆，然而破坏性却非常之大。灾变危机管理是一个世界性的难题，灾变危机管理的社会协同问题就更是一个世界性的难题，目前世界各国的研究都还处于初步研究的水平，研究成果较少。在我国，灾变危机管理社会协同问题的研究刚刚开始，参与研究的人员有限，专题研究的成果不多。尽管本研究在这方面做了一些工作，取得了一些初步的认识，但这些工作还仅仅是一种拓荒式的工作，某些方面的认识还显得颇为肤浅，有待进一步深化。

一 基础理论层面

基础理论层面需要深化的问题之一："社会自组织与无政府

主义担忧"。自组织是协同学的一个重要概念，这一概念引入社会协同学就是社会自组织（或称社会自组）。在国家与社会关系的理论中，社会自组织只是针对"小社会"的一种提法。这是引发人们对社会自组织可能出现无政府主义担忧的原因。本研究中讲的社会是"大社会"，是一个与国家同构的社会。基于这种认识框架，我们认为无须有无政府主义的担忧。但有否其他担忧，值得深入研究。

　　基础理论层面需要深化的问题之二："党政系统是否要纳入社会协同"。按照我们所采纳的"大社会"框架，我国的党政系统显然要纳入到整体的灾变危机管理的社会协同系统中，成为其中的主导性协同系统。协同学认为："协同学开拓系统的范围，把施加给系统'外部力'而使系统形成组织的施力者也作为整个系统的一部分，于是，原来外部给定的外力变成了内部相互作用，系统就可以形成自组织结构。"① 这样做有否某些负面影响，也值得深入研究。

　　基础理论层面需要深化的问题之三："社会协同机理还有否其他机理"。本研究中探讨和分析了灾变危机管理的三种社会机理，具体包括社会关联机理、社会参与机理和社会自组机理，并且认为这三种社会机理是灾变危机管理社会协同最为基本的社会机理。那么，这三种社会机理是否就真能表达灾变危机管理社会协同之所以能够形成的所有社会机理呢？或者充分运用这三种社会机理就能真正地实现灾变危机管理的社会协同呢？我们希望学术界对此进行深入探索。

二　管理模型层面

　　很明显，本研究对灾变危机管理社会协同基础理论的关注较多，而对社会协同管理模型的关注较少。主要原因在于：第一，

————————

① 曾健、张一方：《社会协同学》，科学出版社 2000 年版，第 36 页。

本研究作为一项首次对灾变危机管理社会协同问题进行系统研究的项目，必须重视基础理论研究的先遣性。第二，本研究作为一项社会学研究项目而非管理学研究项目，应更加重视对灾变危机管理中社会协同现象与社会协同问题的探索。然而，如果站在管理学的角度来看，忽视管理模型的建构显然不行，因而值得管理学界来加以完善。

从本课题研究的总体取向出发，管理模型建构包括静态和动态两种模型建构。静态管理模型也就是灾变危机管理社会协同结构模型。本研究中虽然按要素、结构、功能三个层面建立了灾变危机管理社会协同的静态模型，但这种模型的建构是社会系统论的模型，从经济的、功效的、管理的角度考虑不多。要从管理学的角度建构管理模型，必须考虑这种结构的集约性、经济性、功效性和便于管理的特性。所以，引入管理科学的力量加强研究是很有必要的。

动态管理模型是灾变危机管理社会协同运行模型。本研究中虽然对灾变危机管理社会协同运行进行了社会运行角度的研究，但作为科学表达管理运行的管理模型的建构却受某些因素的影响而未进一步开展。主要原因是灾变危机管理社会协同运行十分复杂，影响因素多，而典型案例少，且不同灾变危机的发生都具有偶然性，不同的灾变危机管理都具有特殊性，目前还难以科学地建构这种协同运行的动态管理模型。这有赖于管理科学领域专家的深入探索。

三　实际操作层面

自协同学建立到现在，至今不过 40 年的时间。社会协同学产生的时间更短，真正介绍到中国的时间也不过 20 年。在这么短的时间中，社会协同学更只是传播一种思想，一种观念。至于社会协同学在社会管理中到底该如何应用，社会协同学并未系统地给出具体方法。尤其在灾变危机管理中，社会协同更多地被理解为一种管理理念或一种组织策略。至于到底怎样进行实际操作，给出的指导并不多。为此，切实加强灾变危机管理实际操作层面的研究很有必要。

实际操作层面值得深化研究的第一个方面，是社会协同政策的制定问题。灾变危机管理社会协同的实现必先建立一种真正"招之即来，来之能战，战之能胜"的社会协同主体结构。这显然需要在国家层面制定相应的社会协同政策加以保证。那么，这种政策的制定要考虑哪些社会协同主体，对这些社会协同主体应当考虑哪些具体问题，怎样调动这些社会协同主体的积极性、主动性，如奖励政策、税收政策等，这就是值得进一步研究的实际操作层面的问题。

实际操作层面值得深化研究的第二个方面，是社会协同组织的构建问题。社会协同不是不要组织，相反，社会协同应该是通过社会自组建构一种更高阶、更高级的组织，这种组织叫作社会协同组织。构建一种确保灾变危机管理中的社会协同有效实现的社会协同组织，是灾变危机管理社会协同运行过程必不可少的步骤。那么，如何建构一个得体的、可行的灾变危机管理社会协同组织，也是一个实际操作层面的重大问题，很值得学术界进一步深化研究。

实际操作层面值得深化研究的第三个方面，是社会协同过程的经济问题。建立灾变危机管理社会协同体制的目的是为了全面调动社会各方面的资源来更好地应对灾变危机。但是，没有管理的社会协同也可能带来资源的浪费，导致灾变危机管理社会协同的"不经济"现象。那么，怎样对灾变危机管理的社会协同进行管理，由谁来出面进行管理，通过什么方式和措施来进行管理，这些实际操作层面的问题，也是值得社会学和管理学者深化研究的问题。

第三节　对研究成果转化的设想

由于灾变危机管理社会协同问题总体上是一个基础理论问题，所以，本研究成果乃是一项学术性、理论化色彩较浓的综合研究成果。虽然笔者尽量做到理论联系实际，但离实际应用的要求还存在一定距离。尤其值得指出的是，本研究成果至目前尚未真正付诸实践，还是一种案头书稿，未经由实践的检验。为此，必须根据社会实践的要求，将成果进行一定转化，才能真正付诸实际应用。按照通常情况，本研究成果向实际应用的转化大致包括五个面向。

一　专题化转化

专题化转化是将一般性、综合性的研究成果转化为多个实用性更强、内容更为深刻的研究成果的过程。专题化转化其实质是专题研究。所谓专题研究，就是选择灾变危机管理社会协同研究中的某些特定问题或专门问题，对其开展多学科多取向的研究，以求分别解决这些特定问题或专门问题。本项目是一项灾变危机管理社会协同的一般性、综合性的研究成果，理论性、原则性的探讨较多，对一些特定问题、专门问题深究不够，有必要进行专题化转化。

灾变危机管理社会协同研究中的专题研究可以有很多选题。从不同灾种出发，可以开展特定灾种引起的灾变危机的社会协同管理研究，如地震灾害引起的灾变危机的社会协同管理研究，气象灾害引起的灾变危机的社会协同管理研究；地质灾害引起的灾变危机的社会协同管理研究等。从不同危机出发，可以开展特定灾变危机状态下的社会协同管理研究，如灾变社会秩序危机的社会协同管理研究，灾变社会关系危机的社会协同管理研究，灾变社会认同危机的社会协同管理研究等。

在灾变危机管理社会协同研究成果的专题化转化中，需要高度重视三个问题：第一，选择重要的专题开展专题化转化。就我国实际情况来讲，地震灾害、气象灾害引发的灾变危机，其社会协同管理是很值得广泛深入地开展专题研究的。第二，联合相关的部门开展专题化转化。如地震局、气象局、水利局等。第三，组织跨学科团队开展专题化转化。专题化转化或专题研究的一个重要特点是通过多学科作战来取得多角度突破，跨学科团队组建很值得重视。

二　政策化转化

所谓政策一般是指政府机构为了实现国家和社会的管理目标，以权威的形式和标准化的条文规定在一定的时期内应该达到的奋斗目标、遵循的行动原则、完成的明确任务、实行的工作方式、采取的一般步骤和具体措施。在现代社会中，政策的制定越来越需要以科学研究为基础。然而，通常的科研成果都难以直接成为政策，往往需要政策化转化，即要将研究成果转化为政府实施国家和社会管理的政策文件，具体应用于政府的国家和社会管理之中。

灾变危机管理社会协同研究所取得的研究成果，要在我国灾变危机管理中得到应用，也必须经过一个政策化转化的过程。尤其是在当前灾变危机管理社会协同研究尚处探索阶段，理论观点还不成熟，实践应用更是少有的情况下，更有必要进行政策化的转化。这一方面是因为，不进行政策化的转化，灾变危机管理社会协同的研究成果便无法用到实际管理之中；另方面是因为，不进行政策化的转化，灾变危机社会协同研究也更难以受到政府部门的重视。

要开展灾变危机管理社会协同研究成果的政策化转化，大致有三个方面的事情要做好：一是要扩大灾变危机管理社会协同成果的社会影响，要让有关政府机构的官员了解这一研究成果的社会价值和实践意义。二是要由熟悉政府政策研究的学者将研究成果撰写成咨询报告，将可以转化为政策的内容表现出来。三是要与政府的一定部门，通常是政府机构中负责灾变危机管理政策制定的部门开展合作，顺利推进灾变危机管理社会协同研究成果的转化。

三　实务化转化

实务也称为要务，就是在某特定领域中的实际事务，与理论相对。宋秦观《财用策上》有云："晋人尚清谈而废实务，大抵皆类此。"① 科研成果的实务化主要是指将科研成果，尤其是理论研究成果转化为能够具体实践的技术方法或可以操作的实际事务。灾变危机管理的社会协同研究这一成果，尽管具有不少可操作性的实践内容，但它更是一项理论性的研究成果，还基本上未能达到实务化的程度，因此，对其进行实务化的转化，仍是一件很有必要的事情。

将本研究成果进行实务化转化，基本目的是要将灾变危机管理社会协同这一研究成果的转化为灾变危机管理及其社会协同运行中可以具体操作的内容，如社会协同工作要领、社会协同工作规程、社会协同工作规范等。尤其是对于不同类型的灾变危机管理，如何有针对性地进行社会协同工作组织、社会协同工作推进、社会协同工作检测、社会协同工作评估等。总括起来就是一句话，即通过转化要具体告诉人们，灾变危机管理中的社会协同应如何运作。

灾变危机管理社会协同研究成果的实务化转化工作，既可以由本课题组来做，即本课题组对课题继续开展相关的应用性研究，使之尽可能做到操作化，以实现其实务化转化，也可以由研

---

① 　罗敏中：《论秦观的政治态度和湖湘贬谪诗词》，《中国文学研究》2001 年第 2 期。

究成果的使用单位或协同团队根据自身需要自行开展转化。不过，最好的实务化途径还是由研究成果的使用单位或协同团队根据自身需要自行开展转化为佳，这主要是因为，这种实务化转化能更加切合成果使用单位或协同团队的实际情况，实务化的程度也会更高。

四　案例化转化

案例一词源出于医学领域，其意是指病案或医案。医疗部门出于对病人负责，并为医学科学研究积累资料的目的，往往对病情和处理方法进行记录，以备他日或他人有案可查，有据可考。这种具有一定典型意义的病历资料即是案例。"案例"虽源出医学，但非医学的专用品，其科学价值与作用早已为其他学科所重视。20世纪20年代，美国哈佛商学院首倡案例教学，并着手建立案例库，成为系统地引进案例方法，进行教学与科研的最早的科学教育部门。[1]

尔后，由于案例方法的建立，许多应用性学科都对它进行了不同程度的引进和应用实践。至今，案例方法已在诸如政治学、经济学、社会学、心理学、法律学、管理学等学科的教学和实践工作中得到了广泛应用。很多实际部门的工作者都有这样的看法，"你与其给我讲理论，倒不如给我讲案例"。基于这样的情况，我们认为，为了使更多的人能够接受灾变危机管理社会协同知识，最好的办法就是将灾变危机管理社会协同的成果转化为实际工作中的案例。

在这里值得一说的是，本课题研究成果中并非没有案例。实际上，案例支撑了本课题研究，没有案例的支撑作用，本研究的一些理论观点就会成为无源之水，无本之木。现在所要做的案例化转化工作，实际上是逆向化的转化工作，也就是要根据灾变危

---

[1] 谢俊贵：《情报案例初探》，《图书情报工作》1992年第4期。

机管理社会协同研究取得的成果，去寻找更为贴切的、完整的、具有典型意义的案例，并根据研究成果中的理论观点和科学方法对这些案例进行深入的分析，以为灾变危机管理的实际工作者提供学习的方便。

五　教材化转化

教材是用于教学的材料的总称，一般情况下也就是指教科书和教学参考书。科研成果的教材化转化就是将科研成果转化为有关学校的教材或教参的内容。这也是科研成果得以广泛应用的渠道之一。灾变危机管理社会协同研究成果也有必要进行教材化转化。进行教材化转化的主要目的在于，通过将灾变危机管理社会协同的有关知识写入有关学校或有关专业的教材，以提升学生的灾变危机管理社会协同意识，增强学生的灾变危机管理社会协同能力。

就我国来讲，灾变危机管理社会协同研究成果的教材化转化，主要可从两方面进行：一是在各级各类学校的社会知识课程或安全知识课程的教材中，写入有关灾变危机管理社会协同知识。这种教材化转化主要是为了培养学生的灾变危机管理社会协同意识。二是在与灾变危机管理密切相关的专业，如公共管理专业、应急管理专业等，组织编写灾变危机社会协同管理的教科书或教学参考书。这种教材化转化主要是传授较为系统的灾变危机社会协同管理知识。

对于社会科学工作者来讲，教材化转化工作在一定的程度上要比政策化转化工作来得容易。尤其是对于高等学校的教学科研工作者，他们既从事科研工作，也从事专业教学工作，将自己的科学研究成果编入专业教材之中或纳入培训讲义之中是他们擅长且应做的事情。当然，若要将灾变危机管理社会协同的知识纳入到中小学的教材之中，不是不可以，但困难很大。中小学教科书一般由教育行政部门直接管理，要增加新的教学内容不容易，这一点应当理解。

最后有必要指出的是，"协同理论本身并不完善，各方面还存在着许多分歧"①。对于协同的定义，不同学者有不同的界定；关于协同的目标，事实上在不同情况下也会有所不同。至于协同的实现方式，那更是灵活多样，没有什么定论。至于社会协同，在很多情况下，与其说是一种方法，倒不如说它更像一种理念，而非一种拿来就能够实操的技术和方法。在灾变危机管理中，由于受灾变危机本身特殊性的影响，社会协同管理目前还真难以建立某种让人们可以完全"按规程办事"的社会协同仿真模型。科学研究的目的在于创新，先进管理的目标也在于创新，创新是科学活动的特征，也是先进管理的特征。为了实现灾变危机社会协同管理的务实创新目标，学术界仍有必要在理论和实务上继续开拓创新，不断深化研究。

①　徐大佑：《管理协同与精细化》，科学出版社 2008 年版，第 18 页。

参考文献

一　外文文献

1. Barbara Adam, Ulrich Beck, Joost VanLoon, *The Risk Society and Beyond*, SAGE Publications Ltd. , 2000.

2. David A. McEntire, *Disaster Response and Recovery: Strategies and Tactics for Resilience*, John Wiley & Sons Inc. , 2002.

3. Farazmand, A. , *Handbook of Crisis and Emergency Management*, London: CRC Press, 2001.

4. Frank Fischer, *Ulrich Beck and the Politics of the Risk Society: Organiza-tion & Environment*, Thousand Oaks, 1998.

5. Fred C. , *Disaster Response*, *Facts on Files*, Inc. , 2008.

6. George S Rigakos, *Risk Society and Actuarial Criminology: Prospects for a Critical Discourse*, Canadian Journal of Criminology, 1999 (4) .

7. Crow, G. , Social *Solidarities: Theories, Identities and Social Change*, Buckingham: Open University Press, 2002.

8. Haken, Hermann, *Synergetics: An Introduction*, California: Springer, 1977.

9. Houndmills, Basingstoke, Hampshire, John Barry, Marcel Wis-senburg, *Sustaining Liberal Democracy: Ecological Challenges and Op-*

portunities, New York: Palgrave, 2001.

10. Iain Wilkinson, *Anxiety in a Risk Society*, New York: Routledge, 2001.

11. James Fly-nn, Paul Slovic, Howard Kunreuther, *Risk, Media and Stigma: Understanding Public Challenges to Modern Science and Technology*, VA: Earthscan, 2001.

12. Karen Evans, Martina Behrens, Jens Kaluza, Basingstoke, Hampshire, *Learning and Work in the Risk Society: Lessons for the Labour Markets of Europe from Eastern Germany*, Macmillan Press Ltd, 2000.

13. Klinenberg, E., *Heat Wave: A Sociological Autopsy of Disaster in Chicago*, Chicago: Univ. of Chicago Press, 2002.

14. Mark Cieslik, Gary Pollock, Aldershot, Hampshire, *Young People in Risk Society: The Restructuring of Youth Identities and Transitions in Late Modernity*, Ashgate, 2002.

15. Maurie J., Co-hen, *Risk Society and Ecological Modernization*, Futures, 1997 (2).

16. Michael J. Mandel, *The High-risk Society: Peril and Promise in the New Economy*, New York: Times Business, 1996.

17. Paul Slovic, *The Perception of Risk*, VA: Earthscan Publications, 2000.

18. Regester, M. etc., *Risk Issues and Crisis Management* (3ed), London: Kogan Page, 2005.

19. Richard V., Ericson, Kevin D., Haggerty, *Policing The Risk Society*, Buffalo: University of Toronto Press, 1997.

20. Roger Bur-rows, Sarah Nettleton, Bristol, Janet Ford, *Home Ownership in a Risk Society: A Social Analysis of Mortgage Arrears and Possessions*, UK: Policy Press, 2001.

21. Seymour, M. Moore, S., *Effective Crisis Management*, London: Cassell, 2000.

22. Sterling，Joanne Lin-nerooth-Bayer，Ragnar E.，L. Fstedt，Gunnar Sj. Stedt，*Transboundary Risk Management*，VA：Earthscan Publications，2001.

23. Scott Lash，*Risk，Environment and Modernity：Towards a New Ecology*，London：Sage Publications，1996.

24. Ulrich Beck，Risk Society：*Towards a New Modernity*，SAGE Publications，1992.

25. William L. Waugh，*Handbook of Emergency Management：Programs and Policies Dealing with Major Hazards and Disasters*，Greenwood Press，1990.

二　中文文献

1. ［德］H. 哈肯：《高等协同学》，郭治安译，科学出版社 1989 年版。

2. ［德］H. 哈肯：《协同学和信息：当前情况和未来展望》，载《熵、信息与交叉学科——迈向 21 世纪的探索和运用》，喻传赞等编译，云南大学出版社 1994 年版。

3. ［德］H. 哈肯：《信息与自组织》，郭治安译，四川教育出版社 1998 年版。

4. ［德］赫尔曼·哈肯：《协同学——大自然构成的奥秘》，凌复华译，上海译文出版社 2001 年版。

5. ［德］乌尔里希·贝克：《风险社会》，何博文译，译林出版社 2004 年版。

6. ［德］乌尔里希·贝克：《世界风险社会》，吴英姿译，南京大学出版社 2004 年版。

7. ［德］贝克、［英］吉登斯、［英］拉什：《自反性现代化》，赵文书译，商务印书馆 2001 年版。

8. ［德］彼得·阿特斯兰德：《经验性社会研究方法》，李路路、林科雷译，中央文献出版社 1995 年版。

9. ［法］涂尔干：《社会分工论》，渠东译，生活·读书·新知三联书店 2000 年版。

10. ［美］C. 赖特·米尔斯：《社会学想象力》，陈强、张永强译，生活·读书·新知三联书店 2005 年版。

11. ［美］贝雷尔森、斯坦尼尔：《人类行为：科学发现成果》，吴雯芳译，科学出版社 1996 年版。

12. ［美］E. 拉兹洛：《进化——广义综合理论》，闵家胤译，社会科学文献出版社 1988 年版。

13. ［美］赫什莱佛、赖利：《不确定性与信息分析》，刘广灵、李绍荣译，中国社会科学出版社 2000 年版。

14. ［美］罗伯特·希斯：《危机管理》，王成等译，中信出版社 2004 年版。

15. ［美］N. 维纳：《控制论》，郝季仁译，科学出版社 1963 年版。

16. ［美］William J. Petak、Arthur A. Atkisson：《自然灾害风险评价与减灾政策》，向立云等译，地震出版社 1993 年版。

17. ［美］约翰·奈斯比特：《大趋势——改变我们生活的十个新方向》，梅艳译，中国社会科学出版社 1984 年版。

18. ［日］金子史郎：《世界大灾害》，庞来源、李士元译，山东科技出版社 1981 年版。

19. ［英］安东尼·吉登斯：《现代性与自我认同》，赵旭东、方文译，上海三联书店 1998 年版。

20. ［英］安东尼·吉登斯：《现代性的后果》，田禾译，译林出版社 2000 年版。

21. ［英］安东尼·吉登斯：《失控的世界》，周红云译，江西人民出版社 2001 年版。

22. ［英］芭芭拉·亚当等：《风险社会及其超越》，赵延东、马缨译，北京出版社 2005 年版。

23. ［英］达仁道夫：《现代社会冲突》，林荣远译，中国社会科学出版社 2000 年版。

24. ［英］弗·冯·哈耶克:《经济·科学与政治——哈耶克思想精粹》,冯克利译,江苏人民出版社 2000 年版。

25. ［英］迈克·费瑟斯通:《消费文化与后现代主义》,刘精明译,译林出版社 2002 年版。

26. ［英］斯科特·拉什:《风险社会与风险文化》,王武龙译,《马克思主义与现实》2002 年第 4 期。

27. 安建增、何晔:《美国城市治理体系中的社会自组织》,《城市问题》2011 年第 1 期。

28. 边慧敏等:《灾害社会工作:现状、问题与对策》,《中国行政管理》2011 年第 12 期。

29. 波尼:《从灾变到危机》,《国外社会科学》1990 年第 8 期。

30. 陈劲松:《传统中国社会的社会关联形式及其功能》,《中国人民大学学报》1999 年第 3 期。

31. 陈伟东、李雪萍:《社区自组的要素与价值》,《江汉论坛》2004 年第 3 期。

32. 段华明:《城市灾害社会学》,人民出版社 2010 年版。

33. 邓周平:《论社会自组织研究方法》,《系统辩证学学报》2003 年第 3 期。

34. 范一大等:《重大自然灾害空间信息协同服务机制研究》,《遥感学报》2011 年第 5 期。

35. 高建国:《应对巨灾的举国体制》,气象出版社 2010 年版。

36. 高鹏程:《危机学》,社会科学文献出版社 2009 年版。

37. 高先扬:《鲁曼社会系统理论与现代化》,中国人民大学出版社 2005 年版。

38. 顾镜清:《风险管理》,中国国际广播出版社 1993 年版。

39. 郭景萍:《情感社会学》,上海三联书店 2008 年版。

40. 韩国明、钟守松:《一个移民村落的社会关联与合作行动研究》,《农村经济》2010 年第 11 期。

41. 贺雪峰、仝志辉:《论村庄社会关联——兼论村庄秩序的社会基础》，《中国社会科学》2002 年第 3 期。

42. 侯钧生：《西方社会学理论教程》，南开大学出版社 2001 年版。

43. 康晓光：《NGO 扶贫行为研究》，中国经济出版社 2001 年版。

44. 李道平等：《公共关系学》，经济科学出版社 2000 年版。

45. 李健行：《系统科学原理与现代管理思维》，湖南师范大学出
版社 1994 年版。

46. 李军、马国英：《中国古代政府的政治救灾制度》，《山西大学
学报》（社会科学版）2008 年第 1 期。

47. 李路路：《社会变迁：风险与社会控制》，《中国人民大学学
报》2004 年第 2 期。

48. 李培林、苏国勋：《和谐社会构建与西方社会学社会建设理
论》，《社会》2005 年第 6 期。

49. 李学举：《我国的自然灾害与灾害管理》，《中国减灾》2004
年第 6 期。

50. 李义夫：《四川地震与中国的生态文明》，《马克思主义与现
实》2009 年第 2 期。

51. 李英时：《组织学》，科学普及出版社 1988 年版。

52. 李正宏：《论和谐社会构建中社会自组织的培育》，《湖北行
政学院学报》2007 年第 5 期。

53. 林闽钢、战建华：《灾害救助中的政府与 NGO 互动模式研
究》，《上海行政学院学报》2011 年第 12 期。

54. 刘飞：《社会自组织与政府治理的适用性论析》，《中国商界》
2009 年第 5 期。

55. 刘五书：《论民国时期的以工代赈救荒》，《史学月刊》1997
年第 2 期。

56. 卢敬华、杨羽：《灾害学导论》，四川科学技术出版社 1993 年版。

57. 罗豪才：《公共治理的崛起呼唤软法之治》，《政府法制》2009
年第 5 期。

58. 马宗晋：《灾害学导论》，湖南人民出版社 1998 年版。

59. 毛小苓等：《面向社区的全过程风险管理模型的理论和应用》，《自然灾害学报》2006 年第 1 期。

60. 齐福荣：《湖南省突发事件应急管理体系建设现状与启示》，《防灾科技学院学报》2009 年第 2 期。

61. 任慧颖、梁丽霞：《汶川地震对我国民间志愿行动的考量》，《网络财富》（理论版）2008 年第 10 期。

62. 任剑涛：《道德理想组织力量与志愿行动》，《开放时代》2001 年第 11 期。

63. 青连斌：《论社会协同》，《湖南社会科学》2005 年第 2 期。

64. 申锦莲：《创新社会管理中的社会参与机制研究》，《行政与法》2011 年第 12 期。

65. 沈一兵：《系统论视野下城市突发公共事件的生成、演化与控制》，科学出版社 2011 年版。

66. 史培军：《三论灾害研究的理论与实践》，《自然灾害学报》2002 年第 3 期。

67. 宋林飞：《西方社会学理论》，南京大学出版社 1997 年版。

68. 宋英华：《突发事件应急管理导论》，中国经济出版社 2009 年版。

69. 孙威、韩传峰：《城市灾害应急管理体制研究》，《自然灾害学报》2009 年第 1 期。

70. 唐仕军：《公共部门危机管理体制构建探析》，《未来与发展》2006 年第 9 期。

71. 唐晓强：《公益组织与灾害治理》，商务印书馆 2011 年版。

72. 童星、张海波：《基于中国问题的灾害管理分析框架》，《中国社会科学》2010 年第 1 期。

73. 童星、张海波：《中国转型期的社会风险及识别》，南京大学出版社 2007 年版。

74. 王宏伟：《应急管理理论与实践》，社会科学文献出版社 2010 年版。

75. 王名：《非营利组织的社会功能及其分类》，《学术月刊》2006

年第 9 期。

76. 王振耀、田小红：《中国自然灾害应急救助管理的基本体系》，《经济社会体制比较》2006 年第 5 期。

77. 王子平：《灾害社会学》，湖南人民出版社 1998 年版。

78. 吴镇峰：《新闻传播和社会参与在灾难中的良性互动》，《中国广播电视学刊》2008 年第 7 期。

79. 谢俊贵：《民生本位视域中的社会建设——以广州为例的战略思考》，世界图书出版广东有限公司 2015 年版。

80. 谢俊贵：《信息的富有与贫乏：当代中国信息分化问题研究》，上海三联书店 2004 年版。

81. 谢俊贵：《灾变危机管理的社会协同问题》，《防灾科技学院学报》2008 年第 2 期。

82. 谢俊贵、李志钢：《复杂灾害社会协同管理基本问题探析》，《黑龙江社会科学》2010 年第 5 期。

83. 谢俊贵、叶宏：《灾害救助中的志愿行动规范——基于网上记实的思考》，《湖南师范大学社会科学学报》2011 年第 6 期。

84. 徐步云、贺荟中：《西方志愿者行为的研究综述》，《中国青年研究》2009 年第 4 期。

85. 徐大佑：《管理协同与精细化》，科学出版社 2008 年版。

86. 徐家林：《社会转型论——兼论中国近现代社会转型》，上海人民出版社 2011 年版。

87. 徐向华等：《特大城市环境风险与应急管理法律研究》，法律出版社 2011 年版。

88. 许正权等：《事故成因理论的四次跨越及其意义》，《矿山安全与环保》2008 年第 1 期。

89. 薛澜、张强、钟开斌：《危机管理——转型期中国面临的挑战》，清华大学出版社 2003 年版。

90. 薛晓源、周战超：《全球化与风险社会》，社会科学文献出版社 2005 年版。

91. 杨贵华：《自组织与社区共同体的自组织机制》，《东南学术》2007 年第 5 期。

92. 杨清华：《协同治理与公民参与的逻辑同构与实现理路》，《北京工业大学学报》（社会科学版）2011 年第 2 期。

93. 杨雪冬：《风险社会与秩序重建》，社会科学文献出版社 2006 年版。

94. 姚庆海：《巨灾损失补偿机制研究》，中国财政经济出版社 2007 年版。

95. 于海：《志愿运动、志愿行为和志愿组织》，《学术月刊》1998 年第 11 期。

96. 俞可平：《更加重视社会自治》，《人民论坛》2011 年第 3 期。

97. 曾健、张一方：《社会协同学》，科学出版社 2000 年版。

98. 曾锦华：《社会发展中的青年社团参与》，《当代青年研究》1997 年第 1 期。

99. 张建伟：《自然灾害救助管理研究》，中国商业出版社 2011 年版。

100. 张立荣、冷向明：《协同学语境下的公共危机管理模式创新探讨》，《中国行政管理》2007 年第 10 期。

101. 张书庭：《我国灾害管理体制改革》，《行政论坛》1997 年第 6 期。

102. 张烁：《我国古代救灾机制及其现代启示》，《安全与健康》2011 年第 23 期。

103. 赵林度：《城际应急管理与应急网络》，科学出版社 2010 年版。

104. 周跃云等：《建立健全我国突发性灾害应急管理体制的建议——以 2008 年元月南方地区冰冻和雪灾为例》，《防灾科技学院学报》2008 年第 2 期。

105. 中国灾害防御协会：《防灾减灾文集》，新华出版社 2009 年版。

106. 庄友刚：《跨越风险社会——风险社会的历史唯物主义研究》，人民出版社 2008 年版。

后　记

　　一项研究课题完成后，写个后记是应该的。尤其对于一项国家社会科学基金项目的完成，更有必要写上一个后记。这一方面是由于获得一项国家社会科学基金项目颇不容易，另一方面是因为要做完一项国家社会科学基金项目更不容易。写个后记将这些不容易的事情简要记述下来，不仅可以就此解开自己四年多来时刻拧紧的"心理发条"，而且可以对一些提供过帮助的人加以鸣谢，甚或还可以给后来者留下一些可资借鉴的经验与教训。这样的好事，何乐而不为呢！

　　我是2008年获得这项国家社会科学基金项目的。在此之前的2004年，党的十六届四中全会就提出加强社会建设和管理的问题。2006年，党的十六届六中全会进一步强调了社会建设与管理问题。2007年，党的"十七大"要求切实加强社会管理，建立"党委领导，政府负责，社会协同，公众参与"的社会管理格局。作为社会学者，我备感振奋，津津乐道。一心在想，"十七大"何不直接讲建立社会管理的社会协同体制呢？于是，我打算就此做一番探索。

　　说来真巧，2008年1月，国家社会科学基金项目申报指南发布了一个项目，叫作"社会管理的社会协同问题研究"，我喜出望外。同时也感觉到，在中国学术界，随着国家的经济发展和社会进步的步伐，学者所见略同的时代已经到来。这个学者所见略同的时代，实际上是一个我国的社会科学逐步走向科学化、信息化、网络化、实用化的时代，也就是一个我国社会科学大步走向繁荣的时代。面对这样一个好的选题，我爱不释手，积极开展申报论证。

论证数日，却感到这一题目巨大，牵涉面广，颠来倒去，总难深入。在此情况下，我想到的是必须改变题目，缩小研究范围。但究竟选择哪个研究范围较小而研究意义重大的题目，一时尚无良策。就在我拿不定主意的时候，"南方冰雪灾害"发生了。当然，"南方冰雪灾害"的发生，谁都不会认为是一件好事。但在应对这场灾变危机的过程中所暴露出来的一些严重问题，却让我在密切关注中与社会管理的社会协同挂上了钩，使我的研究有了明确的目标。

我将拟申报的国家社会科学基金项目选题改成了"灾变危机管理的社会协同问题研究"。我是一个抱定终生从事学术研究的学者，每每能够发现一个值得研究的问题，每每能够提出一个立意较高的设想，抑或每每能够提出一种与众不同的观点，我都觉得有一种快感，是一种幸福。更何况现在找到的课题是一个对理论创新和实践发展都有重要价值的跨学科重要课题呢！

灾变危机管理是一个世界性难题，要求的社会协同尤其困难。发达国家在这方面作过许多摸索。美国一心想建立类似社会协同的灾变危机管理体制，取得了一定成功；日本过去并没想去建立这样一种新的体制，但阪神地震给了它一次震动，于是不得不开始改变。我国过去一直实行的是政府包揽体制，然而也让"南方冰雪灾害"中出现的社会协同问题提出了警示。我由衷地佩服党的"十七大"报告的卓见，能够从理论的高度提出我国社会管理新格局的建构。

我花了很大的工夫论证这一课题。课题论证完后，我与周围的几位朋友进行了交流，并向我攻读博士学位期间的导师南京大学公共管理学院的童星教授作了汇报，征求诸位对我的选题和论证的意见和建议。令我非常高兴的是，大家都看好我的这一选题，对我的论证给予充分的肯定。在此情此景下，我对申报这一项目颇有信心，且拟申报当年的重点课题。只是后来出于追求较高成功率的考虑，在交申报书的最后一刻，将重点课题改成了一般课题。

上交申报书后，我接着写了一篇"灾变危机管理的社会协同问题"的论文，参加了2008年4月在湖南主办的"南方冰雪灾害"学术研讨会，并在会上宣讲了论文。该论文引起与会者的关注，《防灾学院学报》的主编当场约稿，后发表于该学报2008年第2期。在这个时候，我对我所申报的国家社会科学基金项目更有信心。到5月，"汶川8.0级地震"发生了，悲伤之余，我也感到我所申报的国家社会科学基金项目是很有意义和价值的。

然而，在2008年6月，当接到全国哲学社会科学规划办的立项通知书后，我始感到一股压力扑面而来。这虽然只是一个国家社会科学基金一般项目，但这个项目的研究难度非为一般的大。大就大在三个方面：一是这个项目涉及的是来去匆匆的重特大灾害造成的社会危机问题；二是这个项目需要的是来自于自然科学领域的协同学知识；三是这个项目关注的是我国灾变危机管理的体制改革。这三个方面每一个都可能是一座大山，都有可能把我压得喘不过气来。

出于一个社会学研究者的责任感，面对这个项目研究的困难，我想到的是知难而进。为了把这一项目做好，我亲自走访了"南方冰雪灾害"所涉及的湖南、贵州、广东三省的一些受灾地区，访问了有关的人员。"汶川特大地震"发生后，我又派出有关师生赴汶川灾区一方面提供社会服务，一方面开展调研工作。就是在这一项目研究即将完成的时候，为了使写下的内容不脱离实际，我和我的妻子还亲赴汶川、都江堰进行实地考察，目的是要做好这个课题。

现在，经过四年多的时间，这项课题研究总算完成了。围绕这一课题，我发表了几篇论文，撰写了一本专著，指导了几篇硕士论文。当然，这只是形式上的东西。最重要的是，通过研究，我们分析了建立灾变危机管理社会协同体制的必要，探讨了灾变危机管理的社会协同机理，构建了灾变危机管理的社会协同架构，并在此基础上讨论了灾变危机管理的社会协同运行问题。我深刻地认识到，只有这些内容方面的东西，才是我们真正可以拿来交差的东西。

在本研究成果中，我自认为有几个主要亮点值得一提。

一是关于社会协同管理及其协同体制的讨论。不仅对社会协同管理的含义、目标、功能进行了深入探讨，还明确提出了社会协同体制的问题，认为社会协同不只是一种应对灾变危机的先进方式，而且是一种先进体制。灾变危机管理社会协同管理体制既是一种模式化的灾变危机管理制度，也是一种灾变危机制度化的管理模式。它是指在强调政府责任的同时，充分依靠多元社会力量的广泛参与和社会联动，既重视规制行动也重视志愿行动，以形成一种有秩序、有规则的相互协同的自组织系统，从而增大灾变危机管理功效的管理模式。

二是关于灾变危机管理社会协同机理的分析。深入探讨了灾变危机管理社会协同的三大生发机理：社会关联的社会动力机理——生发于影响相关与同一群体效应、利益相关与利益驱使效应、情感相关与情感支配效应、环境相关与责任共担效应、文化相关与文化整合效应；社会参与的社会行动机理——生发于群居行为与集群应对效应、共同目标与五湖四海效应、志愿行动与自觉调适效应、美誉获得与社会认同效应；社会自组的社会组织机理——生发于社会竞争与社会合作效应、社会开放与组织成长效应、社会分工与有机团结效应、社会差异与功能互补效应。

三是关于灾变危机管理社会协同构架的构建。具体从三个方面来进行灾变危机管理社会协同建构：首先是社会协同主体的多元架构，具体涉及政府机关、驻地部队、事业单位、信息机构、企业单位、社会组织、志愿团体等多元主体；社会协同功能的互补架构，具体包括党政部门的主导性协同功能、企业组织的支助性协同功能、信息机构的通联性协同功能、社会组织的联动性协同功能；社会协同结构的网络架构，具体包括社会协同组织的网络架构、社会协同动员的网络架构、社会协同通信的网络架构、社会协同关系的网络架构。

在本研究课题完成之际，我们当然还有紧张之感。但是，不管怎样，对于本课题的研究，我们的科研态度显然是非常认真的，我们确实给予了重视，耗费了心力，绞尽了脑汁，做到现在的这个样子，虽不能说已经很好，但也可以说是尽了最大努力。其实，我们所希望的，并不只是为了获得一个好的评价，真正更值得我们重视的，则是这一研究成果对于我国学界深化灾变危机管理的理论研究有所裨益，对于我国政界创新灾变危机管理的体制能作参考。

我们之所以能够较顺利地完成本课题的研究，与来自众多方面的支持是分不开的。首先是社科研究管理系统，全国社会科学规划办公室给予了立项和资助，广东省社会科学规划办公室和广州大学社科处为我们的研究工作提供了科学而富有人情味的管理。其次是受灾地区的干部和群众，以及汶川大同社工站，给我们提供了调查访问的方便。再次是国内学界同人、单位同事以及我的学生，他们给予了大力的支持。再有我的妻子钟利，她同我一道去汶川地震灾区进行实地考察。在此谨一并致谢！

同时，我们不能忘记的是，国内外专家学者对本课题研究所起到的重要作用。他们之前取得的许多重要研究成果，为我们的研究提供了重要参考。其中，德国功勋科学家 H. 哈肯的《协同学导论》，国内学者曾健、张一方的《社会协同学》，王宏伟的《应急管理理论与实践》等著作，成为本课题研究自始至终的参考文献。还有其他许多学者的论著以及网上发表的灾变危机管理案例，同样是我们的重要参考资料。在此，我得向这些文献的作者表示诚挚的谢意！

系统开展灾变危机管理社会协同问题研究，在我国尚不多见。本研究成果尽管凝聚着我们的心血，反映出我们的努力，但总的说来还只是一个草结，肯定存在某些尚不到位的地方和难以避免的错谬。例如，对于灾变危机管理社会协同的有关模型建构和数学表达，本研究中尚未加以深究，这一方面是因为灾变危机管理的运行规律在学术界还揭示得不够，另一方面是由于社会协同学这一学科还未能达到真正科学化的程度。我们敬望各位专家学者不吝指教。

我们完全意识到灾变危机管理社会协同问题研究的必要性和重要性，我们更清醒认识到灾变危机管理社会协同问题研究的困难性和艰巨性。本研究成果并非灾变危机管理社会协同问题研究的终极研究成果。灾变危机管理社会协同问题的探索之路还很长，我们将和国内外有关专家学者一道，以连续作战的精神继续深化对本问题的探究和认识。我们也热切希望更多专家学者参与到灾变危机管理社会协同问题研究中来，多为这一研究领域贡献聪明才智。

同时，我们也完全意识到，灾变危机管理社会协同问题研究推进的艰巨性，虽说自德国功勋科学家哈肯建立协同学至今已有40多年的时间，但是，由于协同学研究对象的复杂性和协同学理论的复杂性，在国内外学术界，尤其是社会科学学术界，真正问鼎社会协同的学者并不多，发表的文献也较少，在已发表的文献中，也是属于蜻蜓点水的多，属于刨根问底的少，更多地需要我们去原创。这是每一位有可能进入这一领域开展研究的学者值得重视的。

谢俊贵

2013 年 3 月于广州

补　　记

　　拙作作为国家社会科学基金项目的研究成果，项目结项时名为《灾变危机管理社会协同问题研究》，2013 年 10 月，经过评审，全国哲学社会科学规划办最后确定为良好鉴定等级，这是对课题组研究工作的充分肯定。然而，项目结项后，我仍诚惶诚恐，没有急于出版。我自感该研究选题确实很新，其中一些理论观点和对策思路显得不够成熟，还需要沉淀沉淀。于是，便将书稿置于案头，有时间当然也会翻翻，确实发现一些值得需要深入思考的地方。

　　寒暑易节，两年时间一晃而过，始觉再不出版，定有落伍可能。于是，我花了几个月的课余时间，从头至尾再通读检查一遍，继续厘清其中的一些概念，不断深化其中的有关理论，并尽量规范其中的语言文字，最后将书名改成了《灾变危机管理中的社会协同——以巨灾为例的战略构想》，并按照中国社会科学出版社对书稿篇幅的基本要求，自觉地删去了原稿中的"灾变危机管理社会协同专论"一章。直至向中国社会科学出版社交稿，打磨工作才真正罢手。

　　在拙作即将面世的时候，我要感谢中国社会科学出版社的领导和熊瑞编辑对拙作出版的大力支持，要感谢广州大学广州市社会工作研究中心对本书出版提供的慷慨资助。同时，我还要对参与本课题调研工作的课题组所有成员表达谢意。要是没有多方面的大力支持，本书的面世虽不说没有可能，但肯定会困难得多。同时，我还要向本书的读者表达一个期望，作为灾变危机管理社会协同研究的一本新作，望大家不吝指教，您的建议将成为我们继续研究的新动力。

　　是为补记。

谢俊贵